Energy System Optimization in Process

Heat Exchanger Network and Steam Power Sy

过程工业能量系统优化

换热网络与蒸汽动力系统

孙兰义　等编著

化学工业出版社

·北京·

内容简介

《过程工业能量系统优化——换热网络与蒸汽动力系统》系统介绍了过程工业能量系统优化技术中的夹点技术原理，结合实例阐述了换热网络优化设计软件 Aspen Energy Analyzer 与蒸汽动力系统模拟优化软件 Aspen Utilities Planner 的基本功能及其应用。本书注重理论与软件操作相结合，图文并茂，实例丰富。每章节中的例题均有具体的说明与详尽的解题步骤，读者按书中的说明与步骤进行学习即可逐步掌握夹点技术基础知识以及 Aspen Energy Analyzer 与 Aspen Utilities Planner 的使用方法和技巧。本书中的典型例题配有讲解视频与程序源文件，并提供了辅助读者深入学习的电子版附录，可通过扫描封底"本书二维码"获取。

《过程工业能量系统优化——换热网络与蒸汽动力系统》可供化工、轻工、冶金等过程工业及相关专业领域的工程技术人员使用，也可作为高等院校相关专业本科生和研究生的参考书。

图书在版编目（CIP）数据

过程工业能量系统优化：换热网络与蒸汽动力系统/
孙兰义等编著. —北京：化学工业出版社，2021.2
ISBN 978-7-122-38052-4

Ⅰ.①过…　Ⅱ.①孙…　Ⅲ.①过程工业-能量-系统
Ⅳ.①TQ02

中国版本图书馆CIP数据核字（2020）第244591号

责任编辑：徐雅妮　　　　　　　　　　　文字编辑：葛文文　陈小滔
责任校对：王鹏飞　　　　　　　　　　　装帧设计：王晓宇

出版发行：化学工业出版社（北京市东城区青年湖南街13号　邮政编码100011）
印　　装：大厂聚鑫印刷有限责任公司
787mm×1092mm　1/16　印张22　字数548千字　2021年10月北京第1版第1次印刷

购书咨询：010-64518888　　　　　　　　售后服务：010-64518899
网　　址：http://www.cip.com.cn
凡购买本书，如有缺损质量问题，本社销售中心负责调换。

定　　价：128.00元

能源是国民经济发展和人民生活水平提高的重要物质基础，随着人口增长和经济发展，能源价格不断上涨，能源危机日益加深，节能降耗受到各国政府和工业企业的高度重视。过程工业是用能大户，其能量系统由换热网络和蒸汽动力系统共同组成，换热网络和蒸汽动力系统的优化，对节能降耗尤其重要。

夹点技术作为一种换热网络优化的工具，可提高过程系统的能量利用率和经济效益。Aspen Energy Analyzer是优化换热网络设计的能量管理软件，可用来分析和提升换热网络性能、降低过程能耗。Aspen Utilities Planner是基于混合整数线性规划模型，对蒸汽动力系统进行模拟与优化的软件，可用于能量与公用工程系统的运行和管理。

本书详细介绍了夹点技术基础知识、Aspen Energy Analyzer和Aspen Utilities Planner软件的操作步骤以及应用技巧。

本书共分5章，第1章为绪论，简述了换热网络与蒸汽动力系统的优化方法；第2章详细介绍了夹点技术基本理论知识；第3章介绍了Aspen Energy Analyzer的基本操作步骤及应用技巧；第4章介绍了夹点技术的八个典型应用案例；第5章介绍了Aspen Utilities Planner的操作步骤及应用技巧。

本书具有以下特点：

·实例丰富，讲解透彻。本书将知识点融汇于例题当中，通过丰富的示例和实例对知识点进行讲解和拓展，注重理论与实际应用的结合。

·图文并茂，易学易用。本书图文结合，知识点介绍简洁而清晰，软件操作过程主要以图形的方式直观呈现，并在图形上添加操作序号与标注，便于读者更快地理解和掌握。本书中的典型例题配有详细的讲解视频，读者可通过扫描封底"本书二维码"观看，方便快捷。

·由浅入深，循序渐进。本书注重内容编排的丰富性和层次性，可满足不同人员的学习要求。本书可供化工、轻工、冶金等过程工业及相关专业领域的工程技术人员使用，也可作为高等院校相关专业本科生和研究生的参考书。

本书全部例题模拟均基于 AspenTech 公司 aspenONE®Engineering V9 软件，不同版本的软件在界面和内容上可能会有所差异，请各位读者朋友注意。本书例题配有模拟源文件，读者可扫描封底"本书二维码"获取。

本书由孙兰义教授策划与统稿。第1章由孙兰义、张龙编写，第2章由张凤娇、孙梦迎、付佃亮、马占华编写，第3章由孙梦迎、张凤娇、孙兰义编写，第4章由张凤娇、翟诚、孙梦迎、付佃亮、李杰、刘睿、刘兴隆、王志刚编写，第5章由孙梦迎、孙兰义编写，电子版附录（扫码获取）由马占华、李军、关威、薄守石编写。中国寰球工程有限公司和中石油华东设计院有限公司在本书的编写过程中给予了大力支持和帮助，王杰、任俊耀、伊晓妍、刘伟、孙涛、严建林、张涛、陈硕、徐冉等在本书试用阶段提出了很多宝贵的意见和建议，在此一并深表谢意。

由于笔者水平有限，书中难免有疏漏和不妥之处，恳请广大读者批评指正。

编者

2021年1月

网络增值服务使用说明

本书配有网络增值服务（含付费），读者可通过微信扫描本书二维码获取，建议同步使用。

网络增值服务内容

📺 典型例题讲解   📄 程序源文件

🗂 电子版附录   📊 全书彩色原图

网络增值服务使用步骤

1 本书二维码 [QR code]    易读书坊

微信扫描本书二维码，关注公众号"易读书坊"

2

正版验证

刮开涂层获取网络增值服务码

手动输入   无码验证

首次获得资源时，**点击弹出的应用**，进行正版认证

3

CHEMICAL INDUSTRY PRESS
B001838
刮开涂层
扫码认证

刮开"**网络增值服务码**"（见封底），通过**扫码认证**，享受本书的网络增值服务

温馨提示

书中案例配有程序源文件并支持下载，
建议使用电脑浏览器下载的方式，
打包下载所有程序源文件

■ 电脑浏览器下载
复制链接，到 浏览器网址搜索 下载

https://s.5rs.me/y7YvfeM0y（示意）   复制

目 录

第4章　夹点技术应用案例

第5章　蒸汽动力系统模拟与优化

电子版附录

（线上资源，扫码获取）

第1章

绪论

1.1 过程工业

过程工业（Process Industries）也称流程工业，是指通过物质的化学、物理或生物转化进行的连续生产过程。其原料和产品多为均相（气、液或固体）物质，产品质量多由纯度和各种物理、化学性质表征。化工、炼油、石化、冶金、轻工、制药等行业均属于过程工业。

过程工业装置中，从原料到产品的加工过程，始终伴有能量的供应、转换、利用、回收和排弃等，其能耗占工业总能耗的一半以上。随着环境保护和节能降耗要求的不断提高，我国的过程工业技术也在快速发展，但我国过程工业的能源效率与世界先进水平相比仍有较大差距，因此提高过程工业的用能水平是提高我国能源利用率的重要途径。以炼油工业为例，炼油工业是我国国民经济的支柱型产业和重要的能源生产工业，同时也是典型的高能耗产业。石油加工过程的能耗成本一般占炼油加工成本的50%左右，因此节能是各炼油厂挖掘内部潜力、降低加工成本的重要手段。

过程工业装置设计顺序或层次可以用洋葱模型形象表示，如图1-1所示。反应器是过程工业的核心，所以过程设计先从反应器开始；反应产物的提纯与分离引出了分离问题，因此分离系统的设计紧跟反应器设计之后，这两者决定了过程的加热和冷却负荷；第三个层次要考虑换热网络（Heat Exchanger Network，HEN）的设计；如果过程中回收的热负荷无法满足系统要求，就需要外部的公用工程，即第四个层次需要考虑公用工程系统的设计与选择。

过程工业生产装置如图1-2所示，亦可分成如下三个系统：工艺过程系统、换热网络系统以及公用工程系统。其中工艺过程系统是主要耗能部分，公用工程系统是供能部分，换热网络系统用于回收工艺物流的余热来加热冷物流、给水或产生蒸汽。后两个系统构成了过程工业生产装置中的能量系统。

最典型的公用工程系统是热功联供的蒸汽动力系统（Steam Power System，SPS），它与生产工艺系统有机结合，既向工艺装置提供所需的热能和动力，同时又可以回收工艺过程中的余热。

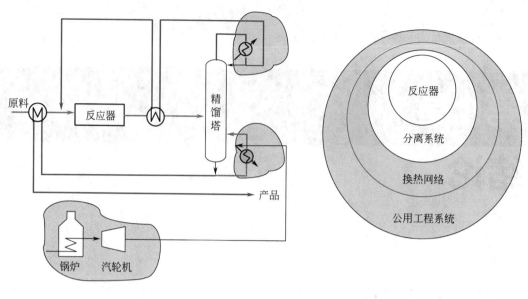

(a) 过程设计示例　　　　　　　　　　　　　　　　(b) 洋葱模型

图1-1　过程设计洋葱模型[1]

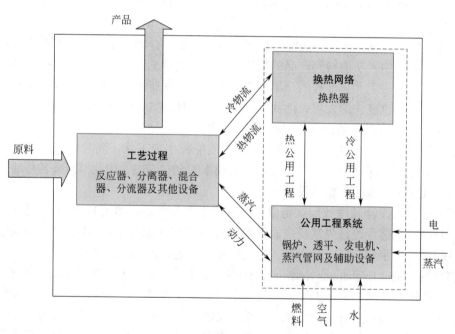

图1-2　过程工业生产装置[2]

1.2　换热网络

　　换热网络是能量回收利用中的一个重要子系统，在工业生产过程中，某些物流需要加热，而某些物流需要冷却，如果用热物流来加热冷物流，即可实现能量的回收。此外，为了保证工艺物流达到指定的温度要求，往往还需要设置一些辅助的加热设备和冷却设备，换热

流程中的换热器、加热器、冷却器、混合器和分流器的组合便构成了换热网络。

换热网络优化是实现过程工业节能的重要途径，在全世界范围内已取得显著的节能效果和经济效益。自二十世纪八十年代以来，随着节能研究的不断深入，人们开展了大量关于换热网络优化的研究，换热网络的优化方法也在不断完善，这些优化方法通常可以分为两大类：夹点技术（Pinch Technology）和数学规划法（Mathematical Programming）。

1.2.1 夹点技术

夹点技术也称夹点分析（Pinch Analysis），是由Linnhoff等[3]基于热力学原理提出的以整个系统为出发点的启发式方法，通过设定系统的最小传热温差，采用问题表法和组合曲线将换热网络分割成夹点之上和夹点之下两个子系统。夹点之上的系统可以看作一个热阱，夹点之下的系统可以看作一个热源，通过夹点技术可以得出换热网络的最小公用工程用量。在此基础上，Linnhoff等提出了一些启发式规则指导换热网络的设计，以达到公用工程用量最小的目标。

夹点技术简便、实用、易于学习和掌握，比如面向工程实际问题时，能够确定能量目标，为换热网络设计提供良好的指导；匹配物流时，用户可以根据自己的实际情况进行适当的调整。但是，夹点技术也有其局限性，比如难以通过手动调节来平衡或优化换热网络所涉及的多种权衡；仅适用于专家用户；无法有效地解决冷热物流之间存在匹配限制时的热回收问题[4]。

1.2.2 数学规划法

在换热网络优化研究中，数学规划法是与夹点技术平行发展的另一类方法，它根据换热网络的物理特性建立与求解超结构数学模型，是一种更加系统且可以自动生成换热网络结构的设计方法。随着计算机技术和优化算法的快速发展，此类方法逐渐成为换热网络优化方法的主流研究方向。

与夹点技术相比，数学规划法可以自动完成整个过程计算，也便于非专家用户使用，并且可以解决多维问题。然而，对于大型换热网络，特别是针对变量较多的混合整数非线性规划（Mixed Integer Nonlinear Programming，MINLP）问题，以现有数学规划法为基础的方法很难保证得到全局最优解[5]。

综上所述，夹点技术较为耗时，结果依赖于设计人员的经验，但在解决问题时灵活性较强。数学规划法耗时少且可以解决多维问题，但是其人机交互较少，灵活性较差。将夹点技术与数学规划法结合、折中开发出的复合方法，不仅能够使用数学规划法优化换热网络，而且能够在数学规划法得出的优化方案上使用夹点技术进一步优化，克服了夹点技术的局限性，提高了换热网络优化设计的效率[6]。

随着节能工作的不断深入、换热网络优化方法的不断完善，市场上涌现出了一批用于换热网络设计与优化的商业化软件，如AspenTech公司的Aspen Energy Analyzer、KBC公司的SuperTarget、PIL公司的HEAT-int以及Invensys公司的HEXTRAN等。

本书采用Aspen Energy Analyzer软件作为换热网络设计与改造的工具。Aspen Energy

Analyzer软件进行换热网络设计与改造主要包括五个关键步骤，如图1-3所示，分别是数据提取、过程分析、换热网络设计、换热网络方案比选以及项目总结报告。

① 数据提取　从给定流程的热量平衡和物料平衡中提取夹点分析所需的信息。

② 过程分析　该过程包括换热网络设计目标分析、工艺过程改变以及公用工程选择，为过程设计或改造提供可能的改进方案。

③ 换热网络设计　在过程分析的基础上，以夹点设计方法为手段进行换热网络设计，从而实现能量目标。

④ 换热网络方案比选　从换热网络设计给出的备选方案中选择最优方案，并在流程中实现该方案。

⑤ 项目总结报告　基于以上四个关键步骤对换热网络设计过程进行详细说明。

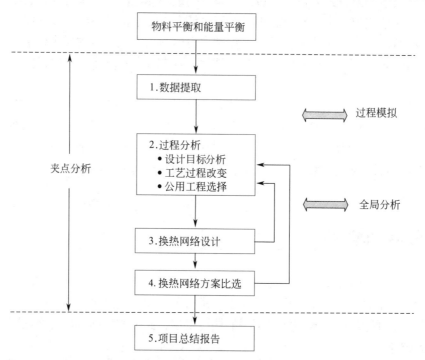

图1-3　换热网络设计与改造的关键步骤[7]

1.3　蒸汽动力系统

蒸汽作为加热介质、动力介质以及反应介质广泛应用于过程工业，如塔内汽提、燃料油雾化、管线伴热、管道吹扫、汽轮机驱动及裂解炉注汽等。

蒸汽动力系统可将一次能源燃料转化成二次能源（电、蒸汽、热水等），为企业提供所需要的动力、工艺蒸汽和热能。它一般具有高、中、低压等多个压力等级的蒸汽管网，各级管网之间通过蒸汽透平产生过程所需的动力或电力，亏盈量可由电网购入或输出。蒸汽动力系统所提供的功率占全厂动力消耗的绝大部分，同时它也是企业中的耗能大户，因此，蒸汽动力系统的安全、稳定运行是企业安全、稳定、长周期运行的基础，优化蒸汽设备的运行以及合理地产汽、输汽、用汽是实现企业节能降耗的重要途径之一。

多年来，国内外众多学者一直致力于蒸汽动力系统的优化研究，形成了三种比较成熟的方法：建立在长期工作经验和热力学基础上的启发式方法（即经验法）；由夹点技术发展而来的热力学目标法；通过数学模型描述蒸汽动力系统的特征，建立并求解目标函数的数学规划法。在理论研究的基础上，国内外相继开发了一些用于蒸汽动力系统优化的商业化软件，如AspenTech公司的Aspen Utilities Planner、KBC公司的OptiSteam和ProSteam以及PIL公司的Site-Int等。以上优化分析方法以及模拟优化软件在工程实际中的有效应用，对众多企业蒸汽动力系统的设计、运行和改造具有重要意义[8]。

本书以Aspen Utilities Planner软件为工具，结合实例，对蒸汽动力系统的模拟与优化过程进行介绍。

参考文献

［1］Smith R，Linnhoff B. The Design of Separators in the Context of Overall Processes［J］. Chemical Engineering Research and Design，1988，66（3）：195-228.

［2］李有润，陈丙珍. 化工能量系统集成［J］. 化工进展，1996，15（3）：8-16.

［3］Linnhoff B. The Pinch Design Method for Heat Exchanger Networks［J］. Chemical Engineering Science，1983，38（5）：745-763.

［4］Klemeš J J. Handbook of Process Integration（PI）：Minimisation of Energy and Water Use，Waste and Emissions［M］. Cambridge：Woodhead Publishing Limited，2013.

［5］王彧斐，冯霄. 换热网络集成与优化研究进展［J］. 化学反应工程与工艺，2014，30（3）：271-280.

［6］Zhu X X. Automated Design Method for Heat Exchanger Network Using Block Decomposition and Heuristic Rules［J］. Computers & Chemical Engineering，1997，21（10）：1095-1104.

［7］Linnhoff March. Introduction to Pinch Technology［R］. Cheshire：Linnhoff March，1998.

［8］黄雪琴，龚燕，朱宏武，等. 炼化企业蒸汽动力系统优化分析方法进展综述［J］. 节能，2010，29（5）：6-10.

第2章

夹点技术基础知识

2.1 夹点形成及其意义

2.1.1 温焓图

温焓图（Temperature Enthalpy Diagram，T-H图）中横轴为焓H，纵轴为温度T。T-H图可以简单明了地描述过程系统中物流的热特性。若给出物流的初始温度（T_s）、目标温度（T_t）及换热过程的热负荷，就可以将其绘制在T-H图上[1]。

一股冷物流温度由T_s升至T_t，且没有发生相变，则

$$\frac{\mathrm{d}H}{\mathrm{d}T}=Mc_p=CP \tag{2-1}$$

式中，c_p为比热容，kJ/(kg·℃)；M为质量流量，kg/s；CP为热容流率（Heat Capacity Flowrate），是物流质量流量与其比热容的乘积，kW/℃。

该过程的焓变，即该冷物流所吸收的热量为

$$\Delta H=Q=Mc_p\left(T_t-T_s\right)=CP\cdot\Delta T \tag{2-2}$$

该冷物流在T-H图中的绘制结果如图2-1所示。T-H图中箭头表示物流温度及焓变方向，线段斜率为热容流率的倒数。物流的焓变（ΔH）由横坐标两点之间的距离表示，所以线段可水平移动而不改变物流的温位和热量。

在传热过程中，冷热物流可分为多种类型，如无相变、有相变、纯组分和多组分混合物等类型，几种不同类型物流在T-H图中的绘制如图2-2所示。热物流线段绘制在冷物流线段上方，表示两者可以匹配换热，两线段之间的垂直距离表示传热温差。

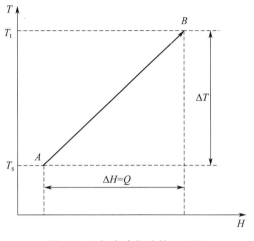

图2-1　无相变冷物流的*T-H*图

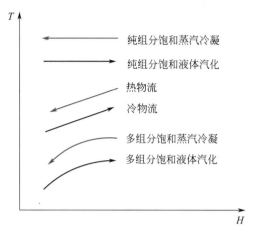

图2-2　不同类型物流的*T-H*图

组合曲线

　　过程物流一般包括多股热物流和多股冷物流，可以分别用热组合曲线或冷组合曲线在*T-H*图上进行表达。组合曲线（Composite Curves，CCs）的构造过程为：首先将热（或冷）物流绘制在*T-H*图上；然后分割成若干温度区间，分割点可选定为物流的初始温度或目标温度；在同一温度区间内把各物流的热负荷累加，用一个具有累加热负荷的物流代表该温度区间内的所有物流；最后各温度区间的物流首尾连接就构成了组合曲线。

　　以图2-3为例介绍组合曲线的构造。两股热物流温焓曲线见图2-3（a），热物流1的热容流率为20kW/℃，温度由180℃冷却至80℃，释放2000kW热量；热物流2的热容流率为40kW/℃，温度由130℃冷却至40℃，释放3600kW热量。热组合曲线见图2-3（b），构造过程为：将温度低的热物流2水平移动至最前端，焓值从0开始；热物流1紧接热物流2放置，焓值从3600kW开始；在共同的温度区间（80～130℃）内做两股物流的对角线；各温度区间的物流首尾连接可得热组合曲线。每个温度区间内，组合曲线的热容流率为此温度区间所有物流的热容流率之和。冷组合曲线的构造过程与热组合曲线相同。

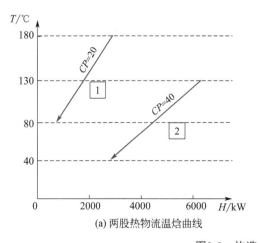

(a) 两股热物流温焓曲线

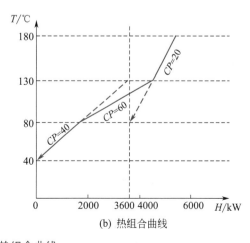

(b) 热组合曲线

图2-3　构造热组合曲线

当冷热组合曲线在较大温度范围内趋近于平行且该范围内传热推动力较小时，称曲线是"紧（tight）"的（常见于炼油过程），如图2-4所示，这种情况下的换热网络设计可能很难满足热容流率准则（详见2.7.1.2小节）。

2.1.3 夹点形成

（1）夹点（Pinch Point）及夹点温差[2]

过程工业中通常是多股热物流与多股冷物流换热。此时，将所有热物流合成一条热组合曲线，所有冷物流合成一条冷组合曲线，然后将两者绘制在T-H图上，即构成了冷热组合曲线，如图2-5所示。

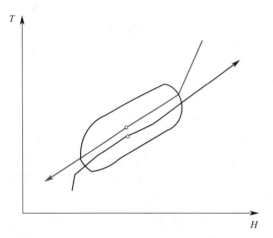

图2-4　典型原油蒸馏装置组合曲线示意图　　　　　图2-5　冷热组合曲线

冷热组合曲线可以在T-H图上左右平移而不改变温位和热量的大小。当冷组合曲线远离热组合曲线处于位置①时，冷热组合曲线之间无重叠部分，此时冷热物流换热量为零；当冷组合曲线向左平移，会逐渐靠近热组合曲线，冷热组合曲线的垂直距离逐渐变小，处于位置②时，最小垂直距离为传热温差（$T_A - T_B$），冷热物流换热量为Q_R，冷热物流热量不足的部分分别由热公用工程（需补充热量Q_H）和冷公用工程（需提供冷量Q_C）补充；继续将冷组合曲线靠近热组合曲线而处于位置③时，冷热组合曲线的最小垂直距离为零，此时冷热物流换热量达到最大，所需冷热公用工程量最小，重合处的A点即为夹点。夹点位置通常出现在某股物流的入口温度处。

当系统最小传热温差为零时，冷热物流换热需要无限大的传热面积，这在实际情况中不可能实现，此时可以通过技术经济评价来确定一个系统最小的传热温差——夹点温差$\Delta T_{\min}$。夹点即冷热组合曲线中传热温差最小的地方，如图2-6所示，此时过程最大热回收量为$Q_{R, \max}$，最小热公用工程用量为$Q_{H, \min}$，最小冷公用工程用量为$Q_{C, \min}$。

（2）多夹点（Multiple Pinches）

过程系统中可能存在多个夹点，如图2-7所示。通常一个过程系统经过调优处理，或引入中间温位的公用工程物流后，就可能出现多夹点的情况。对于多个夹点，每一个夹点的特征与单夹点相同，原则上穿越各夹点的热流量为零。在设计换热网络时，可根据夹点数量对网络进行划分，对每段单独设计。

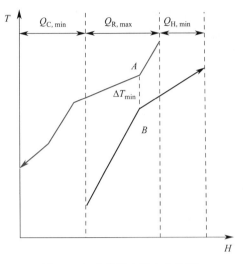

图2-6 组合曲线中的夹点位置

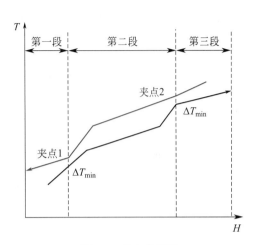

图2-7 多夹点问题

（3）近夹点（Near-Pinch）

某过程组合曲线如图2-8所示，存在一个夹点，但同时还存在一个近夹点。近夹点是工艺过程中的一个特殊点，虽然该点处温差稍大于 $\Delta T_{\min}$，但实际上这种差距小到可以使近夹点成为另一个夹点。由于围绕近夹点的区域与围绕夹点的区域几乎受到同样的约束，所以通常把近夹点当成另一个夹点来处理，并将网络划分为多个部分。但对于近夹点区域，只要不导致能量损失，可以允许热量跨越近夹点传递。

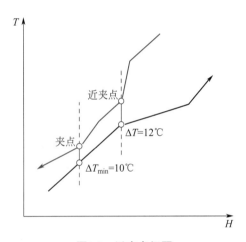

图2-8 近夹点问题

2.1.4 问题表法

组合曲线是实现热回收目标可视化的有效工具。然而当涉及多股工艺物流时，绘制组合曲线费时费力，且仅依赖作图法并不能精确地确定能量目标。为了能精确计算能量目标，通常采用问题表法（Problem Table Algorithm，PTA），问题表法步骤如下[3]：

① 改变工艺物流温度；

② 划分系统温度区间；

③ 计算温度区间内热平衡；

④ 假设无热公用工程，计算热级联（Heat Cascade）；

⑤ 根据需要增加热公用工程，确保温度区间内热流量为非负值。

下面通过例2.1说明问题表法的应用。

例2.1[4]　某一过程系统流程如图2-9所示，含有两股热物流和两股冷物流，物流数据见表2-1。令 $\Delta T_{min} = 20℃$，使用问题表法确定能量目标和夹点温度。

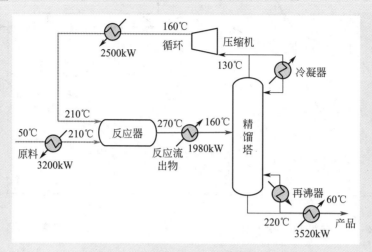

图2-9　某一过程系统流程

表2-1　物流数据

物流编号	$T_s/℃$	$T_t/℃$	$CP/(kW/℃)$	$\Delta H/kW$	$T_s'/℃$	$T_t'/℃$
H1	270	160	18	1980	260	150
H2	220	60	22	3520	210	50
C1	50	210	20	3200	60	220
C2	160	210	50	2500	170	220

（1）改变工艺物流温度

由于问题表法使用温度区间，所以需要建立统一的温度标尺进行计算。首先计算位移温度（ T' ），即热物流温度下降 $\Delta T_{min}/2$，冷物流温度上升 $\Delta T_{min}/2$。该操作相当于垂直移动冷热组合曲线，如图2-10所示。本例中工艺物流的位移温度显示在表2-1的最后两列。

（2）划分系统温度区间

将所有工艺物流的位移温度（任何重复值仅考虑一次）降序排列，这个过程会产生温度边界，从而形成问题表法的温度区间，如表2-2所示，温度边界为260℃、220℃、210℃、170℃、150℃、60℃和50℃。

（3）计算温度区间内热平衡

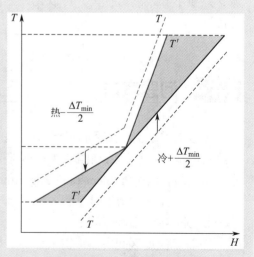

图2-10　垂直移动冷热组合曲线

先确定每个温度区间内的工艺物流，见表2-2前两列；再计算每个区间内物流热容流率总和（ $\sum CP_H - \sum CP_C$ ）；最后将该总和乘以区间温差（每个温度边界之间的差值， $\Delta T_{interval}$），即可得到每个区间内的热平衡 $\Delta H_{interval}$。问题表的计算结果见表2-2，最后一列表示每个温度区间内热量的富余（盈）或不足（亏）情况。

表2-2　问题表

温度区间/℃		物流	$\Delta T_{interval}$/℃	$(\sum CP_H - \sum CP_C)$/(kW/℃)	$\Delta H_{interval}$/kW	盈/亏
T_0	260					
			40	18	720	盈
T_1	220					
			10	−52	−520	亏
T_2	210					
			40	−30	−1200	亏
T_3	170					
			20	20	400	盈
T_4	150					
			90	2	180	盈
T_5	60					
			10	22	220	盈
T_6	50					

（物流列含：H1，H2 CP=18，CP=22，CP=20，CP=50，C1，C2）

（4）假设无热公用工程，计算热级联

图2-11所示的热级联包含每个温度区间的热平衡，热流量沿温度轴向下一个区间的级联传递，即上一级的输出为下一级的输入，热流量在区间之间的传递量记为R。顶部热流量表示总热公用工程用量，底部热流量表示总冷公用工程用量。首先假定输入的热公用工程热流量为零，该值与顶部温度区间内热平衡加和，产生输入下一级的热流量。在各温度区间内重复此操作，直至计算出底部的冷公用工程热流量，从而产生如图2-11（a）所示的热级联。

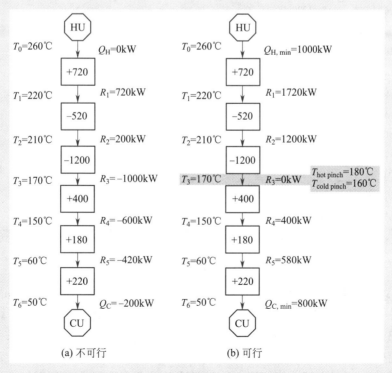

图2-11　热级联

（5）根据需要增加热公用工程，确保温度区间热流量为非负值

图2-11（a）所示的热流量R存在负值，因为热流量不能沿温度轴向上传递，所以此热级联不可行。为使热级联可行，需从热公用工程引入足够的热流量，使级联间传递的热量至少为零。从热公用工程引入的最小热流量为图2-11（a）中负值绝对值最大的热流量，即1000kW。重复步骤（4），最终得到可行的热级联，并提供能量目标，顶部的热流量代表最小热公用工程用量，底部的热流量代表最小冷公用工程用量。温度区间内热流量为零处，即为夹点。本例可行的热级联如图2-11（b）所示，最小热公用工程用量为1000kW，最小冷公用工程用量为800kW，夹点温度为170℃（热物流夹点温度为180℃，冷物流夹点温度为160℃）。

注：此题亦可通过线性规划法求解，读者扫描封底二维码获取相关文档及GAMS、LINGO和MATLAB程序源文件。

2.1.5　总组合曲线

总组合曲线（Grand Composite Curve，GCC）可使用热级联进行构造，热级联中的温度区间及热流量是绘制总组合曲线的基础，每个温度区间边界处的热流量对应于总组合曲线的横轴，温度对应于纵轴。例如，第一个点的横轴对应热流量1000kW，纵轴对应温度260℃；第二个点热流量1720kW，温度220℃。依此类推，绘制结果如图2-12所示。

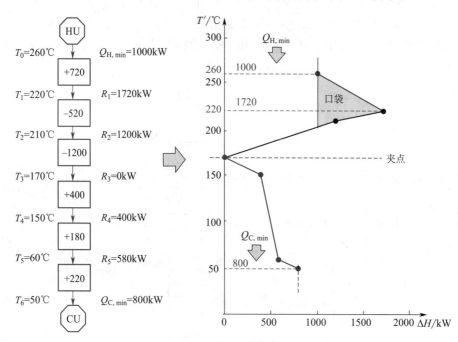

图2-12　构造总组合曲线

冷热组合曲线垂直向对方移动$\Delta T_{\min}/2$形成位移组合曲线（Shifted Composite Curves，SCCs），最终曲线在夹点处接触，如图2-10所示。总组合曲线可直接与位移组合曲线相关联，如图2-13所示，每个温度区间边界处，总组合曲线的热流量与位移组合曲线中两条曲线间的水平距离相对应。

总组合曲线中正斜率部分表示以冷物流为主导，负斜率部分表示以热物流为主导。图

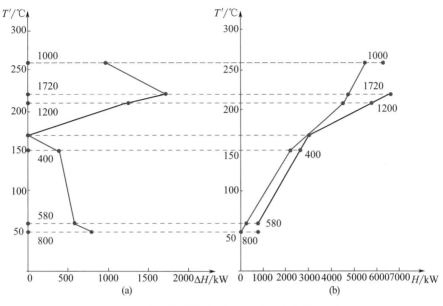

图2-13 总组合曲线（a）与位移组合曲线（b）

2-12 总组合曲线中的阴影区域表示工艺热回收，称为热回收口袋（Heat Recovery Pockets）。夹点之上口袋内，负斜率部分为局部热源（Heat Source），有多余的热量可用于加热口袋内的净冷流；夹点之下口袋内，正斜率部分为局部热阱（Heat Sink），有多余的冷量可用于冷却口袋内的净热流。故口袋内工艺物流之间可以实现换热，不需要外界公用工程。

当口袋较大时，若仍完全按照夹点技术进行口袋内部换热，虽然可以实现能量的充分利用，但根据㶲分析（Exergy Analysis），换热温差较大使能量的品质利用不合理，导致装置㶲损失较大。如果对口袋内的能量进行回收，可提高能量利用率，具有较好的节能效果。

总组合曲线工业应用广泛，主要与公用工程系统有关。通常，总组合曲线用于定性和在一定程度上定量地处理以下问题：

① 确定一组最优的公用工程类型，以满足过程对外部加热和冷却的需要。公用工程总组合曲线（Utility Grand Composite Curve，UGCC）由可用的公用工程（如各种蒸汽、热油、冷却水和制冷剂等）组成，并且这些公用工程能够以总公用工程费用最小的方式进行组合。

② 如果夹点的温度足够高，则在夹点之下可以利用其产生蒸汽，并将产生的蒸汽作为冷公用工程，如图2-14（a）所示。

③ 利用总组合曲线中的口袋确定可进行额外发电的潜力。如果局部热量过剩部分与局部热量不足部分之间的温差足够大，即口袋足够大，则可产生蒸汽用于背压式汽轮机（Back Pressure Turbine）发电。汽轮机利用高压蒸汽（HP）发电后，排出低压蒸汽（LP）用于加热，如图2-14（b）所示。

④ 确定热泵（Heat Pump）的使用范围，以减少冷热公用工程消耗。这种情况下的总组合曲线中有一个明显的夹点，在夹点正上方和正下方都有一段平坦的曲线，如图2-15所示，通过使用具有适当温升的热泵，可以将大量热量从夹点之下的热量过剩区域传递到夹点之上的热量不足区域。

⑤ 确定精馏塔或蒸发器等特殊设备是否存在与背景过程（Background Process）（不含分离过程的过程系统）集成的空间，详见2.6.2.4小节。

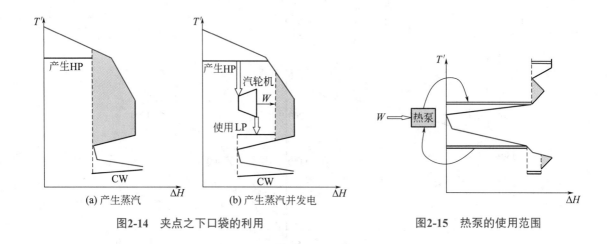

(a) 产生蒸汽   (b) 产生蒸汽并发电

图2-14 夹点之下口袋的利用

图2-15 热泵的使用范围

2.1.6 平衡组合曲线与平衡总组合曲线

包含冷热公用工程物流的组合曲线为平衡组合曲线（Balanced Composite Curves，BCCs）。在平衡组合曲线中，公用工程和工艺物流均被视为常规物流，当使用多个冷或热公用工程时，每个公用工程都会引入一个新的夹点。因此，系统可能存在一个过程夹点（Process Pinch）和多个公用工程夹点（Utility Pinch），如图2-16所示。

公用工程总组合曲线（Utility Grand Composite Curve，UGCC）与总组合曲线结合在一起构成平衡总组合曲线（Balanced Grand Composite Curve，BGCC），其中"平衡"是指从热负荷角度分析，公用工程加热与冷却负荷满足了工艺过程的需要。平衡总组合曲线如图2-17所示，图中abcdefgh为一过程系统的公用工程总组合曲线，k点为过程夹点，c点和f点为公用工程夹点。对于这一过程系统，可供选用的公用工程种类较多。平衡总组合曲线描述了整个系统公用工程与工艺物流间可以匹配的温位和热负荷，可以辅助完成公用工程的选择（包括公用工程的类型、温位及热负荷），设计出满足工艺过程需求的最小费用公用工程系统，确定公用工程与工艺物流间的最优匹配，也可用于现有装置用能状况的诊断与调优。

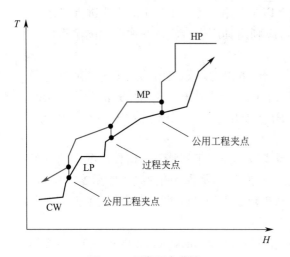

图2-16 平衡组合曲线

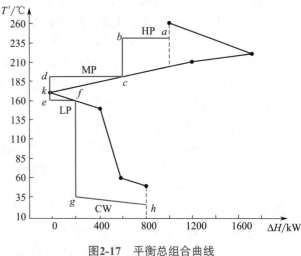

图2-17 平衡总组合曲线

2.1.7　阈值问题

并非所有热回收问题都有夹点，有时只需要热或冷公用工程，这种只需要一种公用工程的问题，称为阈值问题（Threshold Problem）或门槛问题。图2-18（a）描述了一种典型情况，如图中③所示，此为需要冷热公用工程的夹点问题。通过减小 ΔT_{min}，冷组合曲线向左移动到不需要热公用工程的位置②，这种情况下 ΔT_{min} 的数值称为阈值 ΔT_{THR}；将 ΔT_{min} 降低到阈值以下，此时热组合曲线热端需要第二段冷公用工程，同时会增加换热单元数。同理，冷热公用工程都需要的夹点问题也可能转变为只需要热公用工程的阈值问题，如图2-18（b）所示。

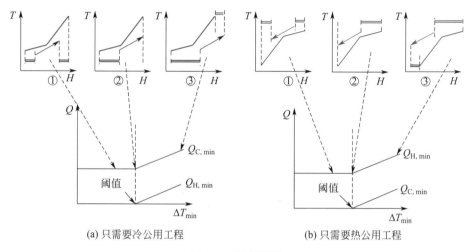

(a) 只需要冷公用工程　　　　　　　　　(b) 只需要热公用工程

图2-18　阈值问题

由于公用工程需求量随 ΔT_{min} 变化，所以同时需要冷热公用工程的夹点问题可能隐藏着阈值问题。当 $\Delta T_{min} > \Delta T_{THR}$ 时，属于夹点问题；当 $\Delta T_{min} \leqslant \Delta T_{THR}$ 时，属于阈值问题[5]。

当 $\Delta T_{min} < \Delta T_{THR}$ 时，操作费用保持不变，只有在 $\Delta T_{min} \geqslant \Delta T_{THR}$ 时才会权衡投资费用和操作费用。通常，对于阈值问题的换热网络设计，为减少设备投资，可选择最小传热温差等于阈值（ $\Delta T_{min} = \Delta T_{THR}$ ），此时传热温差最大，减少了网络的传热面积，而且不增加公用工程热负荷。阈值问题的换热网络设计和普通夹点问题使用的规则相同。

2.1.8　夹点的意义

夹点将系统分成两个不同的热力学区域，如图2-19所示。夹点之上的区域为净热阱，热量由热公用工程流入，无任何热量流出；夹点之下的区域为净热源，热量流出至冷公用工程，无任何热量流入；在夹点处，热流量为零。如果设计的换热网络有热量穿过夹点，则冷热公用工程的消耗量都将大于可达到的最小值。

假设有 X 单位热量跨越夹点传递，根据热平衡，夹点之上热公用工程用量必将增加 X 单位，同时夹点之下

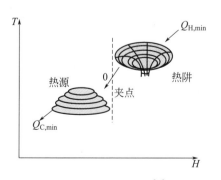

图2-19　热源和热阱[6]

的冷公用工程用量也将增加 X 单位，如图2-20（a）所示。同理，夹点之上的冷却和夹点之下的加热，均会使系统的公用工程消耗量增加，如图2-20（b）和图2-20（c）所示。因此，为了达到最小公用工程用量，应遵循夹点设计原则，详见2.7.1.1小节。

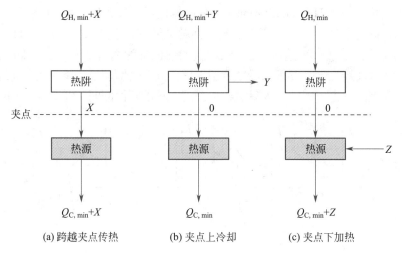

图2-20 公用工程用量与夹点的关系

夹点是制约整个系统能量利用的"瓶颈"，它的存在限制了系统进一步回收能量，如果调整工艺改变夹点处物流的热特性，例如使夹点处冷物流温度降低或使夹点处热物流温度升高，就有可能使冷组合曲线进一步左移，从而增加回收的热量。

2.2 数据提取

2.2.1 流程数据提取

夹点技术可用于寻找工艺节能潜力，进行换热网络设计以实现节能目标。夹点分析前，必须从工艺中提取必要的热力学数据，从而确定工艺的冷热公用工程用量。夹点分析所需的信息可从给定流程的热量平衡和物料平衡数据中提取[7]。

下面以图2-21所示流程为例，介绍数据提取过程。图2-21（a）为两台反应器和一座精馏塔的工艺流程图，此工艺热公用工程用量为1200kW，冷公用工程用量为360kW。图2-21（b）为数据提取流程图，图中未包含现有换热器，以突出物流的加热和冷却需求。为简单起见，本例分析中也未包括再沸器和冷凝器热负荷。

提取的物流数据见表2-3。热物流为需要冷却的物流（即热源），冷物流为需要加热的物流（即热阱）。

表2-3 提取的物流数据

物流编号	T_s/℃	T_t/℃	CP/（kW/℃）
H1	180	80	20

续表

物流编号	T_s/℃	T_t/℃	CP/（kW/℃）
H2	130	40	40
C1	60	100	80
C2	30	120	36

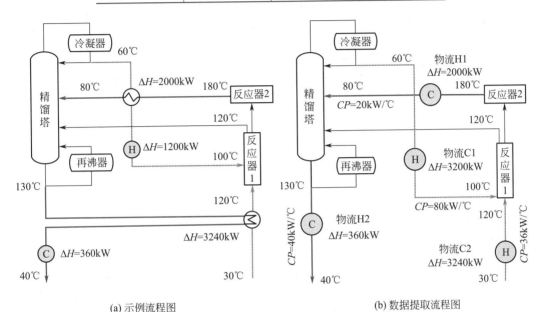

图2-21 数据提取示例流程图

2.2.2 数据提取原则

如果数据提取过程处理不当，则容易错失工艺优化的机会，严重时甚至得出错误结论。当前用于数据提取的一般原则主要包括以下几条[7]。

（1）不应照搬现有方案的所有特征

某一工艺流程如图2-22所示，从流程中提取的物流数据及换热网络设计如图2-23所示，此换热网络设计与原始流程相同。经分析后得出结论：原有设计最佳，应用夹点技术没有发现节能机会。

改进的数据提取见图2-24，三股冷物流可以合并为一股冷物流，同样，三股热物流可以合并为一股热物流。从投资费用角度出发，此设计更为简单，且改进的换热网络可允许使用更小的 ΔT_{min}，进一步提高能量回收率。恰当的数据提取可以提高过程节能潜力，对设计人员来说，这需要一定的经验以及对工艺过程的了解。

（2）等温混合

当工艺过程涉及不同温度下的物流混合时，如图2-25所示，混合器相当于一个直接接触式换热器。其中，图2-25（a）显示了两工艺物流在不同温度下的混合；图2-25（b）表明该混合存在跨越夹点传热，由此增加了整个过程的能量需求；如果混合不可避免，则应将物流在相同温度下混合，如图2-25（c）所示。

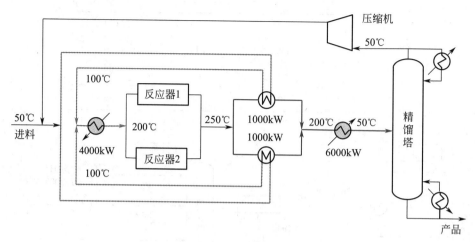

图2-22 工艺流程

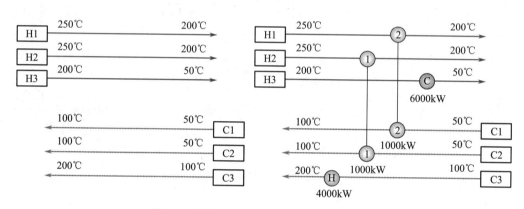

图2-23 初始物流数据提取及换热网络设计

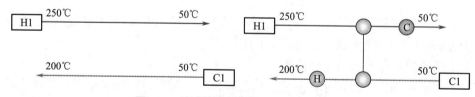

图2-24 改进的数据提取及换热网络设计

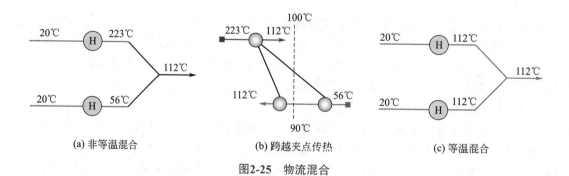

(a) 非等温混合   (b) 跨越夹点传热   (c) 等温混合

图2-25 物流混合

正确的数据提取应避免非等温混合，混合温度根据实际情况确定，如图2-26所示。虽然等温混合收益高，但也可能使工艺流程发生改变，例如导致现有换热器不能满足匹配物流的热负荷需求。

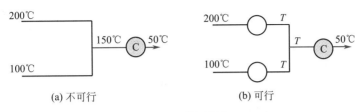

图2-26　等温混合

（3）在有效温度下提取物流数据

有效温度为冷热物流能进行换热的温度，从物流数据中提取的有效温度比其实际温度更为重要，在有效温度下提取物流数据才能给出正确的能量目标。如图2-27所示，反应产物物流需从1000℃冷却至500℃，此过程需要进行急冷降温并产生蒸汽，由于此限制，产物物流换热的有效温度并不是从1000℃冷却至500℃，而是产生蒸汽的温度。

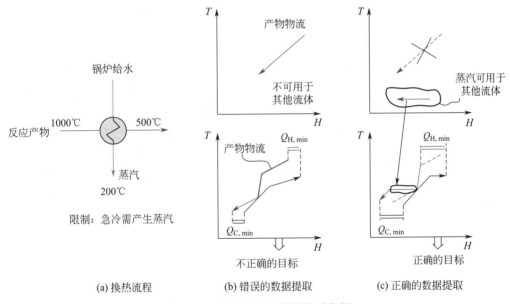

图2-27　在有效温度下提取物流数据

（4）在安全侧提取物流数据

实际流程中一些物流的焓变具有明显的非线性，特别是汽化或冷凝的物流。此时不宜采用单一的热容流率，而应将物流分段以准确模拟物流的加热曲线或冷却曲线。提取的物流曲线相对于实际物流曲线的位置也很重要。图2-28（a）中，实际冷物流（虚线）温度在高温端高于提取的冷物流（实线）温度，如果热物流的温度足以匹配提取物流的温度而不足以匹配实际物流的温度，将导致匹配不可行；图2-28（b）中，实际的冷物流温度低于每一段提取物流的温度，为安全侧数据提取；在安全侧提取物流如图2-28（c）所示。安全侧线性化意味着实际的热物流温度必须比提取的热物流温度高，实际的冷物流温度必须比提取的冷物流温度低。

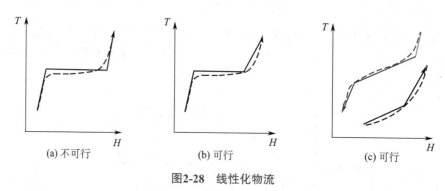

图2-28 线性化物流

（5）不应提取实际的公用工程物流

实际的公用工程物流（如蒸汽、冷却水、制冷剂等）原则上可以由其他工艺物流或公用工程物流替换，因此不应作为工艺物流被提取。例如，换热器中使用冷却水，由于冷却水可被空气、制冷剂或需要加热的工艺物流代替，故不应被提取。又如，当变换反应器利用蒸汽来增强变换过程时，蒸汽不是实际的公用工程。因为蒸汽既用于加热又用于反应，不能用另一物流代替，此时蒸汽必须作为冷物流被提取，从锅炉给水状态加热到反应所需的温度，然后汽化。再如，如果精馏塔的再沸蒸汽仅作为加热介质，可被热油或其他热公用工程代替，将被视为实际的公用工程不被提取。然而，如果蒸汽通过直接注入的方式实现再沸，蒸汽将不再是公用工程，应作为过程的一部分被提取。

（6）识别软数据

工艺过程中一些物流的温度、压力和焓可在一定范围内变化，这类物流数据被称为软数据。如泵的排出压力可在一定范围内变化，从而导致下游蒸发器汽化温度的弹性变化。又如，进入储罐的产品物流温度可在相当大的温度范围内变化。

理想的软数据提取应使整个工艺过程的能量需求最小，可用2.6.1节的加减原理对工艺过程进行修改。通常，在决定如何适当地提取软数据之前，可先查看初步的组合曲线，如图2-29所示。图2-29（a）显示了物流在温度T^*下离开过程边界进入产品储罐的过程，图2-29（b）显示了整个过程的组合曲线。当T^*高于夹点温度时，根据加减原理，物流数据应提取至夹点温度T_{pinch}，以减少公用工程用量。

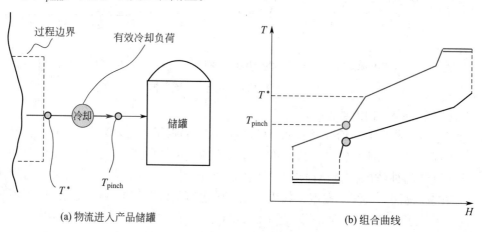

(a) 物流进入产品储罐   (b) 组合曲线

图2-29 提取物流软数据

数据提取中有时还需要识别可能的过程约束或强制性匹配，例如，因匹配成本较高而无法更改，或热负荷很小使改造没有经济价值等情况。

2.3　换热网络设计目标

2.3.1　能量目标

组合曲线可用来确定工艺过程所需的最小能量需求，如图2-30所示，将热组合曲线和冷组合曲线重叠，组合曲线之间的最小传热温差取10℃，重叠区域的热量为最大热回收量，且可得到最小公用工程用量。在设计换热网络之前，基于热量平衡和物料平衡，使用夹点分析可确定最小能量消耗目标，快速识别能量节省范围。

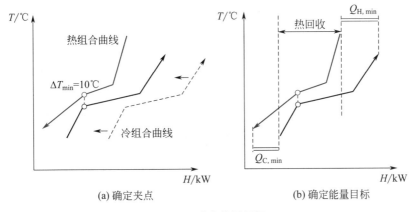

(a) 确定夹点　　　　　　　(b) 确定能量目标

图2-30　确定能量目标

2.3.2　换热单元数目标

换热单元数为换热设备（换热器、加热器和冷却器）个数。根据欧拉通用网络定理，换热单元数U的计算见式（2-3）。

$$U=N+L-S \tag{2-3}$$

式中，N为物流数，包括公用工程，不包括物流分支；L为独立的热负荷回路数，回路概念详见2.7.3节；S为独立子系统数，独立子系统为相互之间存在匹配关系而与其他物流没有匹配关系的物流所组成的子系统。

一般情况下，网络中不能分离出独立的子系统，即$S=1$。若使U最小，必须使$L=0$，即需要把系统存在的热负荷回路断开，此时最小换热单元数U_{min}的计算见式（2-4）。

$$U_{min}=N-1 \tag{2-4}$$

为满足最小能量需求（Minimum Energy Requirement，MER），必须在夹点上下分别设计独立的换热网络，此时满足最小能量需求的换热单元数$U_{min, MER}$的计算见式（2-5）。

$$U_{min, MER}=（N_{above}-1）+（N_{below}-1） \tag{2-5}$$

式中，N_{above}为夹点之上物流数；N_{below}为夹点之下物流数。

2.3.3 面积目标

在温焓图上，将冷热组合曲线在端点和拐点处划分垂直焓间隔，在每个焓间隔内，冷热组合曲线的斜率不变，如图2-31所示。在每个焓间隔内进行冷热物流的匹配，使其满足热负荷和传热温差要求，通过计算可得到最小传热面积A_{min}。

纯逆流垂直传热时，换热网络总面积为不同焓间隔内的换热面积加和，其计算见式（2-6）。管壳式换热器在石油化工中应用广泛，最简单型式为1-1（单壳程单管程）管壳式换热器，但在一些情况下，使用多管程换热器更具优势，常见的为1-2管壳式换热器。若使用多管程换热器，需引入对数平均温差校正因子F_T表示与纯逆流换热器的偏差，换热网络总面积计算见式（2-7）。

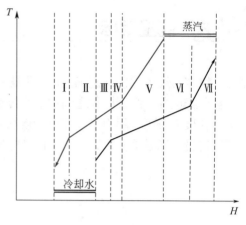

图2-31　焓间隔划分

$$A_{1\text{-}1} = \sum_k^{\text{intervals}} \frac{1}{\Delta T_{\text{LM},k}} \left(\sum_i^{\text{hot}} \frac{q_i}{h_i} + \sum_j^{\text{cold}} \frac{q_j}{h_j} \right) \tag{2-6}$$

$$A_{1\text{-}2} = \sum_k^{\text{intervals}} \frac{1}{\Delta T_{\text{LM},k} F_{\text{T},k}} \left(\sum_i^{\text{hot}} \frac{q_i}{h_i} + \sum_j^{\text{cold}} \frac{q_j}{h_j} \right) \tag{2-7}$$

式中，q_i为热物流i在焓间隔k内的热负荷，kW；q_j为冷物流j在焓间隔k内的热负荷，kW；$\Delta T_{\text{LM},k}$为焓间隔k内的对数平均温差，℃；$F_{\text{T},k}$为焓间隔k内的对数平均温差校正因子；h_i为热物流i的传热膜系数，kW/（m²·℃）；h_j为冷物流j的传热膜系数，kW/（m²·℃）。

2.3.4 经济目标

换热网络设计的目的是通过匹配冷热工艺物流减少加热和冷却费用，即最小化投资费用和操作费用。通过权衡投资费用和操作费用，可得到最优夹点温差ΔT_{min}，此温差下年总费用最小。

2.3.4.1 操作费用

操作费用（Operating Cost, OC）为换热网络消耗的公用工程总费用，计算见式（2-8）。

$$OC = \sum_i^{N_{\text{HU}}} (C_{i,\text{HU}} Q_{i,\text{HU}}) + \sum_i^{N_{\text{CU}}} (C_{j,\text{CU}} Q_{j,\text{CU}}) \tag{2-8}$$

式中，$Q_{i,\text{HU}}$为热公用工程i的热负荷，kW；$Q_{j,\text{CU}}$为冷公用工程j的热负荷，kW；$C_{i,\text{HU}}$为热公用工程i的单位能量费用，元/（kW·h）；$C_{j,\text{CU}}$为冷公用工程j的单位能量费用，元/（kW·h）；N_{HU}为热公用工程数；N_{CU}为冷公用工程数。

2.3.4.2　投资费用

投资费用（Capital Cost，CC）主要取决于设备材质、压力等级和换热器类型。换热面积为 A 的单台换热器（或换热单元）投资费用计算见式（2-9）。

$$CC_{unit} = a + bA^c \qquad (2\text{-}9)$$

式中，CC_{unit} 为换热单元投资费用，元；a 为换热单元安装费用，元；b 为换热单元的购买费用系数；c 为换热单元的购买费用指数；A 为换热单元的面积，m^2。

计算投资费用目标时，面积目标在各换热器中的分布并不确定。因此，为使用上式计算换热网络的投资费用，简单假定所有换热器面积均相等，则换热网络投资费用计算见式（2-10）。

$$CC_{network} = U\left[a + b\left(A_{network}/U\right)^c\right] \qquad (2\text{-}10)$$

式中，$CC_{network}$ 为换热网络的投资费用，元；$A_{network}$ 为换热网络的总换热面积，m^2；U 为换热单元数或壳体数。

计算回归费用系数 a、b、c 时，可先令 $a=0$，根据不同壳程换热器投资费用及换热器面积，取对数计算出 b 和 c，最后考虑固定的安装费用 a。

2.3.4.3　总费用目标

换热网络的总费用包括换热器投资费用和操作费用。当最小传热温差 ΔT_{min} 变化时，这两个费用的变化趋势相反。例如，当 ΔT_{min} 增大时，公用工程消耗增加，公用工程操作费用增加。然而，随着传热推动力增加，换热面积减少，换热网络投资费用随之降低。因此在考虑换热网络目标时应同时考虑这两个费用。

由于投资费用和操作费用的度量单位不同，因此需要年度化投资费用，其中年总费用（Total Annualized Cost，TAC）为年操作费用和年投资费用的加和。年投资费用为投资费用与年度化因子 F_{an} 的乘积，年度化因子的计算见式（2-11）。

$$F_{an} = \frac{i_r\left(1 + i_r\right)^n}{\left(1 + i_r\right)^n - 1} \qquad (2\text{-}11)$$

式中，i_r 为年利润率；n 为设备使用寿命，a。

2.3.5　最优夹点温差

公用工程用量随夹点温差变化而变化，同时夹点温差的选择也会影响热源和热阱的曲线形状，从而影响换热网络的拓扑结构。随着夹点温差的变化，换热网络的投资费用和操作费用都会发生变化，确定最优夹点温差需要在操作费用和投资费用之间权衡。夹点温差减小对换热网络费用的影响如下：

① 冷热公用工程用量减少，从而使公用工程费用减少。

② 工艺物流之间的换热量增加，导致换热面积增加，从而使换热网络投资费用增加。

③ 换热网络的传热推动力减少，导致换热面积增加，从而使换热网络投资费用增加。

④ 加热器和冷却器的热负荷减少，导致投资费用减少。然而，工艺物流换热器增加的费用总是大于加热器和冷却器减少的费用。

年总费用为年操作费用与年投资费用之和，三种费用与夹点温差的关系如图2-32所示，具有最低年总费用的夹点温差为最优夹点温差。

除了以年总费用最小为目标函数确定最优夹点温差外，还可以根据经验选取最优夹点温差，表2-4 ~ 表2-6列出了工业上常用的典型 ΔT_{min}。表2-4为不同类型工艺过程的典型 ΔT_{min}；表2-5为公用工程与工艺物流匹配的典型 ΔT_{min}，这些基于经验的 ΔT_{min} 可用于确定不同等级的公用工程热负荷目标；表2-6为炼油厂工艺改造过程使用的典型 ΔT_{min}。

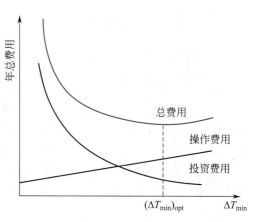

图2-32　年总费用与夹点温差关系

表2-4　不同类型工艺过程的典型 ΔT_{min} [7]

工业	ΔT_{min}/℃	说明
炼油	20 ~ 40	传热系数相对较小；多为平行的组合曲线；换热器易结垢
石化	10 ~ 20	冷凝器和再沸器具有更大的传热系数；不易结垢
化工	10 ~ 20	同石化工业
低温过程	3 ~ 5	制冷系统的电力需求较高；ΔT_{min} 随着制冷温度的降低而降低

表2-5　公用工程与工艺物流匹配的典型 ΔT_{min} [7]

匹配	ΔT_{min}/℃	说明
蒸汽与工艺物流	10 ~ 20	蒸汽冷凝或蒸发的传热系数较大
制冷剂与工艺物流	3 ~ 5	制冷剂成本较高
烟道气与工艺物流	40	烟道气传热系数较小
烟道气与产蒸汽物流	25 ~ 40	蒸汽侧传热系数较大
烟道气与空气（例如空气预热）	50	两侧均是气体，传热系数较小；取决于酸露点（Acid Dew Point）温度，酸露点的概念详见2.4.1节
冷却水与工艺物流	15 ~ 20	应考虑夏季/冬季操作

表2-6　炼油厂工艺改造过程使用的典型 ΔT_{min} [7]

过程	ΔT_{min}/℃	说明
原油蒸馏装置（CDU）	30 ~ 40	组合曲线平行
减压蒸馏装置（VDU）	20 ~ 30	组合曲线相对较宽（与CDU相比），但传热系数较小
催化重整装置	30 ~ 40	换热网络主要由具有压降限制的进料/产物换热器组成
催化裂化装置（FCC）	30 ~ 40	同CDU

续表

过程	$\Delta T_{min}/℃$	说明
加氢精制装置	30 ~ 40	进料/产物换热器为主；需要昂贵的高压换热器；需要考虑高压段（40℃）和低压段（30℃）
加氢裂化装置	40	同加氢精制装置
制氢装置	20 ~ 30	转化炉需要较高的 ΔT_{min}（30 ~ 50℃）；其余过程10 ~ 20℃

低 ΔT_{min} 可用于以下情况[8]：

① 具有高传热系数的沸腾或冷凝物流；

② 具有低于环境温度的低温物流，有利于最大热回收，降低昂贵的制冷成本；

③ 具有可直接接触换热的物流，最小传热温差可以为零。

在实际应用中，选择 ΔT_{min} 时需注意以下情况：

① 组合曲线形状。组合曲线的形状会影响传热推动力，进而影响换热网络的投资费用。若冷热组合曲线几乎平行，则可以选择较大的 ΔT_{min}。此时，冷热物流之间的温差将接近设置的 ΔT_{min}。这种情况不仅发生在靠近夹点的换热器上，也会发生在远离夹点的其他换热器上。

② 在结垢较多或传热系数较小的系统中，采用较大的 ΔT_{min}（30 ~ 40℃）。

2.4 公用工程选择

2.4.1 公用工程类型

公用工程种类较多，热公用工程包括：①加热炉；②蒸汽；③烟道气；④热机排出热；⑤热流体或热油；⑥制冷系统和热泵冷凝器废热；⑦电。

冷公用工程包括：①冷却水；②空气；③产汽系统和锅炉给水加热；④冷冻水；⑤制冷系统和热泵蒸发器；⑥夹点之下的热机。

在换热网络匹配时需区分恒温和变温公用工程。比如，冷凝蒸汽（在温度不变的情况下提供潜热）是恒温公用工程；烟道气（在一定温度范围内释放显热）是变温公用工程；加热炉包含这两种类型的公用工程，加热炉炉室以恒定的高温释放出辐射热，而排出的废气作为变温公用工程可以进一步释放热量。

工艺设计过程中可以根据需要选择合适的冷热公用工程，例如：热电联产系统中，低压蒸汽比高压蒸汽更便宜、更便于使用；换热过程中夹点之下释放的热量温度较高，则此部分热量可用于产生蒸汽或锅炉给水预热，而不是用冷却水将其移除；制冷系统中，温度对公用工程单位成本的影响较大，随着冷却温度的降低，运行要求和费用会急剧增加，因此在该系统可选用较小的传热温差[9]。

若选择烟道气为热公用工程，则可以通过总组合曲线确定加热炉的烟道气最低温度，如图2-33所示。从加热炉理论燃烧温度（Theoretical Flame Temperature，TFT）T_{TFT} 开始绘制一条直线，通过最小化斜率确定烟道气最低温度，进而减少加热炉所需燃料。其中，理论燃烧温度是指燃料在空气或氧气中燃烧时，没有热量损失或补充时所能达到的温度；烟道气最低温度由酸露点限制，如图2-33（a）所示，酸露点是指因烟道气冷却而导致对流室炉管或烟道腐蚀的温度。然而，在实际操作中，如果夹点温度高于酸露点，则烟道气最低温度将受到夹点温度的限制，如图2-33（b）所示。在某些情况下，过程夹点以上的某个点也可能限制烟道气温度，如图2-33（c）所示。在后两种情况下，烟道气热损失不可避免，此时，为减少热损失，可以考虑利用烟道气热量来产生蒸汽或进行空气预热。

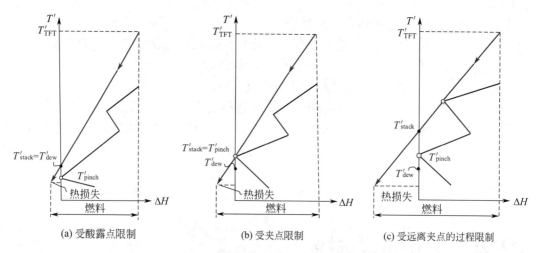

图2-33　确定加热炉烟道气最低温度

　　总组合曲线也可用于确定热油循环的最低回油温度，从而确定热油的最小流量，如图2-34所示。热油线可以表示为从给定供应温度开始的一条直线（恒CP），通过最小化直线斜率，确定最低回油温度。当热油线接触过程总组合曲线时，即确定了最小斜率。根据总组合曲线的形状，限制点可以是过程夹点，如图2-34（a）所示，也可以是远离过程夹点的一点，如图2-34（b）所示。在这两种情况下，热油线与温度轴接触的点即为热油的最低回油温度。

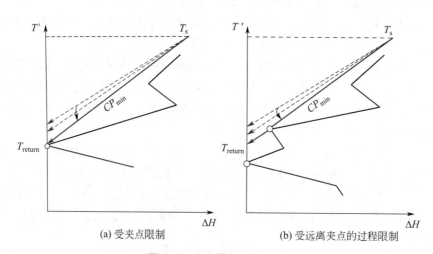

图2-34　确定最低回油温度

2.4.2 公用工程夹点

公用工程夹点是公用工程与工艺物流匹配换热形成的夹点。当某温位热公用工程恰好满足该温位净冷流所需热量，或者某温位冷公用工程恰好满足该温位净热流所需冷量时，就构成了公用工程夹点。在总组合曲线上，公用工程夹点表现为在该温位下的公用工程线刚好接触到过程总组合曲线。公用工程夹点温差可以等于也可以不等于过程系统的夹点温差[10]。

总组合曲线上的热公用工程线，应较实际热公用工程温度下降半个公用工程夹点温差；总组合曲线上的冷公用工程线，应较实际冷公用工程温度上升半个公用工程夹点温差。

2.4.3 多级公用工程

在确定多级公用工程目标时，可以借助总组合曲线，如图 2-35 所示。

图 2-35（a）为高压蒸汽用于加热及制冷剂用于冷却的过程。为了降低公用工程的费用，引入中压蒸汽和冷却水，如图 2-35（b）所示。中压蒸汽的目标可以通过在中压蒸汽的温度水平上绘制水平线来确定，该水平线从纵轴位移温度开始，直到接触总组合曲线，剩余的热负荷由高压蒸汽提供。在使用高压蒸汽之前最大限度地使用中压蒸汽，从而最小化公用工程费用。同理，在夹点之下进行类似的设置，以便在使用制冷剂之前最大限度地使用冷却水。

图 2-35（c）使用加热炉代替高压蒸汽，表明了使用不同等级公用工程的可能性。考虑到加热炉成本高于中压蒸汽，因此要最大化中压蒸汽的使用量。在高于中压蒸汽等级的温度范围内，热负荷由加热炉的烟道气提供，从中压蒸汽温度到理论燃烧温度 T_{TFT} 绘制一条直线可以设置烟道气热量。如果过程夹点温度高于烟道气酸露点温度，则可利用中压蒸汽和夹点温度之间的烟道气热量进行工艺加热，从而减少中压蒸汽用量，同时中压蒸汽的热负荷也需要进行相应的调整。

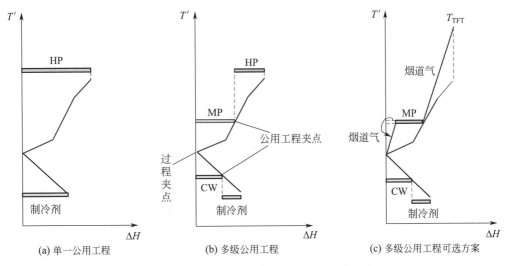

图2-35 使用总组合曲线确定多级公用工程目标

下面通过例 2.2 详细介绍多级公用工程的选择。

例2.2[11]　某一过程的工艺物流及公用工程基础数据见表2-7，含两股热物流和两股冷物流，有三种热公用工程和一种冷公用工程可供选择。令 $\Delta T_{\min}=20℃$，分析公用工程的选择。

表2-7　工艺物流及公用工程基础数据

物流编号	$T_s/℃$	$T_t/℃$	$CP/$（kW/℃）	$\Delta H/$kW
H1	270	160	18	1980
H2	220	60	22	3520
C1	50	210	20	3200
C2	160	210	50	2500
HP	250	250	—	—
MP	200	200	—	—
LP	150	150	—	—
CW	15	20	—	—

根据物流数据建立热级联图，由热级联图中的热流量绘制总组合曲线，如图2-36所示。

由图2-36（a）热级联图可以看出，冷、热工艺物流的过程夹点温度是160℃和180℃，最小冷热公用工程用量分别是800kW和1000kW。由表2-7的冷热公用工程基础数据可知，热物流的夹点温度（180℃）高于低压蒸汽温度（150℃），这意味着低压蒸汽在本例中不能作为热公用工程使用，但夹点之下热工艺物流的过量热可以产生低压蒸汽。

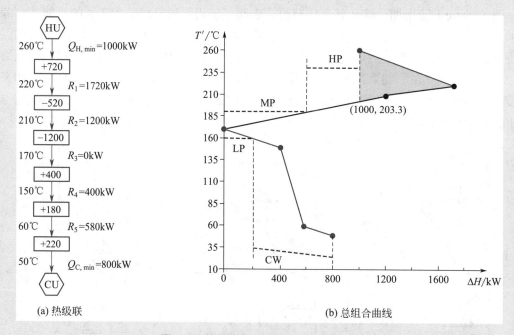

(a) 热级联　　　　　　　　　　　(b) 总组合曲线

图2-36　热级联与相对应的总组合曲线

假设装置年运行时间为8400h，且为了降低年费用最大限度地使用了成本较低的公用工程，则设置的公用工程的位移温度、热负荷、单价和年费用如表2-8所示。将冷热公用工程的位移温度绘制在总组合曲线中，方案如图2-36（b）所示，此为只考虑操作费用不考虑投资费用的最优解。

表2-8列出的公用工程年总费用为116.2万元，费用中的负值表示低压蒸汽的产生将相应的公用工程费用转换成了收入。若只使用高压蒸汽和冷却水作为公用工程，则费用为1000×1400+800×140=151.2（万元/a）。因此使用多级公用工程将节省35万元/a（23.1%）的费用。

表2-8 公用工程位移温度、热负荷及费用数据

公用工程	$T'/℃$	$\Delta H/kW$	单价/[元/（kW·h）]	费用/（万元/a）	总费用/（万元/a）
HP	250−10=240	400	0.17	56.0	
MP	200−10=190	600	0.14	71.4	
LP	150+10=160	200	0.12	−19.6	116.2
CW	T'_s：15+10=25 T'_t：20+10=30	600	0.02	8.4	

根据图2-36，多级公用工程的选择从过程夹点开始，一次放置一种公用工程，始终选择并最大限度使用最低价的公用工程。当图2-36中的虚线接触总组合曲线（如中压蒸汽和低压蒸汽的情况）或总组合曲线中的口袋（如高压蒸汽的情况）时，就会出现最大热负荷，即该公用工程所需的能量目标。图2-36中CW的虚线未接触总组合曲线，因为CW的温度低于任何工艺物流的温度。

热级联图可用于确定多级公用工程目标。若已知公用工程温度，则可以应用线性插值法确定热负荷。一般工厂都建有公用工程系统，因此可将工艺物流与已知温度的蒸汽换热。当不存在现有公用工程系统时，可以选择所用公用工程的热负荷和等级，比如图2-36中的总组合曲线，可在口袋末端选择一种蒸汽等级以减少所用的公用工程种类，通过内插法（焓值为1000kW）得到改进后的蒸汽温度为203.3℃，其对应的实际蒸汽温度为213.3℃。

2.5 蒸汽动力系统

2.5.1 热机

2.5.1.1 基本原理

利用热能产生动力的装置称为热机（Heat Engine）。常见的热机类型有汽轮机（Steam Turbine）、燃气轮机（Gas Turbine）和往复式发动机（Reciprocating Engine）。热机的基本原理如图2-37所示，热机从温度为T_1的高温热源吸收热量Q_1，然后向温度为T_2的低温热阱释放热量Q_2，同时对外做功W，用热力学方程可以表示为

$$热力学第一定律 \qquad W=Q_1-Q_2 \qquad (2-12)$$

$$热力学第二定律 \qquad W/Q_1 \leqslant \eta_c \qquad (2-13)$$

$$卡诺循环效率 \qquad \eta_c=1-T_2/T_1 \qquad (2-14)$$

由于真正的热机是不可逆的，所以引入机械效率η_{mech}，热机实际做功为

$$W=\eta_{mech}\eta_c Q_1 \qquad 0 \leqslant \eta_c \leqslant 1 \qquad (2-15)$$

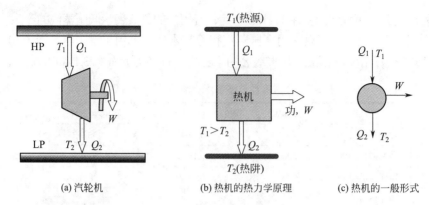

(a) 汽轮机   (b) 热机的热力学原理   (c) 热机的一般形式

图2-37   热机基本原理

2.5.1.2   放置规则[12]

工艺过程中设置热机主要有两个目的：为工艺过程提供热量和发电。图2-38所示为闭式循环热机，温度为 T_1、压力为 p_c 的冷凝水经泵升压后，以温度为 T_2、压力为 p_b 的状态进入锅炉，在锅炉中吸热变为温度为 T_3、压力为 p_b 的过热蒸汽，过热蒸汽经汽轮机膨胀做功后于温度 T_4、压力 p_c 状态进入冷凝器等压冷凝成水。热机将净热能（Q_b-Q_c）转化为净功（$W_{out}-W_{in}$），转化的热力学效率通常为35%。

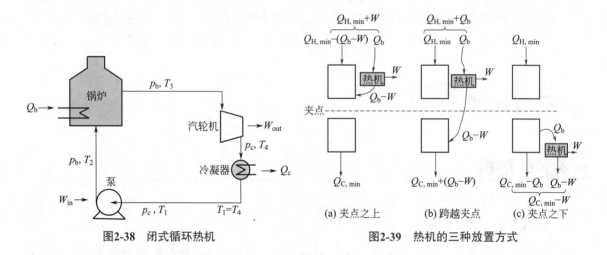

图2-38   闭式循环热机   **图2-39   热机的三种放置方式**

按温度区间将工艺中需要加热和冷却的物流分为夹点之上和夹点之下两部分，为确定热机的位置，考虑了三种可供选择的方案，如图2-39所示。图2-39（a）中，热机位于夹点之上，忽略泵较小的动力需求，锅炉需要热量 Q_b，汽轮机产生轴功 W，热机向过程释放热量（Q_b-W），则夹点之上使用的热公用工程热负荷减少（Q_b-W）。由于放置热机，总需热量仅增加了轴功 W，这意味着热机效率为100%。图2-39（b）中，热机跨越夹点放置，在夹点之上吸收热量，夹点之下释放热量，因此，冷热公用工程热负荷都会增加，夹点之上的热公用工程热负荷增加了 Q_b，夹点之下的冷公用工程热负荷增加了（Q_b-W）。图2-39（c）中，热机位于夹点之下用于余热发电，锅炉需要热量 Q_b，汽轮机中回收功 W，因此冷公用工程热负

荷减少了 W。与热机完全放置在夹点之上或夹点之下相比，跨越夹点的放置方法不合理。

根据以上分析，得出热机放置规则：热机应完全放置在夹点之上或夹点之下。

2.5.1.3　热机集成 [11]

（1）汽轮机

汽轮机热电联产的集成原理如图2-40所示。锅炉中产生的高压蒸汽通过汽轮机膨胀为低压蒸汽，汽轮机做功 W；排出的低压蒸汽向夹点之上供热 Q_{ST}；回收的冷凝水返回到锅炉。根据能量平衡，提供给锅炉的燃料能量 $Q_{fuel} = Q_{ST} + W + Q_{loss}$。如果除了满足蒸汽所需的燃料能量之外锅炉没有能量损失，那么提供给锅炉的燃料能量的转换效率为100%。

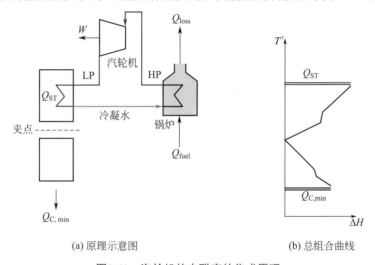

(a) 原理示意图　　　　　　(b) 总组合曲线

图2-40　汽轮机热电联产的集成原理

对于汽轮机热电联产的集成过程，蒸汽压力（或温度）的选择可能会影响过程产电量。如果仅使用一个等级的蒸汽，如图2-40所示，那么蒸汽必须满足该工艺过程最高温度下的蒸汽需求，此时汽轮机的背压明显升高。如果同时使用几个不同等级的蒸汽，则可以通过设置蒸汽的温度和热负荷，以使用较低温度的蒸汽将热量传递到工艺过程中，如图2-41所示。而更多的蒸汽热量可通过汽轮机膨胀做功来增加发电量。

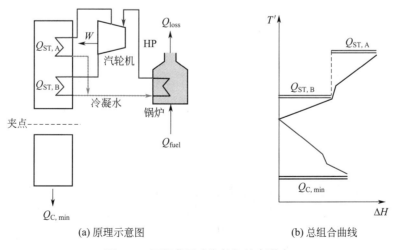

(a) 原理示意图　　　　　　(b) 总组合曲线

图2-41　两级背压式汽轮机热电联产

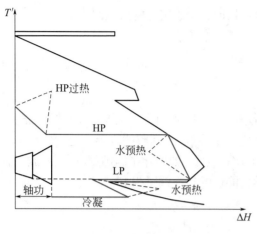

图2-42　典型的热回收蒸汽循环

当背景过程在高温下可产生较多余热时，也可用带有热电联产的蒸汽网络进行热回收循环。在这种情况下，蒸汽循环在夹点之下表现为热机，因此过程温度必须足以产生中压或高压蒸汽。典型的热回收蒸汽循环如图2-42所示，其中蒸汽网络用于高温热回收和低温工艺加热。通过评估不同等级的蒸汽量来确定蒸汽网络的适当结构，以便在多个温度水平下满足过程热量需求，从而确定多级公用工程夹点。图2-42中，由于低压下所需的加热温度相对较低，所以还可考虑通过汽轮机在低压下进一步使蒸汽膨胀。

（2）燃气轮机

燃气轮机热电联产的集成原理如图2-43所示，空气在压缩机中被压缩后进入燃烧室，与燃料混合燃烧后温度升高，燃烧后的气体在燃气轮机内膨胀，产生足够的轴功来驱动压缩机。燃气轮机排出的废气可直接加热工艺物流，然后排放到大气中。与汽轮机热电联产相似，若忽略排气损失，即 Q_{loss} 为零，则燃料能量的转换效率为100%。在实际应用中，排气损失的热量取决于燃气轮机的排气状况、夹点温度和过程总组合曲线形状。

燃气轮机排出废气的温度决定了该过程可用热量的温度水平。通常，排气温度越低，膨胀率越高，燃气轮机发电效率越高。

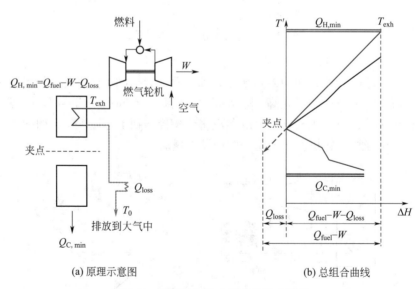

（a）原理示意图　　　　（b）总组合曲线

图2-43　燃气轮机热电联产的集成原理

（3）燃气轮机与蒸汽网络组合

实际上，废气和工艺物流间的直接换热只有在某些特殊的工业环境中才可能发生。通常，为实现装置内不同设备的热量分配，可使用一个或多个压力等级的蒸汽分配系统。在燃气轮机热电联产中，更常见的是利用废气热量产生蒸汽，然后通过蒸汽网络将其分配到工艺过程，该系统由燃气轮机和蒸汽网络组合而成，故称之为组合配置。在这种配置中，公用工程系统类似于含有锅炉和汽轮机的蒸汽系统，只是使用了燃气轮机代替锅炉。与锅炉中的燃料燃烧相比，废气热的可利用温度要低得多，因此需合理估算蒸汽网络的压力等级。压力等级不仅影响管道和加压设备的投资费用，还影响热电联产的目标。

（4）有机朗肯循环

有机朗肯循环（Organic Rankine Cycle，ORC）是以有机物为工质的低温（低于200℃）动力循环，其与蒸汽朗肯循环的区别是它的热集成涉及的温度水平更低。

有机朗肯循环的蒸发和冷凝过程温度较低、热效率高且设备相对简单，因此是一种有效的低品位余热发电技术。例如，在换热网络设计中，由于技术经济困难以及过程复杂化（昂贵的换热网络投资费用和复杂的过程控制）等因素，导致整个工艺过程的热量难以回收，当电价上涨时，就可以考虑使用有机朗肯循环低温发电，以解决废热利用问题。

2.5.2 热泵

2.5.2.1 基本原理

热泵（Heat Pump）是以消耗一部分高质能（机械能或电能）为代价，使热量从低温热阱向高温热源传递的装置。热泵一般分为以下五种类型：闭式循环（Closed-Cycle）热泵、机械蒸汽再压缩式（Mechanical Vapor Recompression，MVR）热泵、热力蒸汽再压缩式（Thermal Vapor Recompression，TVR）热泵、吸收式制冷循环（Absorption Refrigeration Cycle）和吸收式热泵（Absorption Heat Pump）。

热泵的工作原理与热机相反，如图2-44所示，它从温度为T_2的低温热阱吸收热量Q_2，向温度为T_1的高温热源释放热量Q_1，消耗的功为W，用热力学方程可以表示为

热力学第一定律 $\qquad W=Q_1-Q_2$ （2-16）

热力学第二定律 $\qquad W/Q_1 \geqslant \eta_c$ （2-17）

卡诺循环效率 $\qquad \eta_c=1-T_2/T_1$ （2-18）

实际（不可逆）热泵公式为

$$W=\frac{\eta_c Q_1}{\eta_{mech}}=\frac{Q_1}{COP} \qquad 0 \leqslant \eta_{mech} < 1 \qquad (2-19)$$

式中，COP为热泵性能系数；η_{mech}为机械效率。

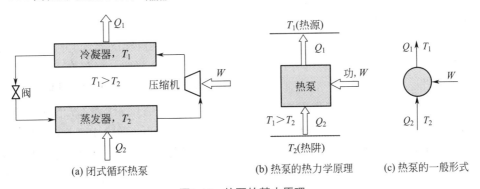

(a) 闭式循环热泵　　　　(b) 热泵的热力学原理　　　(c) 热泵的一般形式

图2-44 热泵的基本原理

2.5.2.2　放置规则[12]

热泵相对于夹点的放置方式有三种，如图2-45所示。图2-45（a）中热泵放置在夹点之上，热公用工程热负荷减少W，但冷公用工程热负荷不变，此时高品质的动力直接转化为低品质的热量来减少热公用工程热负荷。图2-45（b）中热泵跨越夹点放置，热泵从夹点之下的温度区间移除热量Q_b，并将热量（$Q_b + W$）释放到夹点之上，即将夹点之下的热量移至夹点之上，此时虽然消耗了轴功，但冷热公用工程热负荷均减少。图2-45（c）中热泵放置在夹点之下，热公用工程热负荷不变，但冷公用工程热负荷增加W。与热泵跨越夹点放置相比，热泵放置在夹点之上和夹点之下均不合理。

根据以上分析，得出热泵放置规则：热泵应跨越夹点放置。

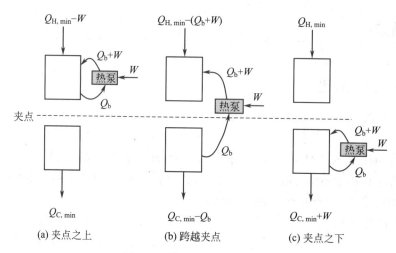

图2-45　热泵的三种放置方式

2.5.2.3　热泵集成[11]

（1）闭式循环热泵

闭式循环热泵以朗肯循环为基础，工质依次经过蒸发、压缩、冷凝和膨胀过程，其中冷凝和蒸发过程发生在与工艺物流换热的换热器中。

由图2-44（a）可知，闭式循环热泵向冷凝器侧（夹点之上）提供的热量等于蒸发器侧（夹点之下）供应的热量加净压缩功，因此冷凝器侧的可用热量总是大于蒸发器侧的可用热量，且随着冷热侧温差增加，热泵所需要的功呈指数级增长。

闭式循环热泵集成如图2-46所示，从中可以看出，热泵目标的实现必须考虑温升的影响。图2-46（a）中，夹点之上有部分过程热量提供给热泵冷凝器，且仍有大量过程热量可供给热泵蒸发器，因此可通过增加热泵能量回收来节省更多费用。本例中，热泵在当前冷凝器温度下与口袋接触形成公用工程夹点，仅当热泵冷凝器温度（或压力）升高时，增加热泵能量回收才合适，但随着压缩功的增加，热泵性能会逐渐降低。图2-46（b）中调节了冷凝器温度和热泵能量回收量，以完全匹配工艺热量需求，但此时泵送每单位热量需要消耗更多的功。

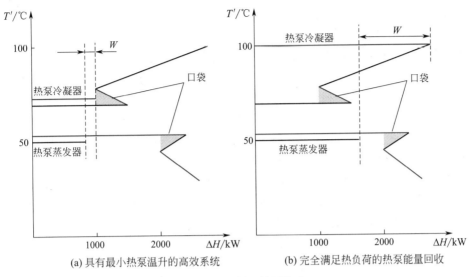

(a) 具有最小热泵温升的高效系统　　　(b) 完全满足热负荷的热泵能量回收

图2-46　闭式循环热泵集成

（2）机械蒸汽再压缩式热泵

机械蒸汽再压缩式热泵指通过电机或装置透平驱动压缩机，将蒸汽压缩到高温高压状态，以提高蒸汽品位，用于设备供热。在此过程中，可充分利用蒸汽的潜热以达到高效节能的目的。

如果背景过程在夹点上下的热需求量和热利用率均较大，则可以实现热泵的适当集成。热泵集成一般发生在蒸发和冷凝过程中，例如食品工业和制浆造纸过程中的蒸发以及任何涉及精馏的分离过程。

图2-47中，机械蒸汽再压缩式热泵与闭式循环热泵相比，其优点是达到热泵效果的物流是工艺物流本身，避免了热泵工质与工艺物流间的换热；缺点是工艺物流可能具有较高的比容或腐蚀性，导致需要使用大型或昂贵的压缩机，而闭式循环热泵使用制冷剂作为工质，制冷剂的选择与工艺无关。

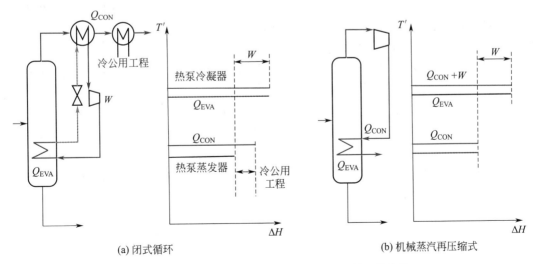

(a) 闭式循环　　　　　　　　　　　(b) 机械蒸汽再压缩式

图2-47　闭式循环热泵和机械蒸汽再压缩式热泵的比较

（3）吸收式热泵

吸收式热泵是一种特殊类型的热泵或制冷装置，其主要能量形式是热源的热量，如燃烧热或废热。在实际应用中，吸收式热泵电力需求非常小，因此通常应用于电力成本较高的场合，或在同吸收技术相匹配的温度水平下有大量余热可用的场合。由于制冷原则上是一种能质下降的过程，所以热泵制冷机不需要遵循放置规则。

吸收式热泵可分为两类：第一类吸收式热泵和第二类吸收式热泵。通常所说的吸收式热泵是指第一类吸收式热泵，如图2-48（a）所示。第二类吸收式热泵又被称为热变换器，如图2-48（b）所示。在吸收式热泵中，把制冷剂与吸收剂两者称为工质对，吸收式热泵中常用的工质对有两种：氨/水和水/溴化锂。其中，氨/水体系仅适用于小型（几千瓦）商用，基本上限制在住宅应用；水/溴化锂体系在工业上应用广泛，其规模在几十千瓦到几兆瓦之间，所以下面的讨论仅限于水/溴化锂体系。

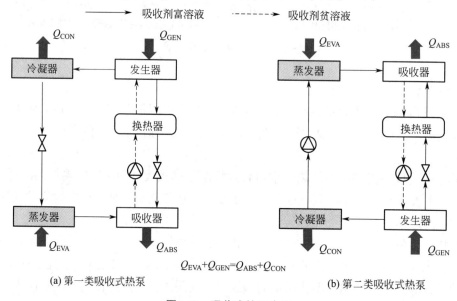

(a) 第一类吸收式热泵　　　　(b) 第二类吸收式热泵

图2-48　吸收式热泵类型

在第一类吸收式热泵中，蒸发器中的冷剂水吸取中低温废热后（即余热回收过程），蒸发成冷剂蒸汽进入吸收器；吸收器中溴化锂溶液吸收冷剂蒸汽变成稀溶液，同时放出吸收的热量；稀溶液由溶液泵输送至发生器，在发生器中被加热浓缩成浓溶液返回到吸收器；浓缩过程产生的冷剂蒸汽进入冷凝器后凝结成冷剂水，冷剂水流入蒸发器进入下一个循环。

在第二类吸收式热泵（热变换器）中，蒸发器蒸发出冷剂蒸汽；冷剂蒸汽进入吸收器被来自发生器的溴化锂溶液吸收；吸收冷剂蒸汽后得到的稀溶液流出吸收器，流经溶液换热器后进入发生器，再产生冷剂蒸汽，同时浓缩成浓溶液，溶液泵将此浓溶液经换热器输送至吸收器，重新吸收冷剂蒸汽；发生器中产生的低压冷剂蒸汽进入冷凝器中被冷却成冷剂水，由冷剂水泵输送至蒸发器，再次被加热蒸发，从而完成一个循环。

2.6　工艺过程改变

2.6.1　加减原理

由工艺过程的热量平衡和物料平衡可确定该工艺的组合曲线，若热量平衡和物料平衡变化，组合曲线也会发生变化。通过给定 $\Delta T_{\min}$ 的组合曲线可获得最大热回收量 $Q_{R,\max}$、最小热公用工程用量 $Q_{H,\min}$、最小冷公用工程用量 $Q_{C,\min}$ 和夹点位置。

在夹点分析中，过程改变的一般策略被称为加减原理（Plus-Minus Principle），由 Linnhoff 和 Vredeveld 提出，如图2-49所示。

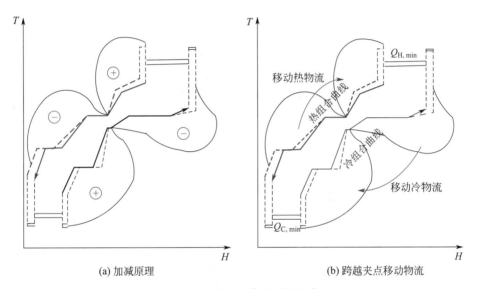

(a) 加减原理　　　　　　　　　　(b) 跨越夹点移动物流

图2-49　加减原理指导过程改变

由图2-49（a）可知，过程改变的目标包括：
① 增加夹点之上总热物流的热负荷；
② 减少夹点之上总冷物流的热负荷；
③ 减少夹点之下总热物流的热负荷；
④ 增加夹点之下总冷物流的热负荷。

以上任何过程的改变，都会导致公用工程需求量减少，其中①②可减少热公用工程用量，③④可减少冷公用工程用量。

由图2-49（b）可知，通过以下夹点处的物流移动可改变能量目标：
① 将热物流从夹点之下移到夹点之上；
② 将冷物流从夹点之上移到夹点之下。

加减原理为过程改变提供了明确的指导，以降低能量目标。过程改变的例子包括精馏塔的压力变化、物流的流量变化以及物流的目标温度变化。例如，通过增加塔压力，将冷凝器从夹点之下移到夹点之上，既增加了夹点之上总热物流的热负荷，同时也减小了夹点之下总热物流的热负荷，最终减少冷热公用工程用量，如图2-50所示。

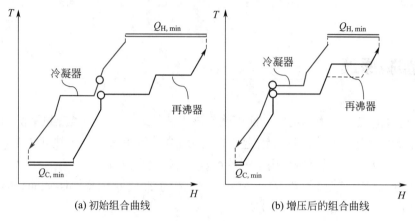

(a) 初始组合曲线   (b) 增压后的组合曲线

图2-50　增加塔压进行过程改变

尽管加减原理可指导过程改变，并为降低公用工程费用提供参考，但它没有考虑投资费用。同时，为了降低公用工程消耗而进行的过程改变通常会导致温度推动力减小。因此，在流程更改之后，应该估算费用，重新进行投资-能量权衡以及调整 ΔT_{min}。

2.6.2　精馏塔

2.6.2.1　精馏塔温焓图

塔总组合曲线（Column Grand Composite Curve，CGCC）和塔组合曲线（Column Composite Curves，CCCs）可采用逐板计算法绘制，如图2-51所示。CGCC有助于评估外部热源及热阱的使用情况，并指出中间冷凝器和中间再沸器的热负荷；CCCs描述了汽液相在塔内的温焓状况以及推动力的变化，可用于解释塔的内部过程、推动力和投资费用等问题。两种曲线都可为设计者同时考虑经济可行性和技术可行性提供参考。

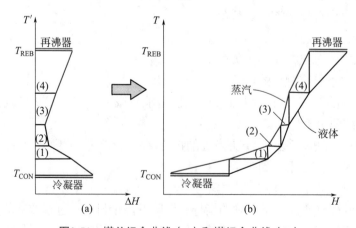

图2-51　塔总组合曲线（a）和塔组合曲线（b）

2.6.2.2 单塔改进

提高精馏塔能效有多种措施，包括改善回流比、进料预热/冷却和增设中间冷凝器/再沸器等，通过夹点分析可以确定塔改进的方式及改动范围。

使用CGCC进行单塔改进的过程如图2-52所示。因为进料位置的改变可能会对塔改进的其他措施产生很大影响，所以在进行塔热力学分析之前，需优化塔的进料位置，即通过调节进料位置分析其对回流比的影响，从而确定合适的进料位置。进料位置优化后，就可得到该塔的CGCC。

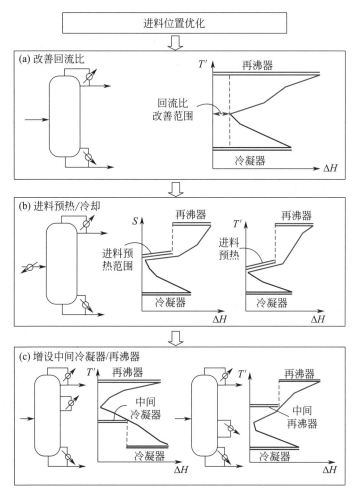

图2-52 使用CGCC进行单塔改进

在进行其他热力学改进之前，减小回流比会直接降低再沸器和冷凝器的热负荷，因此应首先考虑。CGCC中夹点与纵轴之间的水平距离表示塔内回流比改善的范围，如图2-52（a）所示，随着回流比降低，CGCC向纵轴靠近。现有塔可通过增加塔板数或提高塔板效率来减小回流比。

改善回流比后进一步评估进料预热或冷却的范围，如图2-52（b）所示，预热范围可由S-H图（S为塔板数）中进料位置附近CGCC图形的"急剧变化"确定，变化的幅度大致表明进料预热的范围。进料温度不合理会导致进料位置附近发生明显的焓变化。例如，过冷状态进料将导致急冷，会在再沸器一侧引起明显焓变，增加再沸器高温位公用工程热负荷。合理的进料预热能将热负荷从再沸器转移到进料预热器，从而降低高温位公用工程消耗；进料冷却同理。

调节进料温度后考虑增设中间冷凝器/再沸器。由图2-52（c）可以判断是否需要引入中间冷凝器或中间再沸器。如果在CGCC夹点以上或夹点以下有一段"平坦"的区域，那么可以考虑增设中间再沸器或中间冷凝器。在回流量改变不明显的情况下，合适的中间再沸器可分担一部分塔底再沸器热负荷。

与增加中间冷凝器/再沸器相比，进料预热/冷却调节可提供更合适的温度水平。此外，进料预热/冷却调节是塔外调节，比增设中间冷凝器/再沸器更容易实施。以上单塔改进措施选择的先后顺序为：①优化进料位置；②改善回流比；③进料预热/冷却；④增设中间冷凝器/再沸器。

2.6.2.3　塔系热集成

借助CGCC可分析塔系热集成。通过CGCC相互间的集成以及与背景过程总组合曲线的集成，可以分析多塔内部热集成以及多塔与背景过程的热集成。

塔系热集成分析有两种方法：一种是用CGCC直接代替精馏塔的箱型表示，如图2-53（a）所示，为了进行热集成，应增加塔A压力，降低塔C压力，改变塔压后如图2-53（b）所示；另一种方法是用塔温焓图表示，分析结果与箱型表示完全不同，如图2-53（c）所示，塔B的中间再沸器使塔A和塔B进行热集成，塔C的中间再沸器使塔B和塔C进行热集成，且不需要改变任何塔的压力。因此后者更有优势，但塔温焓图代表了一种理想的热力学情况，即所有的热量都在其温度下被精确使用，在实际操作中，这种情况需要非常复杂的设备才能实现。

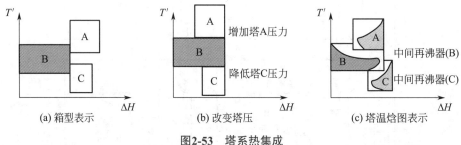

图2-53　塔系热集成

当对塔进行改进后，必须重新进行严格模拟，因为塔的改进通常会改变回流比、塔顶和塔底产品组成以及产品纯度。有时塔的这种改进并不可行，此时可能需要迭代求解才能获得最优塔设计方案。

在冷凝器与再沸器之间添加热泵是精馏塔节能的另一种方式，但通常温升太高，经济上并不占优势。设置中间再沸器或中间冷凝器可能有助于降低温升。

2.6.2.4　塔的合理放置

前面讨论了提高单塔能效的改进方法，在许多情况下，可以适当地将塔与背景过程集成，进一步提高工艺的整体能效。塔集成包括塔与背景过程或公用工程之间的热负荷交换，精馏塔与背景过程的集成如图2-54所示。

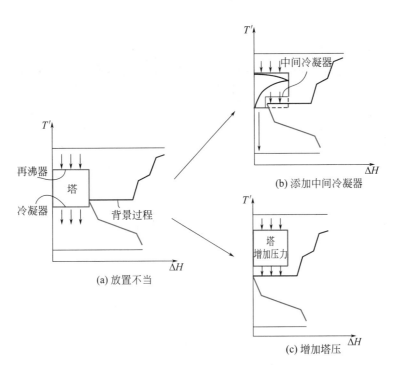

图2-54　精馏塔与背景过程集成

图2-54（a）中塔的温度范围跨越背景过程（用过程的总组合曲线表示）的夹点温度，此时总能耗（塔＋背景过程）等于塔能耗加上背景过程能耗，可见将塔与背景过程集成并不能节省能量，因此图2-54（a）中塔的位置不合适。图2-54（b）中CGCC曲线表明该塔可以添加中间冷凝器，中间冷凝器为塔与背景过程的集成提供了可能，与图2-54（a）相比，由于塔与背景过程集成，总能耗降低。

另一种方案是增加塔压，使塔通过冷凝器与背景过程进行完全集成，如图2-54（c）所示。塔位于夹点的一侧，总能耗（塔＋背景过程）等于背景过程能耗，此时塔本身不需要外加公用工程。因此，图2-54（c）中塔的位置合适。

增加塔压对塔的影响包括：①相对挥发度降低，使分离变得困难，因此需要更多的塔板或较大的回流比；②汽化/冷凝潜热降低，再沸器和冷凝器热负荷降低；③蒸汽密度增加，可以减小塔径；④再沸器温度提高，但再沸器的温度受蒸发介质热分解的限制；⑤冷凝器温度升高。若降低塔压，也可实现塔与背景过程的热集成，但要避免真空操作及在冷凝器中使用制冷剂[13]。

综上所述，通过单塔改进可增加塔与背景过程集成的可能性，例如进料预热/冷却调节或增设中间冷凝器/再沸器等。如果塔的放置跨越夹点，并且不能通过中间冷凝器/再沸器等与背景过程集成，则其放置不合适；如果塔在夹点一侧，并且能够与背景过程总组合曲线集成，则其放置合适。所以，在考虑塔设备的节能方式时，对于夹点之上或者夹点之下的塔设备，采用与背景过程集成的形式节能；对于跨夹点的塔设备，首先通过参数调整使其尽可能位于不跨夹点的状态，然后与背景过程集成；对于不能调节至夹点之上或者夹点之下的塔设备，考虑通过调整回流比等方式进行节能分析[14]。

适当的塔集成能够显著提高能量效益，但这些效益必须与相关的投资费用和操作难度进行权衡。在某些情况下，可以通过公用工程系统间接塔集成以降低操作难度。塔集成原则也可应用于其他热分离设备，如蒸发器等。

下面通过例2.3介绍塔的放置及其对过程能量目标的影响。

　　例2.3[15]　某过程流程如图2-55所示，物流数据如表2-9所示，沸腾和冷凝过程允许温度变化1℃。为简化计算，令 $\Delta T_{\min}=0$℃，再沸器热负荷不变。试讨论再沸器温度分别为300℃、500℃和350℃时，塔的放置及其对过程能量目标的影响。三种塔放置分别记为塔放置A、B和C。

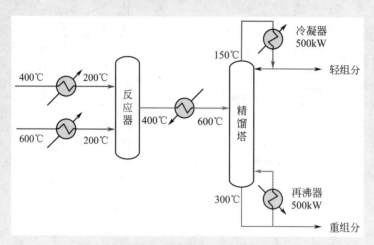

图2-55　某过程流程示意图

表2-9　塔放置A物流数据汇总

物流编号	T_s/℃	T_t/℃	CP/（kW/℃）	ΔH/kW
H1	400	200	5	1000
H2	600	200	1	400
C1	400	600	10	2000
CON	150	149	—	500
REB	300	301	—	500

　　（1）塔放置A——在背景夹点之下

　　首先仅考虑背景过程，$\Delta T_{\min}=0$℃时三股工艺物流的温度区间分析如图2-56（a）所示，最小冷公用工程用量为1200kW，最小热公用工程用量为1800kW，夹点温度为400℃。接下来将塔的冷凝器和再沸器加入背景物流中，如图2-56（b）所示，得到最小冷公用工程用量为1200kW，最小热公用工程用量为1800kW，夹点温度为400℃。图2-56（c）表明，如果冷凝和沸腾过程在恒温下进行，也会得到相同的结果。

　　加入塔冷凝器和再沸器前后，经温度区间分析得到的夹点温度和公用工程热负荷均相同，这可以通过比较背景过程总组合曲线和整个过程（背景+塔）的总组合曲线来解释，如图2-57所示。图2-57（a）所示的背景过程GCC表明，夹点之上为热阱，需要热公用工程1800kW，夹点之下为热源，需要冷公用工程1200kW。图2-57（b）所示的全过程GCC表明，塔集成后再沸器从背景物流中吸收 Q_{REB} 热量，冷凝器排出 Q_{CON} 热量，由于冷凝器和再沸器热负荷在本例中相等，因此总体公用工程需求量不变。

　　为了强调精馏塔的适当位置，在图2-57（c）中绘制了背景过程总组合曲线，并设置冷

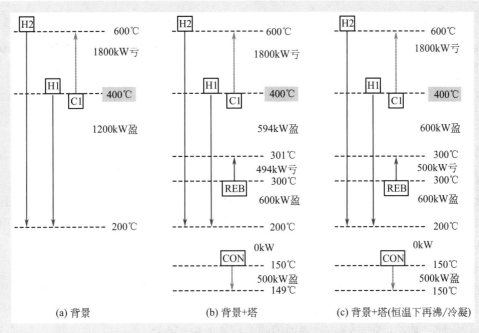

图2-56 物流温度区间分析

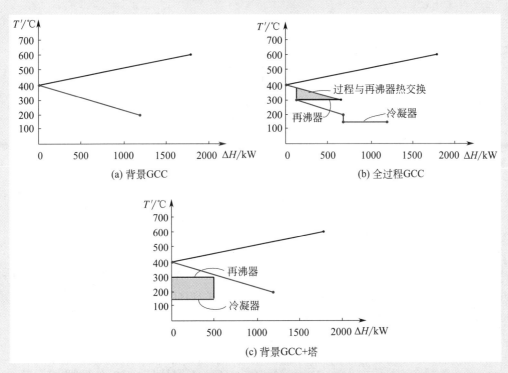

图2-57 塔放置A分析

凝器和再沸器的温度和热负荷（$Q_{CON}=Q_{REB}=500kW$），发现塔完全放置在背景夹点之下，可以与背景过程集成。

（2）塔放置B——跨越背景夹点

将表2-9中再沸器温度由300℃改为500℃，物流数据如表2-10所示。

表2-10   塔放置B物流数据汇总

物流编号	$T_s/℃$	$T_t/℃$	$CP/（kW/℃）$	$\Delta H/kW$
H1	400	200	5	1000
H2	600	200	1	400
C1	400	600	10	2000
CON	150	149	—	500
REB	500	501	—	500

背景过程的温度区间保持不变，整个过程（背景+塔）的总组合曲线如图2-58所示，分析发现，当$\Delta T_{min}=0℃$时，最小冷公用工程用量为1700kW，最小热公用工程用量为2300kW，夹点温度为400℃。

图2-58（a）显示再沸器完全在背景夹点之上，冷凝器完全在背景夹点之下。图2-58（b）表示无法进行塔集成，此时再沸器向背景热阱额外增加了$Q_{REB}=500kW$的能量需求，冷凝器向背景热源额外增加了$Q_{CON}=500kW$的能量需求。塔放置B中，塔无论是与背景过程集成，还是独立操作，整个过程的能量需求均相同，故此放置不合适。

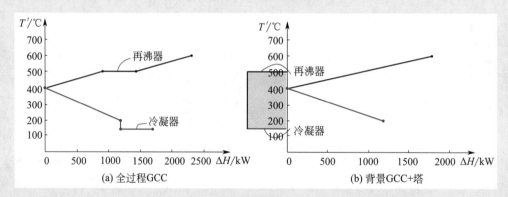

图2-58   塔放置B分析

（3）塔放置C——部分能量集成

将表2-9中再沸器温度由300℃改为350℃，数据如表2-11所示。

背景过程的温度区间保持不变，整个过程（背景+塔）的总组合曲线如图2-59所示，分析发现，当$\Delta T_{min}=0℃$时，最小冷公用工程用量为1400kW，最小热公用工程用量为2000kW，夹点温度为350℃。

表2-11   塔放置C物流数据汇总

物流编号	$T_s/℃$	$T_t/℃$	$CP/（kW/℃）$	$\Delta H/kW$
H1	400	200	5	1000
H2	600	200	1	400
C1	400	600	10	2000
CON	150	149	—	500
REB	350	351	—	500

图2-59（b）显示可能的塔集成，但塔的再沸器热负荷过大，不能完全由背景过程满足，部分热负荷可由工艺物流满足。与单独使用公用工程相比，塔与工艺物流集成可节省部分能量。最终，冷凝器和再沸器热负荷需要外加公用工程各200kW。

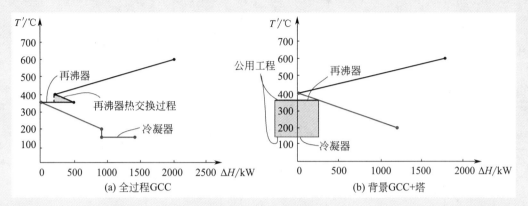

图2-59 塔放置C分析

塔热集成的一个重要手段是调节塔的压力/温度。若在塔放置C中，通过降低压力将温度降低34℃（再沸器温度从350℃降到316℃，冷凝器温度从150℃降到116℃），同时保持再沸器和冷凝器热负荷不变，则塔可以在夹点之下进行热集成。

三种塔放置情况对应的整个过程的最小冷热公用工程用量见表2-12。通过表2-12可以确定两种极限情况：情况一，塔可以在背景夹点之下完全集成，与背景过程相比，该塔操作不需要额外的公用工程，此为塔放置A；情况二，塔跨越夹点，不能进行热集成，整个过程的公用工程用量是背景过程和塔的总和，与各自单独操作相同，该放置不合理，此为塔放置B。塔放置C中，背景过程提供的能量不能满足塔热负荷，与塔单独操作相比，通过与工艺物流集成可以实现部分节能。改变塔的压力/温度可以提高热集成，如降低塔压会降低再沸器和冷凝器温度，可能使塔在背景夹点之下操作。但是，任何塔压的变化都需要通过严格的模拟来评估其经济性。

表2-12 塔放置及其能量目标

放置	$T_{REB}/℃$	Q_{CON} (Q_{REB})/kW	$Q_{C, min}$/kW	$Q_{H, min}$/kW
A	300	500	1200	1800
B	500	500	1700	2300
C	350	500	1400	2000

综上，塔在过程系统中的放置规则为：完全放置在夹点之上或夹点之下。当塔在背景夹点之上时，其冷凝器放出的热量可以加热过程冷物流；当塔在背景夹点之下时，再沸器所需的热量可以由过程热物流提供。若塔正好跨越夹点，则可以通过改变塔压将其移动到夹点之上或夹点之下，以实现与过程的热集成。当分离过程的热量远大于背景过程所需或所能提供的热量时，可通过减小回流比、改变塔压和设置中间换热器等方法，实现塔系和整个过程系统的热集成。

下面通过例2.4和例2.5介绍塔的热集成。

例2.4[11] 某一过程流程如图2-60所示，两股原料经过加热进入反应器，反应器出口物流经冷却进入精馏塔，塔底采出目标产品，塔顶为副产品及未反应原料，各物流数据如表2-13所示。令 $\Delta T_{min} = 20℃$ ，分析塔的热集成。

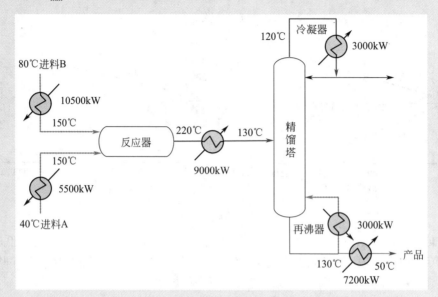

图2-60 某过程流程示意图

表2-13 过程物流数据

物流	物流编号	$T_s/℃$	$T_t/℃$	$CP/$（kW/℃）	$\Delta H/kW$
反应流出物	H1	220	130	100	9000
产品	H2	130	50	90	7200
进料 A	C1	40	150	50	5500
进料 B	C2	80	150	150	10500
冷凝器	CON	120	120	—	3000
再沸器	REB	130	130	—	3000

图2-61为背景过程的热级联图，不含冷凝器和再沸器，其中最小热公用工程用量2300kW，最小冷公用工程用量2500kW，夹点温度90℃（热物流100℃，冷物流80℃）。

背景过程总组合曲线如图2-62所示。精馏塔可以在 $T-H$ 图中绘制成一个矩形，表示冷凝器和再沸器的温度分布和热负荷，案例中冷凝（120℃）和沸腾（130℃）在恒温下进行，且热负荷均为3000kW。当精馏塔与总组合曲线一起绘制时，必须使用位移温度，对于 $\Delta T_{min} = 20℃$ ，冷凝器（热物流）应绘制在110℃，而再沸器（冷物流）应绘制在140℃。

图2-62中的实线矩形与总组合曲线相交，冷凝器与背景过程可行的热传递（$\Delta T \geq \Delta T_{min}$）最大值为2200kW。如果稍增加塔压，冷凝器和再沸器温度会相应增加，则代表塔的矩形将进入总组合曲线热回收口袋。在多数情况下，压力增加会使分离更加困难，因此需要更多的塔板或更大的回流比。图2-62中虚线矩形代表压力增加后的精馏塔，因压力增加后回

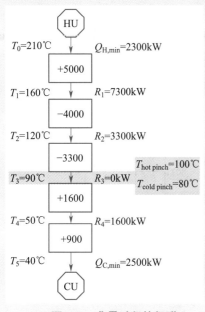

图2-61　背景过程热级联

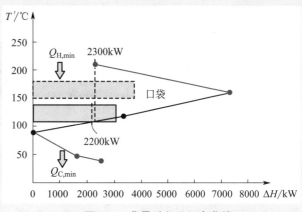

图2-62　背景过程总组合曲线

流比增大，再沸器和冷凝器热负荷增加，所以矩形会沿着焓轴变宽。

综上所述，本案例背景过程需要外部加热量2300kW，而精馏塔再沸器需要的加热量为3000kW，总共5300kW，相应的冷却量为2500kW+3000kW=5500kW。通过将塔的冷凝器与夹点之上的冷物流热集成，可利用冷凝器2200kW的热负荷，这意味着节省了2200kW的外部加热与冷却量。另外，通过增加塔压，使整个冷凝器都参与热集成，能够节省3000kW的外部加热和冷却量，该方案虽然额外节省热量800kW，但需要将塔的冷凝器和再沸器与塔的控制相结合。

因塔可以与背景过程集成，故换热网络设计中应包含冷凝器和再沸器物流。最大热回收换热网络设计如图2-63所示，调优后的换热网络如图2-64所示，对应流程如图2-65所示。

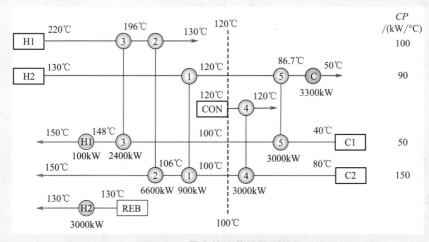

图2-63　最大热回收换热网络

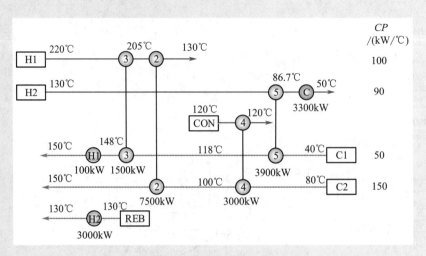

图2-64　调优后的换热网络

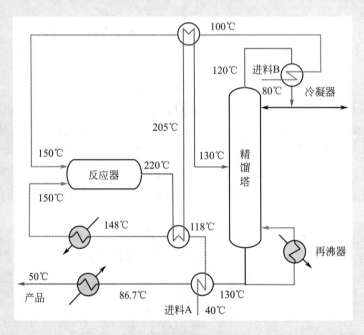

图2-65　调优后的流程图

关于换热网络设计与调优方法等相关内容详见2.7节。

例2.5[4]　图2-9（例2.1）所示为某一过程系统流程，包括精馏塔再沸器和冷凝器在内的物流数据见表2-14。令 $\Delta T_{min} = 20℃$，分析塔的热集成。

图2-66为背景过程总组合曲线和塔的箱型表示，冷凝130℃（位移温度120℃）和沸腾220℃（位移温度230℃）在恒温下进行，且热负荷均为2000kW。因塔的放置跨越夹点，故无法与背景过程直接热集成。

与上一案例不同的是，因精馏塔无法直接进行热集成，在换热网络设计时，工艺物流不考虑冷凝器和再沸器，详细的换热网络设计及调优见2.7.2节和2.7.3节。

表2-14 图2-9流程完整物流数据

物流	物流编号	$T_s/°C$	$T_t/°C$	$CP/(kW/°C)$	$\Delta H/kW$
反应流出物	H1	270	160	18	1980
产品	H2	220	60	22	3520
原料	C1	50	210	20	3200
循环	C2	160	210	50	2500
冷凝器	CON	130	130	—	2000
再沸器	REB	220	220	—	2000

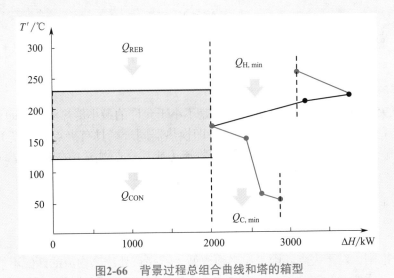

图2-66 背景过程总组合曲线和塔的箱型

2.7 换热网络优化设计

2.7.1 夹点设计方法

20世纪70年代末，Linnhoff等人提出了夹点技术，并将其应用于换热网络分析、设计和优化，逐渐在世界各地众多工业中得到了广泛应用。设计者可使用简单的设计规则来设计成本角度近优、实践角度可行的换热网络，且完全控制设计过程的每个步骤。

2.7.1.1 设计原则

夹点设计方法（Pinch Design Method，PDM）的核心是三条基本原则：
① 夹点之上不应设置任何公用工程冷却器；
② 夹点之下不应设置任何公用工程加热器；
③ 不应有跨越夹点传热。
如果违背上述三条基本原则，就会增大公用工程热负荷及相应的设备投资费用。

Linnhoff在上述三条基本原则的基础上，进一步提出了经典的夹点设计方法准则，按照这些准则可以在给定最小传热温差的情况下设计出具有最大能量回收（Maximum Energy Recovery，MER）的换热网络。

2.7.1.2   匹配准则

夹点设计方法要求换热匹配时遵循物流数目准则和热容流率准则。

（1）物流数目准则

在夹点之上，为了保证不引入冷公用工程，热工艺物流（包括其分支物流）数目 N_H 不应大于冷工艺物流（包括其分支物流）数目 N_C，即

$$N_H \leqslant N_C \tag{2-20}$$

同理，在夹点之下，为了保证不引入热公用工程，应有

$$N_H \geqslant N_C \tag{2-21}$$

（2）热容流率准则

为了保证夹点附近换热匹配时的传热温差不小于允许的最小传热温差，即 $\Delta T \geqslant \Delta T_{\min}$，在夹点之上，每一夹点匹配（Pinch Match，即换热器同一端具有夹点处温度）中的热物流（或其分支物流）的热容流率 CP_H 不应大于冷物流（或其分支物流）的热容流率 CP_C，即

$$CP_H \leqslant CP_C \tag{2-22}$$

同理，在夹点之下，应有

$$CP_H \geqslant CP_C \tag{2-23}$$

上述两个准则，对于夹点匹配来说必须遵循，若夹点处冷热物流的匹配不能满足其中任意一个准则，则需要对物流分流。远离夹点的冷热物流匹配可不遵循匹配准则，可以根据热容流率及传热温差灵活匹配。

2.7.1.3   经验规则

由于在满足准则约束的前提下仍存在多种匹配选择，所以可采用下述经验规则进行换热网络设计。

（1）经验规则1

为满足最大热负荷，每次匹配应换完两股物流中热负荷较小者，以最小化换热单元数、简化换热网络和减少设备投资。

（2）经验规则2

如有可能，应尽量选择热容流率相近的冷热物流进行匹配换热，以使所选择的换热器结构相对合理，且在相同热负荷及相同有效能损失的前提下传热温差达到最大，减少设备费用。

2.7.1.4   夹点设计方法的局限性

夹点设计方法在众多工业中得到了广泛应用，设计者可使用传热推动力图（Driving Force Plot，DFP）和剩余问题分析（Remaining Problem Analysis，RPA）等附加工具，在换热网络的能耗、换热面积和换热单元数之间权衡。然而，PDM也存在一些局限性[11]：

① PDM是顺序设计过程，每次只做一个设计决策，不能保证整个设计的最优性。

② 很难通过手动调节来平衡或优化换热网络所涉及的多种权衡。

③ 对于组合曲线具有几乎平行的区域或者存在多夹点（过程夹点、近夹点和公用工程夹点的组合）的情况，PDM的简单规则变得难以应用。

④ PDM仅得到最大热回收换热网络的初始设计，使用热负荷回路和路径进一步调优，可简化换热网络并减少投资，但这种微调不能解决基本换热网络结构存在的错误。

⑤ 在传热膜系数差异较大时，非垂直传热有利于最小化换热面积，但冷热物流的匹配变得更加困难。

⑥ 严格划分夹点上下，常常影响设计者以低成本（更少的单元数）和低复杂性（更少的物流分流）为目标设计换热网络。

⑦ PDM一般不能很好地解决冷热物流之间存在匹配限制的热回收问题，如禁止匹配（Forbidden Matches，由安全性、完整性、可操作性和产品纯度等引起）的情况。

由于以上局限性，研究人员开发出了设计换热网络的其他方法，例如基于夹点技术的数学规划法，在处理设计问题的同时，具有更好的处理复杂权衡问题的能力，且可以轻松处理禁止匹配的问题，但存在非凸性（局部最优）和计算复杂性（组合爆炸）的相关数值问题。Aspen Energy Analyzer软件采用夹点技术与数学规划相结合的方法，不仅克服了PDM的局限性，而且提高了换热网络设计和改造的效率。

2.7.2 换热网络设计

根据2.3节换热网络设计目标中介绍的能量目标与换热单元数目标，由夹点开始向两侧进行换热网络设计，设计方法如图2-67所示。

2.7.2.1 初始最大热回收

例2.6[4] 以表2-1的物流数据为基础，设计例2.1过程的最大热回收换热网络。

由例2.1问题表法计算结果可知，最小热公用工程用量为1000kW，最小冷公用工程用量为800kW，夹点温度为170℃（热物流180℃，冷物流160℃）。夹点上下物流温度、热容流率及热负荷标注如图2-68所示，基于这些物流数据的最大热回收换热网络设计步骤如下。

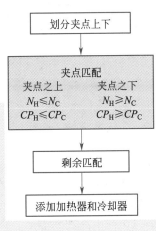

图2-67 换热网络设计方法

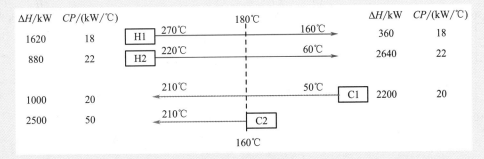

图2-68 物流数据

（1）夹点之上

夹点之上含有两股热物流和两股冷物流，满足物流数目准则。根据热容流率准则，物流H1与C1匹配，物流H2与C2匹配。

为满足最大热负荷，每次匹配应该换完两股物流中的一股。比较夹点之上物流热负荷大小，物流H1与C1匹配，换完热负荷较小的物流C1；物流H2与C2匹配，换完热负荷较小的物流H2；物流H1所剩热量可继续与C2匹配；最后，物流C2所需热负荷由加热器满足。夹点之上换热网络设计过程如图2-69所示。

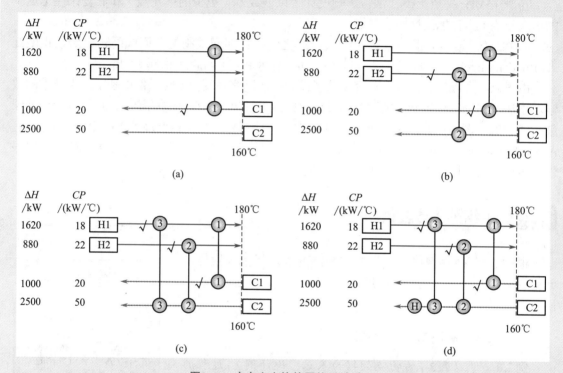

图2-69　夹点之上换热网络设计过程

（2）夹点之下

夹点之下含有两股热物流和一股冷物流，满足物流数目准则。根据热容流率准则，冷物流C1只能与热物流H2在夹点处进行换热，换完热负荷较小的冷物流C1，热物流H1和H2剩余热负荷由冷却器提供。夹点之下换热网络设计过程如图2-70所示。

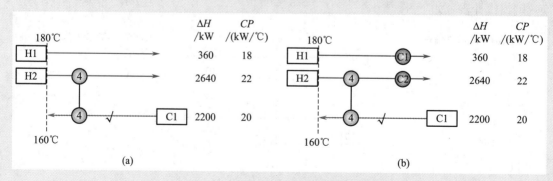

图2-70　夹点之下换热网络设计过程

（3）合并夹点上下

将夹点之上和夹点之下的换热网络合并，确定最终的换热网络如图2-71所示，其对应的流程如图2-72所示，满足了通过问题表法所得到的最小公用工程用量，其中热公用工程1000kW，冷公用工程800kW。整个换热网络共7个换热单元，而系统的换热单元数目标为5，说明网络中存在回路，故初始的换热网络还需要进一步调优。

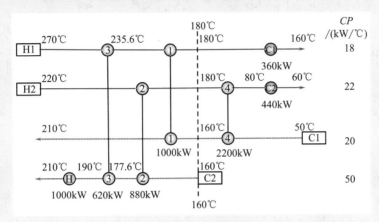

图2-71　最大热回收换热网络

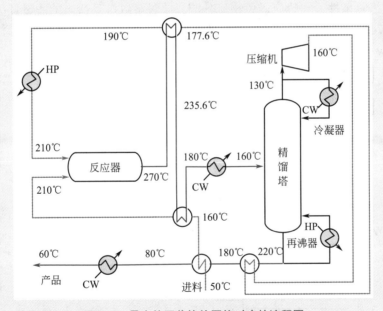

图2-72　最大热回收换热网络对应的流程图

观察图2-68可知，夹点之上热物流H1与H2的热负荷相加等于冷物流C2的热负荷，故可对冷物流C2进行分流，使其完美匹配热物流H2和H1，从而减少一个夹点之上的换热器，设计结果如图2-73所示。

两股物流分支的热容流率需满足热容流率准则。本例冷物流C2的任一分支的热容流率大于或等于热物流H1或H2的热容流率，同时应注意匹配中各处温差均不小于$\Delta T_{\min}$。为了减少换热单元数，物流分支热容流率的分配原则是其中一个匹配能恰好满足与之匹配的物流的热负荷。

注：此题亦可通过混合整数线性规划法求解，读者可扫描封底二维码获取相关文档及GAMS、LINGO和MATLAB程序源文件。

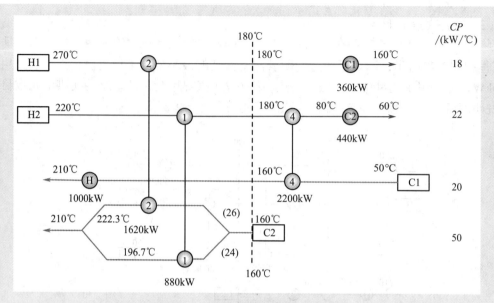

图2-73　分流方案换热网络设计结果

当夹点处冷热物流的匹配不满足热容流率准则时，可以通过物流分流解决。但为了降低操作难度和网络复杂性，一般应避免物流分流，此时可以接受适当的能量损失或违背 $\Delta T_{\min}$ 的要求。图2-74给出了需要进行分流的两种常见情况，下面将分别对其进行讨论。

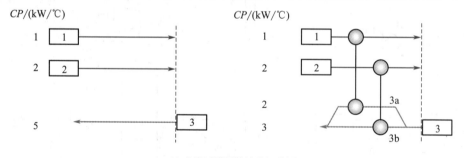

(a) 分流以满足物流数目准则

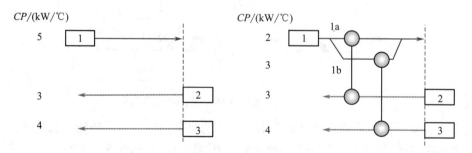

(b) 分流以满足热容流率准则

图2-74　夹点处物流分流

（1）不满足物流数目准则

图2-74（a）左图有两股热物流和一股冷物流。因在夹点之上不能使用冷公用工程，故无论热容流率是多少，都没有足够的冷物流将热物流冷却到夹点温度，违背了物流数目准则，因此在夹点处，需将冷物流分流并进行两次换热匹配。分流时还必须遵循热容流率准

则，设计结果如图2-74（a）右图所示。

（2）满足物流数目准则，但不满足热容流率准则

图2-74（b）左图有一股热物流和两股冷物流。为满足热容流率准则，需将热物流分流，以使热物流的热容流率小于相应冷物流的热容流率，设计结果如图2-74（b）右图所示。

综上，在换热网络设计的一般过程中，首先检查是否满足物流数目准则，若不满足，则将夹点之上冷物流或夹点之下热物流分流以平衡物流数目。然后检查夹点附近是否满足热容流率准则，若不满足，需将夹点之上热物流或夹点之下冷物流分流。需注意，在远离夹点时可不遵循这两个匹配准则。

下面通过例2.7介绍如何进行分流。

例2.7[15]　对图2-75所示的夹点之下物流进行MER设计，其中$\Delta T_{\min}$取10℃。

夹点之下，$N_H < N_C$，违背了物流数目准则，故需将H1进行分流，以同时匹配C1和C2。

对热物流进行分流，使热物流两股分支满足$CP'_{H1} \geq CP_{C1}$和$CP''_{H1} \geq CP_{C2}$，其中，CP'_{H1}表示与C1匹配的H1分支的热容流率，CP''_{H1}表示与C2匹配的H1另一分支的热容流率。分流后非等温混合的换热网络

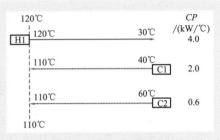

图2-75　夹点之下物流信息

设计如图2-76所示，热物流H1的一个分支通过换热器1冷却到50℃，另一分支通过换热器2冷却到105℃，两股物流混合后温度为77.5℃，最后使用冷公用工程冷却至30℃。

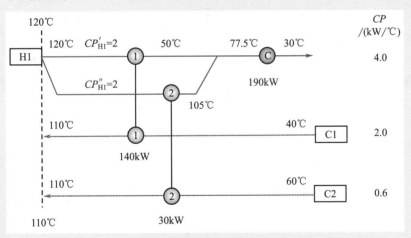

图2-76　分流后非等温混合的换热网络设计

若物流等温混合，即换热器1和2的出口温度相同，可联立以下方程计算出H1分支的热容流率。

$$x（120-T_{H1,out}）=140（kW）$$

$$（4-x）（120-T_{H1,out}）=30（kW）$$

式中，$x=CP'_{H1}$，$（4-x）=CP''_{H1}$。求解两个方程，可得$x = 3.294$kW/℃，$T_{H1,out}= 77.5$℃，此时换热网络如图2-77所示。

本例换热网络设计中，通过物流分流实现了最大能量回收，但实际操作中还要仔细考虑换热网络的可操作性。

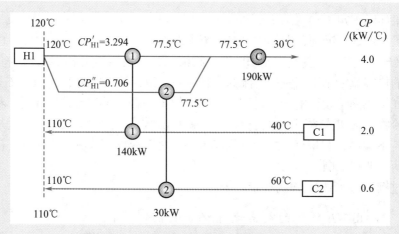

图2-77　分流后等温混合的换热网络设计

2.7.2.2　阈值问题最大热回收

2.1.7节介绍了阈值问题，其特点为只需要冷或热公用工程。阈值问题（$\Delta T_{THR} \geqslant \Delta T_{min}$）可分为两大类：第一类，冷热组合曲线温度最接近的位置在无公用工程一端；第二类，组合曲线中存在一个近夹点。

夹点设计方法是从最受约束的地方开始设计。如果设计问题中含有夹点，应从夹点处开始设计，然后远离夹点。如果夹点在无公用工程一端，则设计应从无公用工程一端开始。

下面通过例2.8和例2.9介绍阈值问题的换热网络设计。

例2.8[8]　某一含有近夹点的阈值问题物流数据见表2-15，令 $\Delta T_{min} = 5℃$，设计最大热回收换热网络。

根据物流数据及最小传热温差采用问题表法计算可知，夹点温度为177.5℃（冷物流175℃，热物流180℃），故可将整个系统看作夹点之下的换热网络设计。图2-78为该阈值问题的冷热组合曲线与总组合曲线，从中可以看出，此过程不需要热公用工程且存在一个近

表2-15　阈值问题物流数据

物流编号	T_s/℃	T_t/℃	CP/（kW/℃）	ΔH/kW
H1	180	60	3.0	360
H2	140	30	1.5	165
C1	20	135	2.0	230
C2	80	140	4.0	240

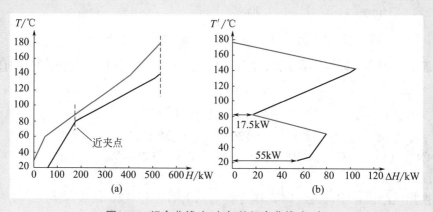

图2-78　组合曲线（a）与总组合曲线（b）

夹点。由图 2-78（b）可得，热公用工程需求量为 0kW，冷公用工程需求量为 55kW，近夹点温度为 82.5℃（冷物流 80℃，热物流 85℃），通过近夹点的热流量为 17.5kW。

此时应将近夹点视为夹点，按照夹点设计方法进行换热网络设计。本例夹点之上不满足热平衡，热物流可用热量为 3×（180-85）kW + 1.5×（140-85）kW = 367.5kW，而冷物流所需热量为 2×（135-80）kW + 4×（140-80）kW = 350kW，两者相差 17.5kW，这些热量将穿过夹点传递到夹点之下。

夹点之上换热网络设计如图 2-79 所示。根据物流数目准则和热容流率准则，将物流 H1 与物流 C2 匹配，满足物流 C2 的换热需求；将物流 H2 与物流 C1 匹配，满足物流 H2 的换热需求。因本例无需热公用工程，所以物流 C1 剩余所需热量由物流 H1 提供，满足物流 C1 的换热需求。最终，物流 H1 冷却到 90.83℃（夹点温度 85℃），夹点之上剩余热量 17.5kW。

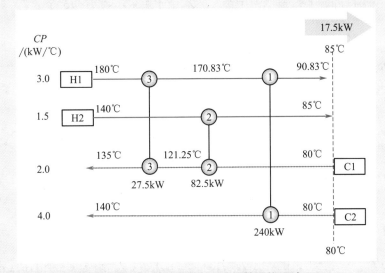

图2-79　阈值问题夹点之上换热网络设计

夹点之下仍按照夹点设计方法进行设计，最终换热网络设计如图 2-80 所示，满足 $\Delta T_{min} = 5℃$ 时的最小能量需求，即热公用工程为 0kW，冷公用工程为 55kW，夹点之上有 17.5kW 的热量通过换热器 4 传递到夹点之下。

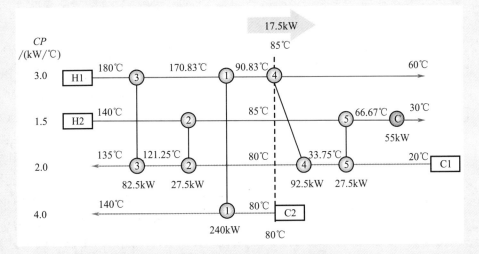

图2-80　阈值问题最终换热网络设计

例2.9[8]　某一阈值问题物流数据见表2-16，令$\Delta T_{min} = 10℃$，设计最大热回收换热网络。

表2-16　阈值问题物流数据

物流编号	T_s/℃	T_t/℃	CP/（kW/℃）	ΔH/kW
H1	190	55	3.5	472.5
H2	155	40	1.8	207.0
C1	20	140	2.0	240.0
C2	70	150	2.5	200.0

由物流数据和最小传热温差可得夹点温度为185℃（冷物流为180℃，热物流为190℃），因此可将整个系统看作夹点之下换热网络设计。组合曲线与总组合曲线如图2-81所示，从组合曲线可以看出，该问题无需热公用工程，冷公用工程需求量为239.5kW。

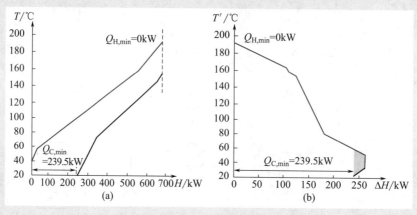

图2-81　组合曲线（a）与总组合曲线（b）

换热网络设计从最受约束的无热公用工程一端开始。对于夹点之下的换热网络设计，热物流数量应大于或等于冷物流数量。当前存在两股热物流和两股冷物流，满足物流数目准则，但不满足热容流率准则，需要对夹点之下冷物流进行分流。

通过分析发现，物流H2与物流C1匹配无法满足热容流率准则，需将物流C1分流，同时满足物流H2的换热需求，则与物流H2匹配的物流C1分支的热容流率为207÷（140-20）=1.725（kW/℃），另一分支为0.275 kW/℃。然而该方案会导致换热网络设计不满足物流数目准则，需将物流H1分流，两分支物流的热容流率分别为3.004kW/℃和0.496kW/℃，分别与物流C2和物流C1另一分支匹配，满足物流C1和物流C2的换热需求，剩余热量需求由冷公用工程满足。最终得到可行的换热网络如图2-82所示，满足在$\Delta T_{min} = 10℃$下的最小能量需求，即热公用工程为0kW，冷公用工程为239.5kW。

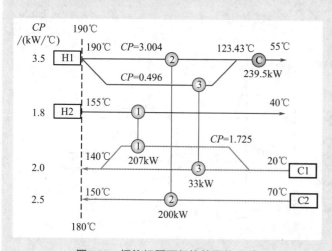

图2-82　阈值问题可行换热网络设计

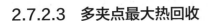

2.7.2.3 多夹点最大热回收

2.4节中介绍了多级公用工程问题，若使用多级公用工程产生了公用工程夹点，则此时网络存在两种夹点，即公用工程夹点和过程夹点。这种情况下需要将公用工程作为常规物流放入换热网络中，并分区域进行匹配，对于这种问题的设计需注意以下几点[8]。

① 换热器不能穿越过程夹点和公用工程夹点换热。此外，应选用适当的公用工程，例如，在夹点之上，选用高压蒸汽，不选用低压蒸汽及冷却水；在两夹点之间选用低压蒸汽，不选用高压蒸汽或冷却水；在夹点之下，选用冷却水。

② 从夹点开始设计，然后向外展开。对于夹点匹配，必须遵循物流数目准则和热容流率准则。对于单独的夹点之上和夹点之下，使用PDM设计没有问题，但是在两夹点之间的部分，使用PDM从夹点向外扩展到夹点之间设计会发生冲突。因此，建议首先从最受约束的夹点开始向外设计。

等温过程下，公用工程物流的热容流率可视为无限大，公用工程夹点之下约束较小，换热需求更容易被满足，因此应从过程夹点开始设计。在两夹点之间，对工艺物流的匹配，按夹点之下考虑；对工艺物流与公用工程物流的匹配，应按夹点之上考虑。

③ 设计多级热公用工程换热网络可允许公用工程物流分流。设计多级冷公用工程时，分为两种情况：一种是采用不同等级的冷公用工程，如冷却水和制冷剂，此时换热网络设计同多级热公用工程换热网络设计；另一种是利用夹点之下的余热产生蒸汽，故一级冷公用工程是副产蒸汽，另一级是冷却水。此时设计需要根据具体情况进行分析，例如在副产蒸汽的情况下，由于蒸汽发生器的费用远高于一般换热器，故既不希望此公用工程物流分流，也不希望此公用工程物流与多股工艺物流换热，最好只采用一个蒸汽发生器，这需要在设计中进行调优。

下面通过例2.10介绍多夹点的设计匹配方法。

例2.10[8] 某一工艺过程的物流数据见表2-17，含有两股热物流和两股冷物流，一种热公用工程和两种冷公用工程，物流间最小传热温差 $\Delta T_{min} = 10℃$，过程夹点温度为155℃，最小冷热公用工程用量分别为2440kW和540kW。设计最大热回收换热网络。

表2-17 物流数据

物流编号	T_s/℃	T_t/℃	CP/（kW/℃）	ΔH/kW
H1	190	50	18	2520
H2	160	50	42	4620
C1	70	190	27	3240
C2	40	140	20	2000
HU	210	209	—	540
CU1	120	121	—	590
CU2	35	50	—	1850

本例使用了两种冷公用工程，应检查工艺中是否存在公用工程夹点。为此，将冷热公用工程经过温度位移后绘制在总组合曲线中，如图2-83所示，可看出CU1与总组合曲线接触，产生公用工程夹点，因此本例为多夹点情况。

平衡组合曲线如图2-84所示，图中显示了冷热公用工程分布，并标注了过程夹点和公用工程夹点的位置，其中，过程夹点为160℃和150℃，公用工程夹点为130℃和120℃。

物流数据的换热网络栅格图如图2-85所示，分为过程夹点之上、过程夹点和公用工程夹点之间、公用工程夹点之下三个部分，以下将分别对这三部分进行换热网络设计。

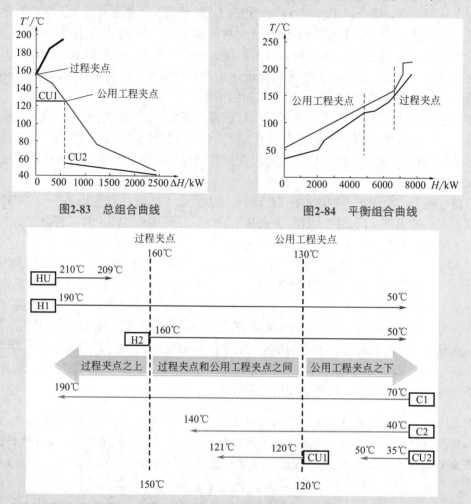

图2-83　总组合曲线　　　　　　　　　图2-84　平衡组合曲线

图2-85　物流数据的换热网络栅格图

（1）过程夹点之上

过程夹点之上有一股冷物流和一股热物流，同时满足物流数目准则和热容流率准则。物流H1与物流C1匹配，满足物流H1的换热要求，物流C1剩余热负荷由热公用工程HU提供，过程夹点之上的换热网络设计如图2-86所示。

（2）过程夹点和公用工程夹点之间

此部分从过程夹点之下开始设计，然后移动到公用工程夹点。

过程夹点和公用工程夹点之间有两股热物流和两股冷物流，满足物流数目准则。

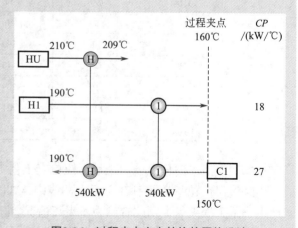

图2-86　过程夹点之上的换热网络设计

热物流H1和冷物流C2不满足热容流率准则，但因其匹配已远离夹点，所以可不遵循匹配准则。设计方案为：物流H2和物流C1进行夹点匹配，满足物流C1的换热要求；物流H1与物流C2匹配，满足物流C2的换热要求；物流H1和H2剩余热量需求分别由公用工程CU1的两分支提供。最终得到的换热网络如图2-87所示。

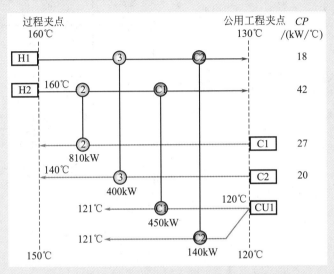

图2-87 过程夹点和公用工程夹点之间的换热网络设计

（3）公用工程夹点之下

公用工程夹点之下有两股热物流和两股冷物流，满足物流数目准则。热物流H1和冷物流C2不满足热容流率准则，因其匹配为夹点匹配，需对公用工程夹点之下冷物流C2分流，但分流后不满足物流数目准则，故需进一步对热物流H2分流。此匹配方案在例2.9中已讨论过，不再详述。公用工程夹点之下的换热网络设计如图2-88所示。

合并三部分设计，换热网络最终设计如图2-89所示，每台换热器传热温差均大于$\Delta T_{\min}$，设计可行，满足在$\Delta T_{\min} = 10℃$下的最小能量需求，即热公用工程为540kW，冷公用工程为（450 + 140 + 1850）kW= 2440kW。

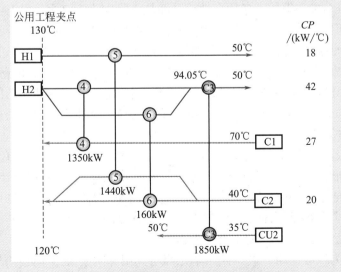

图2-88 公用工程夹点之下的换热网络设计

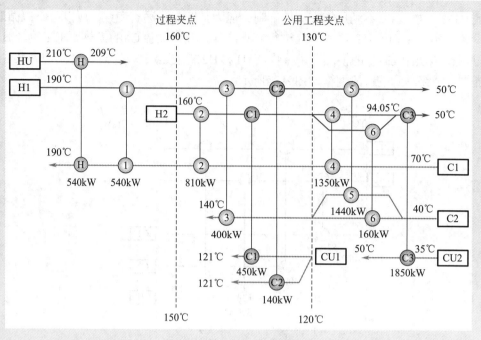

图2-89　最终设计的换热网络

2.7.3 换热网络调优

回路（Loops）和路径（Paths）对于换热网络优化非常重要。如前所述，使用夹点设计方法可能造成换热单元数冗余。相对换热面积而言，换热器数量对设备投资费用的影响更大。如果换热网络中换热单元数大于最小换热单元数，那么网络中肯定存在热负荷回路。此时需要断开热负荷回路，简化换热网络。下面将介绍回路与路径及其在换热网络调优中的应用。

（1）回路

回路是连接几台换热器的一条闭合轨迹，即从一股物流（包括公用工程）出发，沿与其匹配物流寻找，可回到此物流，如图2-90所示。需注意的是，不同加热器（或冷却器）使用的公用工程视为一股热（或冷）公用工程物流，分流的工艺物流仍视为一股物流。独立的热负荷回路不会由其他回路中的几个加减得到，独立回路数为换热网络实际单元数与最小单元数之差。判断回路是否独立的方法是查看新回路是否含有前面所找回路中未包含的换热单元。

根据能量守恒，当回路中一台换热器热负荷改变 X，其他换热器也会相应改变 X，回路断开与换热器合并方法如下所述。

回路分为一级回路和二级回路，图2-90（a）为一级回路，两个换热单元A、B匹配相同的冷热物流，其断开与换热器合并方法是将其中某一换热单元（一般选择热负荷较小者，记为 Q_1）的热负荷加到另一换热单元上。令 $X = Q_1$，消除换热单元A，见中间示意图；若两台换热器不完全相邻，合并后可能会导致换热单元违背允许的最小传热温差，此时可以在被换热器C隔开的物流上进行分流，见右侧示意图。

图2-90（b）为二级回路，每一换热单元都与其相邻两个换热单元中的一个处在同一冷物流，与另一个处在同一热物流，即A的冷物流与B的冷物流相同，B的热物流与C的热物

流相同，C的冷物流与D的冷物流相同，D的热物流与A的热物流相同。二级回路的断开与换热器合并方法是将热负荷回路的各个换热单元按顺序依次进行奇、偶标注，使欲消除的换热单元（一般选择热负荷较小者，记为Q_1）处于奇数位置，令$X = Q_1$，按照奇数减Q_1，偶数加Q_1的规则，消除换热器。

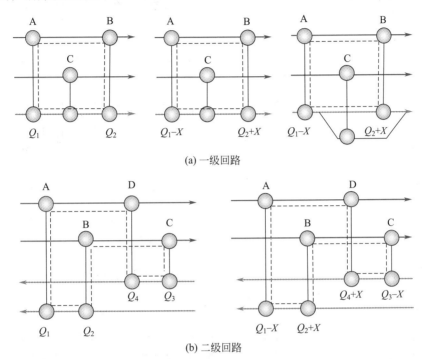

(a) 一级回路

(b) 二级回路

图2-90　回路的断开与换热器合并

如果热负荷回路断开后的传热温差大于ΔT_{min}，则该热负荷回路断开成功；如果热负荷回路断开后的传热温差小于ΔT_{min}，但符合工程要求，则不需要重调，只是换热面积增加；如果不能满足工程要求，但仍希望采用合并后的结果，此时可以采用能量松弛的方法，恢复最小传热温差，这就引出了另一个重要概念——路径。

（2）路径

路径指通过连接物流和换热器在冷热公用工程之间转移能量的一条路线，可以改变热物流和冷物流之间的温差，如图2-91所示。初始的冷热公用工程热负荷分别为Q_C和Q_H，在这两者之间有一个热负荷为Q的换热器，如图2-91（a）所示。当Q_H增加X时，Q_C也相应增加X，换热器热负荷变为（$Q-X$），如图2-91（b）所示。能量转移后，热端出口温度升高，冷端出口温度相应降低，两端的温差增大。在路径中增加公用工程热负荷，以减少某个换热单元的热负荷，从而使换热器满足传热温差的要求，这种方法称为能量松弛。

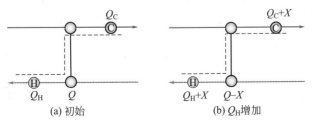

(a) 初始　　　　　　　　　　(b) Q_H增加

图2-91　路径

下面通过例2.11介绍换热网络调优方法。

例2.11[4]   对例2.6设计的最大热回收换热网络（图2-71）进行调优，达到最小换热单元数。

图2-71所示的初始换热网络含有7个换热单元，而根据式（2-5）计算系统换热单元目标数为5，则换热网络中含有两个热负荷回路，如图2-92所示，分别为回路1—4—2—3和回路1—4—C2—C1。

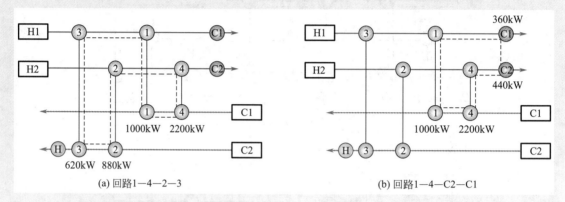

(a) 回路1—4—2—3   (b) 回路1—4—C2—C1

图2-92   初始换热网络回路

下面将以回路1—4—2—3的断开为例对换热网络调优进行介绍。对于回路1—4—2—3，根据图2-90可以选择 $X = 620kW$ 来消除换热器3，也可以选择 $X = 880kW$ 来消除换热器2。

（1）方法一——消除换热器3

从换热器3开始，将回路中各单元按顺序排为3—2—4—1（或3—1—4—2），奇数位置减热负荷620kW，偶数位置加620kW，合并结果如图2-93所示，各单元热负荷计算如下：

$$Q_3 = 620 - 620 = 0（kW）$$

$$Q_2 = 880 + 620 = 1500（kW）$$

$$Q_4 = 2200 - 620 = 1580（kW）$$

$$Q_1 = 1000 + 620 = 1620（kW）$$

换热器合并后需检查是否符合最小传热温差要求。从图2-93可以看出，合并后换热器2一端传热温差出现负值，产生温度交叉，需要转移热负荷来满足最小传热温差。找到需恢复传热温差的换热器所在的路径，以最小传热温差为约束条件，求出所要转移的热负荷量，然后沿路径转移该热负荷量，使传热温差恢复到允许的最小值。

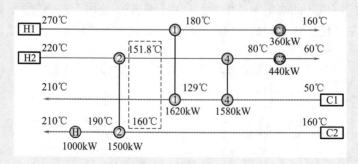

图2-93   消除换热器3

如图2-94所示，当热负荷沿路径H—2—C2转移时，加热器H热负荷增加X，换热器2热负荷减少X，冷却器C2热负荷增加X。换热器2冷端进口温度为160℃，若满足最小传热温差20℃，需使冷端出口温度达到180℃，有（220-180）×22 = 1500-X，得X = 620kW。能量松弛后的换热网络如图2-95所示。

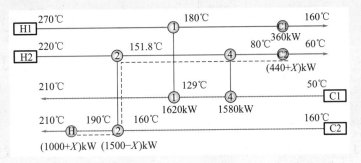

图2-94 能量松弛路径

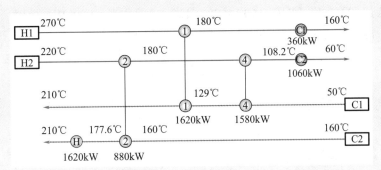

图2-95 能量松弛后的换热网络

以相同的方法断开热负荷回路1—4—C2—C1，并进行能量松弛，最终换热网络如图2-96所示。

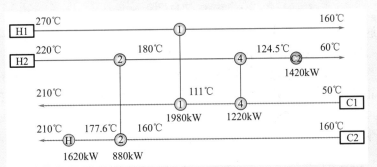

图2-96 优化后的最终换热网络

通过能量松弛，传热温差得以恢复，但冷热公用工程用量增加。因此进行热负荷回路断开时，需要在增加公用工程与增加换热面积之间进行权衡，考虑增加的热负荷是否合理。

（2）方法二——消除换热器2

从换热器2开始，将回路中各单元按顺序排为2—4—1—3（或2—3—1—4），奇数位置减热负荷880kW，偶数位置加880kW，合并结果如图2-97所示。

由图2-97可知，换热器1的热端（186.7℃＜210℃）和冷端（180℃＜204℃）温差均为负值，在热力学上显然不可行，需要通过能量松弛进行调整。

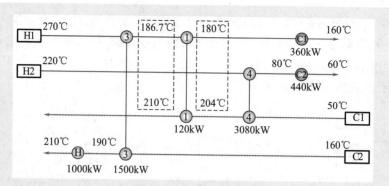

图2-97　消除换热器2

热负荷路径如图2-98所示，当热负荷沿路径H—3—1—4—C2转移时，加热器H热负荷增加X，换热器3热负荷减少X，换热器1热负荷增加X，换热器4热负荷减少X，冷却器C2热负荷增加X。保持换热器1冷端出口温度180℃不变，若满足最小传热温差20℃，需使冷端进口温度达到160℃，有（210−160）×20＝120＋X，得X＝880kW。此时所需热公用工程为1880kW，所需冷公用工程为1680kW，消耗了较多公用工程。

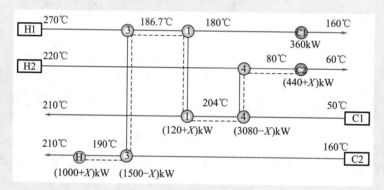

图2-98　热负荷路径

虽然可以通过增加热负荷来满足换热器1的传热温差，但也可以直接消除不可行的换热器1，即令X=−120kW，移除热负荷较小的换热单元。

移除换热器1后，换热器4热端温差只有10℃，因换热网络中没有包含换热器4的路径，故此温差无法通过能量松弛恢复，虽然温差比最小传热温差小10℃，但此方案仍然可能是经济的，如图2-99所示。此方案移除了热负荷最小的换热器1，同时减少了冷热公用工程用量，最终换热单元数目达到最小，对应的流程如图2-100所示。

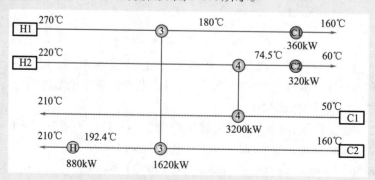

图2-99　移除换热器1后的换热网络

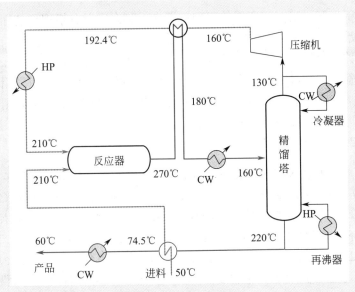

图2-100　调优后的流程图

如前所述，断开热负荷回路及合并换热器会产生热负荷较大的换热器，但在工程设计中，换热器大型化会受到各种条件限制。当热负荷过大时，若按规格和系列选用换热器，需要多台换热器串联或并联才能实现，这种情况就不一定需要断开热负荷回路去片面追求换热单元数目最少。同时，合并一些换热器可能会违反夹点准则，导致跨越夹点传热及冷热公用工程热负荷增加。

2.7.4　剩余问题分析

目前，换热网络设计所考虑的因素仅限于能量利用效率和换热单元数，通过夹点设计方法，可实现最小换热单元数的最大热回收设计。但并非所有问题都如此简单，在设置物流匹配时，还应该考虑换热面积、设备费用等问题，剩余问题分析（Remaining Problem Analysis，RPA）技术的提出为该问题提供了一种更加完善的解决方法。剩余问题分析可以在不需要完成整个换热网络的情况下，从整体上对换热器的匹配进行定量评估[16]。

首先，基于最小能量需求，对冷热物流进行问题表分析，计算出 $Q_{H, min}$ 和 $Q_{C, min}$。其次，在没有完成整体设计的情况下进行换热网络设计与匹配，评估是否会因某个匹配对系统造成能量损失。最后，不考虑经过匹配已经满足的冷热物流部分，仅对剩余物流数据重复问题表分析，得到以下两种结果：

① 计算的 $Q_{H, min}$ 和 $Q_{C, min}$ 不变。此时匹配不会增加换热网络的公用工程用量。

② 计算的 $Q_{H, min}$ 和 $Q_{C, min}$ 增加。这意味着已有匹配存在跨越夹点传热，或者是设计的某些换热匹配会导致跨越夹点传热。

剩余问题分析技术可用于确定任意换热网络目标，如最小传热面积。基于组合曲线垂直传热的面积计算方程见式（2-6）。如果传热系数没有明显变化，该模型可以充分预测大多数情况下的最小传热面积需求，设计产生的匹配应尽可能接近组合曲线之间的垂直传热条件。剩余问题分析可以用最小（或接近最小）单元数来尽可能满足实际设计需要的面积目标。当匹配确定后，计算出换热面积需求，然后从物流数据中去掉已匹配完成的物流数据，计算剩余物流数据的面积目标。用匹配所需的面积目标加上剩余问题分析得到的面积目标，减去整个物流数据的初始传热面积目标，即可得到需要增加的传热面积。

如果传热系数变化较大，则由式（2-6）计算出的传热面积将大于真实的最小传热面积，此时需要更为准确的非垂直匹配模型才能接近最小传热面积，但仍然可以用剩余问题分析方法来设计换热网络，以接近最小传热面积。当传热系数变化较大时，可以用线性规划方法预测最小传热面积，然后继续进行剩余问题分析。

下面通过例2.12介绍剩余问题分析。

例2.12[16]　　工艺物流数据见表2-18，当 $\Delta T_{\min}=10℃$ 时，最小热公用工程和最小冷公用工程分别为7MW和4MW，热物流夹点温度为90℃，冷物流夹点温度为80℃，要求：

（1）夹点之上，设计MER网络，使其接近最小换热单元数下的面积目标；

（2）夹点之下，设计MER网络，使其尽可能接近最小单元数。

（1）根据图2-31的焓间隔划分方法及式（2-6）面积计算公式，计算夹点之上最小面积目标。本例夹点之上焓间隔划分如图2-101所示，每个焓间隔面积及总面积计算结果见表2-19。本例中其他剩余面积计算过程类似，不再详述。

表2-18　工艺物流数据

物流编号	$T_s/℃$	$T_t/℃$	$CP/$（MW/℃）	$h/$［kW/（m²·℃）］
H1	150	50	0.2	0.2
H2	170	40	0.1	0.2
C1	50	120	0.3	0.2
C2	80	110	0.5	0.2
蒸汽	180	179	—	0.2
冷却水	20	30	—	0.2

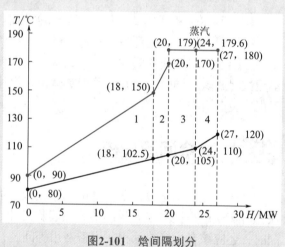

图2-101　焓间隔划分

表2-19　夹点之上面积目标计算

焓间隔	$q_i(q_j)$/MW	$h_i(h_j)$/［kW/（m²·℃）］	$\Delta T_{\mathrm{LM},k}/℃$	A_k/m^2	A/m^2
1	18	0.2	24.07	7479.09	
2	2	0.2	55.79	358.47	
3	4	0.2	71.76	557.40	8859
4	3	0.2	64.67	463.91	

夹点之上的换热网络设计如图2-102所示，面积目标为8859m²。图2-102（a）为满足热容流率准则的物流H1的一个匹配方案，物流H1和物流C1的热负荷相同，该匹配热负荷达到最大值12MW。应用式（2-6）计算出该匹配面积为6592m²，而夹点之上剩余问题的面积目标计算为3419m²，因此图2-102（a）中的匹配方案导致整个面积目标多出1152m²（13%），表明此方案不合理。

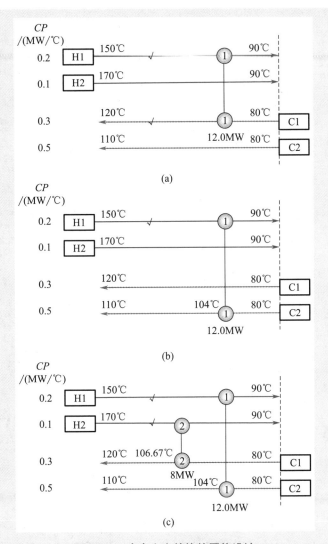

图2-102　夹点之上的换热网络设计

图2-102（b）为物流H1的另一种匹配方案，热负荷为12MW。该匹配面积为5087m²，移除物流H1后，剩余问题的面积目标为3788m²，因此图2-102（b）中的匹配方案导致整个面积目标多出16m²（0.2%），该匹配方案更合理。

在图2-102（b）基础上继续匹配，如图2-102（c）所示，两单元的总面积为7856m²，剩余问题的面积目标为1020m²，该匹配方案使总面积目标多出17m²（0.2%），方案较合理。工艺物流之间没有其他可能的匹配方案，接下来应设置公用工程。

（2）夹点之下的换热网络设计如图2-103所示，夹点之下的冷公用工程目标为4MW。图2-103（a）为一个满足热容流率准则的物流C1的匹配方案，物流C1分支物流与物流H1匹配后，可将物流H1移除，该匹配热负荷为8MW。但该匹配的冷端物流进口温度不合理，必须将热负荷降到6MW，如图2-103（b）所示。

图2-103（c）为物流C1另一分支物流的匹配方案，该匹配最大热负荷为3MW以移除物流C1，工艺物流之间没有其他可能的匹配方案，接下来应设置公用工程。

完整的换热网络设计结果如图2-104所示，图2-104（a）实现了最大能量回收，但单元数比最小换热单元数目标多一个。

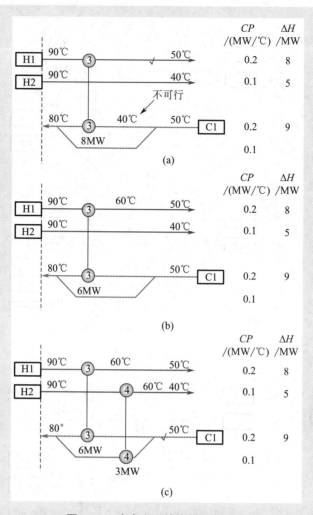

图2-103 夹点之下的换热网络设计

若使用图2-102（a）中的匹配并完成该设计，则得到图2-104（b）所示的设计方案。此方案达到最小换热单元数为7的目标（以增大换热面积为代价）。由于夹点之上形成两个独立的子系统，单元数比目标值少一个，而夹点之下的单元数比目标值多一个，最终实现了最小换热单元数目标。

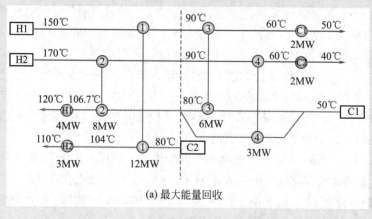

（a）最大能量回收

图2-104

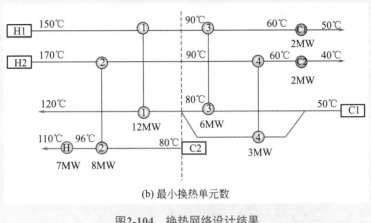

(b) 最小换热单元数

图2-104　换热网络设计结果

2.8　换热网络改造 〈

2.8.1　改造目标

夹点技术既可用于换热网络设计，也可用于换热网络改造，其中换热网络改造在工程应用上更为广泛。本节将基于投资-能量权衡，讨论确定现有装置节能目标的方法。

（1）基于投资-能量权衡的改造目标

换热网络改造时考虑投资-能量权衡的面积-能量曲线如图2-105所示，该曲线（阴影边缘）是基于流程的新设计目标，阴影区域表示经济性能优于新设计目标，然而对于现有装置而言并不可行。现有装置状况通常位于新设计曲线的上方，且越接近新设计曲线，当前经济性越好。改造中可以通过增大换热器传热面积来节能，且改造曲线越接近新设计曲线，其投资经济性越好。

（2）面积效率（Area Efficiency）

图2-106描述了基于恒面积效率的目标改进方法，根据式（2-24）可确定现有网络的面积效率因子α。

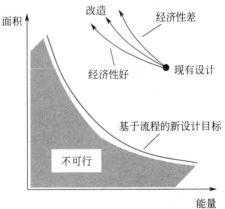

图2-105　面积-能量曲线

$$\alpha= \left(A_{\mathrm{t}}/A_{\mathrm{ex}} \right)_{E_{\mathrm{ex}}}= \left(A_{1}/A_{2} \right)_{E_{\mathrm{ret}}} \qquad （2\text{-}24）$$

式中，E_{ex}为现有设计的能量消耗，kW；E_{ret}为改造后的能量消耗，kW；A_{t}为能量消耗E_{ex}时基于新设计的面积目标，m^2；A_{ex}为现有设计的换热网络面积，m^2；A_{1}为能量消耗E_{ret}时基于新设计的面积目标，m^2；A_{2}为改造后的换热网络面积，m^2。

面积效率决定了现有换热网络与新设计目标的接近程度。为了设置改造目标，可假设新增面积的面积效率与现有网络相同，如图2-106所示。

（3）投资回收期（Payback）

从面积-能量目标曲线可以得出改造目标的节能-投资曲线，如图2-107所示。

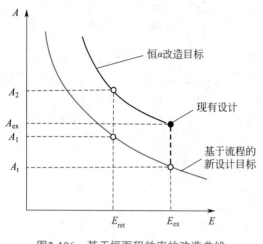

图2-106   基于恒面积效率的改造曲线

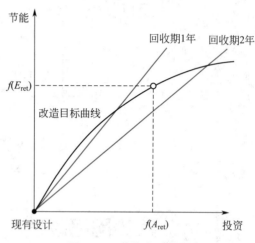

图2-107   节能-投资曲线

根据规定的回收期或投资限额设定节能目标，反过来确定换热网络的目标 $\Delta T_{\min}$；根据目标 $\Delta T_{\min}$，计算需要校正的跨越夹点物流和跨越夹点换热器。这构成了换热网络设计改造的基础。

改造目标的确定是基于恒 α 假设。若现有网络的 α 较高（高于0.85），则该假设适用；若现有 α 较低（例如0.6），则恒 α 假设不一定准确，此时可以假定新增面积的 α 很高（例如0.9或1）。这种改造目标确定方法特别适用于没有匹配约束条件的工艺，如常减压蒸馏预热系统。

2.8.2   改造方法

无论用简单方法（仅考虑操作费用）还是复杂方法（包括投资费用）确定改造目标，获得的主要结果如下：

① 根据改造目标，确定换热网络的热回收温差（Heat Recovery Approach Temperature，HRAT），$HRAT_{new}$；

② 热回收温差下计算的最小公用工程用量为 $Q_{H, \min}$，由此确定节能潜力，$\Delta Q_H = \Delta Q_C = Q_{H, ex} - Q_{H, \min}$；

③ 现有设计中总跨越夹点传热量，$QP = \Delta Q_H = \Delta Q_C$。

跨越夹点传热会导致冷热公用工程使用量增加，造成能量损失。在改造中，需要减少或消除每个单元跨越夹点的传热量 Q_{XP}，以减少能耗。换热网络跨越夹点传热的方式有以下三种：

① 跨越夹点的工艺物流间的热传递，QP_P；

② 在夹点之下使用热公用工程，QP_H；

③ 在夹点之上使用冷公用工程，QP_C。

总跨越夹点的传热量可通过式（2-25）确定。网络中跨越夹点的传热量总和等于当前能耗与 $HRAT_{new}$ 确定的最小能耗之间的差值。

$$QP=QP_P+QP_H+QP_C=\Delta Q_H=\Delta Q_C \qquad (2-25)$$

在现有设计中识别跨越夹点传热的最佳方法是绘制换热网络，每台换热器根据冷热物流进出口温度放置，夹点由目标阶段已建立的$HRAT_{new}$确定。

下面通过例2.13介绍换热网络改造方法。

例2.13[11]　现有换热网络如图2-108所示，$HRAT_{new}=20℃$，对应$Q_{H,min}=1000kW$，$Q_{C,min}=800kW$，试对换热网络进行改造。

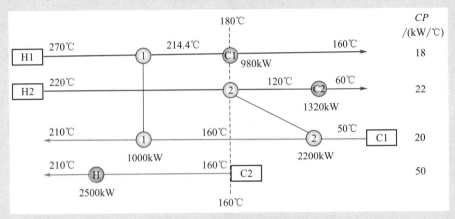

图2-108　现有换热网络

从图2-108换热网络可以获得以下信息：

① 冷公用工程使用量为980kW + 1320kW = 2300kW，热公用工程使用量为2500kW。

② 冷热公用工程过度使用量

$$\Delta Q_H=2500kW-1000kW=1500kW$$

$$\Delta Q_C=2300kW-800kW=1500kW$$

③ 网络中换热器2和冷却器C1跨越夹点传热，总跨越夹点传热量为

$$QP_P=Q_{XP,C2}=22×（220-180）kW=880kW$$

$$QP_H=0kW$$

$$QP_C=Q_{XP,C1}=18×（214.44-180）kW=620kW$$

$$QP=Q_{XP}=880kW+0kW+620kW=1500kW$$

通过比较夹点之上热物流释放的热量与冷物流吸收的热量，可以获得各台换热器跨越夹点的传热量。对于加热器，跨越夹点的传热量是在冷夹点温度以下发生的冷物流加热量；而对于冷却器，跨越夹点的传热量是在热夹点温度以上发生的热物流冷却量。

确定了现有换热网络中跨越夹点传热的位置，接下来是如何减少或消除跨越夹点传热。因为换热器在工厂中已经购买并安装，故移除跨越夹点传热的换热器并不一定合理，更好的方法是改变换热器的操作温度，即改变操作条件使该类换热器热端温度降低或冷端温度升高，以减少或消除跨越夹点传热。

操作温度改变后，如图2-109所示，已完全消除了换热网络中跨越夹点传热的现象，夹点之上释放620kW + 880kW = 1500kW的热量可使加热器的热负荷降低，同时减少两台冷却器的热负荷。温度改变后，换热器2的热负荷保持不变，但由于温度推动力大大降低（热物流温度降低），因此该单元需要额外的换热面积；同时，由于两台冷却器热负荷降低，其将具有多余的换热面积。

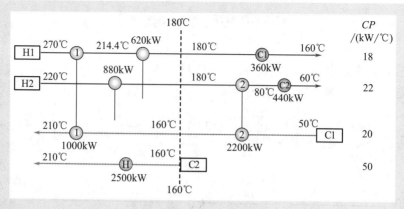

图2-109   改变操作温度

图2-109中的换热网络改造，必须添加两台新的换热器，放置在两股热物流和冷物流C2之间。这两个新单元的匹配属于夹点匹配，必须遵守热容流率准则和物流数目准则。由于需要将两股热物流冷却至夹点温度，所以将冷物流C2分流。

改造后的换热网络节省冷热公用工程各1500kW，如图2-110所示。此时冷热公用工程用量与$HRAT_{new}=20℃$时的最小冷热公用工程用量相同。

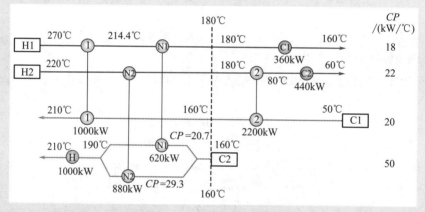

图2-110   改造后的换热网络

如前所述，改造通常会受到投资费用和投资回收期限制。即使没有对图2-110中的改造进行实际的成本计算，也不难发现除了换热器2额外增加的换热面积之外，还需要增加两个新的换热器，并且需要额外投资用于物流C2分流的管道和流量控制设备，因此该改造方案较复杂且投资费用较高。

与其去除所有跨越夹点传热，不如适度改动换热网络，从而显著节省能量。对于图2-108中的换热网络，若保持换热器2不变，仅考虑冷却器C1，就投资费用而言，改动较小。通过将冷却器C1入口温度降低到热物流夹点温度之下，释放加热器H中620kW的热量；在物流H1和物流C2之间添加一台新的换热器N1，从而减少加热器H的热负荷，如图2-111所示。此时，从加热器H到新单元N1到冷却器C1形成了一个热负荷路径，在对设备投资费用与节省的冷热公用工程用量进行权衡后，可利用这条路径进行持续优化。

图2-111中的改造方案可节省620kW能量，是确定节能潜力1500kW的41.3%。该方案唯一的投资为新换热器N1，因此与图2-110中的换热网络改造方案相比，该方案更简单。

上述方案是一种可能的改造方案，即选择转移的热负荷为620kW，消除冷却器C1的跨

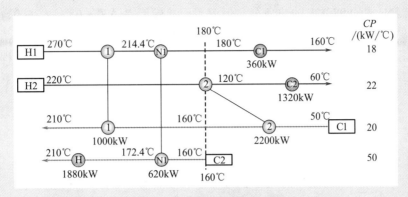

图2-111 另一换热网络改造方案

越夹点传热。同时可考虑沿路径转移更少或更多的热量，但在后一种情况中，一些热量将从夹点之下转移到夹点之上，并且该单元冷端的ΔT将小于$HRAT_{new}$。

与基础设计类似，热负荷回路和路径可用于换热网络改造。虽然基础设计的目标是移除小型换热器，简化换热网络并微调经济费用，但改造的目标是最大限度地利用现有换热器，以减少额外的设备数或换热面积。

2.8.3 网络夹点

前文所述的改造目标方法和手动改造方法，已经成功地应用于许多实际项目，但也存在一些局限。一是目标方法没有考虑网络结构变化的成本，因此改造中可能会出现过于复杂的设计；二是手动改造比较费时，且最终设计很大程度上依赖于设计者应用夹点设计原则的经验和水平；三是分析跨越夹点、改变操作条件，确实提供了一种改进方法，但是过程夹点只是工艺物流数据的一个特征，与理想的新设计有关，而与现有的换热网络无关。1996年，Asante和Zhu提出了网络夹点（Network Pinch），与过程夹点相反，网络夹点是现有换热网络的一个特征，为现有网络改造提供了一种更加自动化的方法，可以最小化网络结构变化[11]。

在大多数情况下，通过增加换热网络中的换热面积，可以增大热回收。然而在不改变网络结构的情况下增加换热面积，得到的热回收潜力往往达不到100%，这表明网络中存在热回收限制，即存在网络夹点。在不考虑换热面积的情况下，使用设计中的热负荷路径减少冷热公用工程用量，当路径中的某个单元达到$\Delta T = 0\,℃$时，能量转移将受到限制，称该单元为夹点换热器，处于网络夹点的位置。网络中换热面积的改变不影响网络夹点位置，但网络夹点会影响最小面积需求。

网络结构变化少的优点是网络复杂度低、新增单元少，缺点是增加额外的换热面积。当通过网络变化消除网络夹点时，可以寻找下一个网络夹点，并且只要经济允许，这个过程就会继续进行。

但这种方法在应用时往往受到限制，主要是由于大多数换热网络没有网络夹点，如图2-108所示的现有设计，因为加热器是物流C2上唯一的换热单元，所以从加热器到任何冷却器都没有热负荷路径。而图2-111所示的改造中，H1和C2之间添加了一个热负荷为620kW的新单元，以便去除冷却器C1的跨越夹点传热负荷。当通过H—N1—C1路径转移更多的能量时，加热器热负荷可以从1880kW进一步减少到1520kW，然后从网络中移除冷却器C1，转移后换热器N1具有980kW的热负荷，但该单元冷端温差 $\Delta T = 0℃$，意味着N1就是夹点换热器，需要进行额外的换热网络改造，以进一步降低能耗。

克服网络夹点的一般规则是将热量由夹点之下移动到夹点之上，类似于过程改变的加减原理。以图2-112所示的换热网络为例，在确定了网络夹点之后，可以通过以下四种方法克服网络夹点。

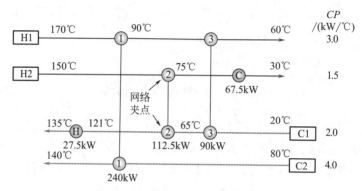

图2-112　含网络夹点的换热网络

① 重排换热器　颠倒两台换热器的顺序，有时能获得更好的热回收效果。例如，换热器3可以放置在物流C1的热端，在换热器2之前，它仍在物流H1和物流C1之间换热，只是位置不同。但此换热网络任何重排都不利于改善热回收。

② 重新配管换热器　类似于重排，但是匹配物流中的一股或两股可能与当前情况不同。例如，换热器3可以用来匹配物流H2和C1，或物流H2和C2，或物流H1和C2。同样，此换热网络中任何重新配管都不利于改善热回收。

③ 添加换热器　可以用来改变夹点换热器中一股物流的热负荷。例如，在换热器2下方，物流H2和物流C1之间添加一台新的换热器4，从而使换热器2的冷端温度升高。此方法可以实现最小能量目标。

④ 物流分流　将物流分流以减少夹点换热器中涉及的物流热负荷。例如，物流C1分流，可将物流H1冷却到较低温度，此时物流H1上换热器3不会出现违背 ΔT_{min} 的情况。当夹点换热器同时出现在过程夹点与网络夹点位置时，应进行分流，从而为改造提供最大的经济效益。因为过程夹点需要满足最小传热温差，网络夹点需要打破其对热回收的限制，两者具有相同的分流选项。

一般来说，上述四种方法至少一个可用。当然，这可能使网络夹点移动到不同的夹点换热器位置，并且可能需要重新应用不同方法以达到 ΔT_{min} 下的最终目标。

2.9 全局分析

全局系统（Total Sites）是通过一个核心公用工程系统服务和连接的，包括多个生产过程的集合体，如图2-113所示。每个过程都以产生或使用不同压力等级蒸汽的方式与公用工程系统相互连接，并且过程之间通过蒸汽管网相互联系。对于一个复杂的系统，如果仅简单地提高单个过程的能量利用率，则不一定节省公用工程用量。当从全局考虑各个过程之间及其与公用工程之间的相互影响，以及能量产生和消耗的供需关系时，则能获得投资需求最少或能量使用最少的设计方案[11]。

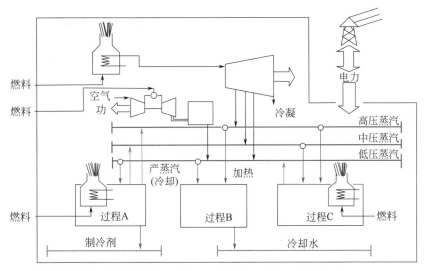

图2-113 全局系统

2.9.1 全局数据提取和全局温焓曲线

下面以某个由过程A和过程B组成的全局系统为例，介绍全局能量目标的确定方法。通过过程A和过程B的总组合曲线可确定出各自的夹点位置、最小热公用工程用量$Q_{H,min}$和最小冷公用工程用量$Q_{C,min}$，总组合曲线的相关内容详见2.1.5节。

过程A的最小传热温差ΔT_{min}设为30℃，其总组合曲线如图2-114所示，简化的问题表见表2-20。过程A的最小热公用工程用量$Q_{H,min}$ = 2000kW，最小冷公用工程用量$Q_{C,min}$ = 358kW，夹点温度为120℃（热物流135℃，冷物流105℃）。

表2-20 过程A简化的问题表

位移温度T'/℃	240	175	145.1	145	120	95	90.1	90	80	65
ΔH/kW	2000	1350	1200	500	0	375	375	191	291	358

过程B的最小传热温差ΔT_{min}设为10℃，其总组合曲线如图2-115所示，简化的问题表见表2-21。过程B的最小热公用工程用量$Q_{H,min}$ = 300kW，最小冷公用工程用量$Q_{C,min}$ = 1590kW，夹点温度为250℃（热物流255℃，冷物流245℃）。

表2-21 过程B简化的问题表

位移温度T'/℃	290	270	250	220	185	175	165	150	145	140	100	75	70
ΔH/kW	300	80	0	210	665	815	1175	1235	1280	1175	1375	1575	1590

从总组合曲线提取温度和焓值之前，需确定是否提取两个过程的总组合曲线中的口袋。

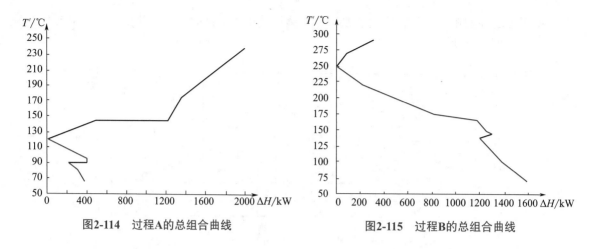

图2-114　过程A的总组合曲线　　　　　图2-115　过程B的总组合曲线

热回收过程中可以选择保留口袋，或者提取口袋作为热源或热阱。若从过程中提取口袋，则其热源必须能够产生热公用工程（通常是蒸汽），热阱需由热公用工程（通常为全局公用工程系统提供的蒸汽）供热。以图2-116所示的总组合曲线及其热回收方案为例，若满足图2-116（a）和图2-116（b）所示的两种工况，则有必要提取口袋。其中，图2-116（a）仅考虑产生高压蒸汽，此时口袋内可进行过程热回收。但口袋内温差较大，因此也可利用口袋中的热源产生高压蒸汽，并使用低压蒸汽给热阱供热，如图2-116（b）所示。此时口袋中的热源热负荷应相当高（大于几百千瓦），以确保将其转换为热公用工程所需的投资费用可从全局的其他地方得到补偿。

图2-114过程A的总组合曲线中，在107.3℃到95℃之间存在口袋，口袋处热源位移温度为107.3℃（实际温度122.3℃）。在此温度下，产生低压蒸汽的可能性很小，相对于发电设备的投资费用，口袋中184kW的热量可用价值并不高，因此不应提取，但热量可用于全局的其他地方。

图2-115过程B的总组合曲线中，在165℃到140℃之间有一个小口袋，可从口袋热源物流段中获得105kW热量。过程B口袋的处理与过程A类似，不应提取其中的热源和热阱数据。

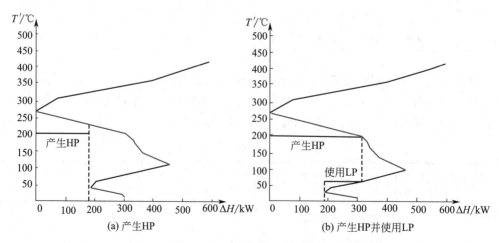

(a) 产生HP　　　　　　　　(b) 产生HP并使用LP

图2-116　利用口袋进行热回收

根据过程A问题表的温度和焓值，在总组合曲线上标注除口袋外的每股物流段的起点和终点，并对每股物流段进行编号，如图2-117所示。

从过程A总组合曲线提取的热源和热阱数据如表2-22所示，数据不仅包括物流段编号、物流段类型（热物流H或冷物流C）、位移供应温度（T_s'）、位移目标温度（T_t'）、焓变（ΔH）和热容流率（CP），还包括物流段的实际供应温度（T_s）和实际目标温度（T_t），以及双位移（Double-Shifted）供应温度（T_s''）和双位移目标温度（T_t''）。双位移温度由物流段的实际供应温度和实际目标温度在温度轴上分别移动ΔT_{min}得到。最终的温焓曲线相当于将总组合曲线夹点之上的热阱线向上移动$\Delta T_{min}/2$，将夹点之下的热源线向下移动$\Delta T_{min}/2$。

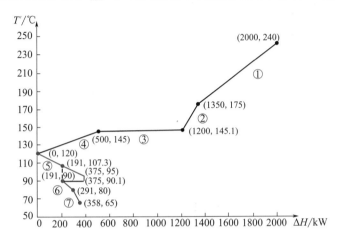

图2-117　过程A总组合曲线物流段编号

表2-22　过程A的物流段数据

物流段编号	类型	T_s'/℃	T_s/℃	T_s''/℃	T_t'/℃	T_t/℃	T_t''/℃	ΔH/kW	CP/（kW/℃）
1	C	175	160	190	240	225	255	650	10
2	C	145.1	130.1	160.1	175	160	190	150	5
3	C	145	130	160	145.1	130.1	160.1	700	7000
4	C	120	105	135	145	130	160	500	20
5	H	120	135	105	107.3	122.3	92.3	191	15
6	H	90	105	75	80	95	65	100	10
7	H	80	95	65	65	80	50	67	4.5

从图2-117可以看出，物流段①是热阱，这意味着该物流段是冷物流，且该段的位移供应温度为175℃，位移目标温度为240℃。当使用问题表法构造总组合曲线时，由于最小传热温差为30℃，冷物流的温度向上移动，所以物流段①的实际供应温度为160℃，实际目标温度为225℃。该物流段从其供应温度提高到目标温度所需的热量为2000kW−1350kW=650kW。从总组合曲线可以看出，物流段②、③和④也是冷物流段，所以利用相同的方法也可以生成表示这些物流段所需的数据。

图2-117中，过程A夹点之下有一个以热物流段为主导的热源区。物流段⑤温度从120℃到95℃，需消耗375kW的冷量，但该物流段的一部分涉及口袋热回收，现需切除口袋，可提取的热量减少至191kW，位移目标温度为107.3℃。

过程B含物流段编号（口袋除外）的总组合曲线如图2-118所示。同理，切除过程B的口袋，即不提取165~145℃之间的局部热源数据以及145~140℃之间的局部热阱数据。提取的物流段数据如表2-23所示。

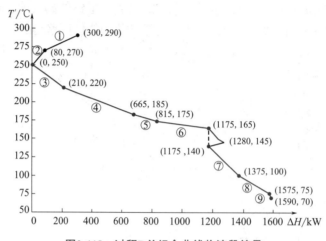

图2-118　过程B总组合曲线物流段编号

表2-23　过程B的物流段数据

物流段编号	类型	T'_s/℃	T_s/℃	T''_s/℃	T'_t/℃	T_t/℃	T''_t/℃	ΔH/kW	CP/(kW/℃)
1	C	270	265	275	290	285	295	220	11
2	C	250	245	255	270	265	275	80	4
3	H	250	255	245	220	225	215	210	7
4	H	220	225	215	185	190	180	455	13
5	H	185	190	180	175	180	170	150	15
6	H	175	180	170	165	170	160	360	36
7	H	140	145	135	100	105	95	200	5
8	H	100	105	95	75	80	70	200	8
9	H	75	80	70	70	75	65	15	3

生成全局能量目标的下一步是将全局过程（过程A和过程B）的所有热源数据组合成全局热源温焓曲线（Site Source Profile）。由表2-22和表2-23可以看到，过程A的热源段是⑤、⑥和⑦，过程B的热源段是③、④、⑤、⑥、⑦、⑧和⑨。利用物流段的T''_s和T''_t，将它们组合成全局热源温焓曲线，如图2-119所示。使用双位移温度的原因是：当这些物流段用于产生蒸汽（以其实际温度表示）或消耗蒸汽时，可在这些物流段之间实现热量传递。

同理，将过程A和过程B的所有热阱数据组合成全局热阱温焓曲线（Site Sink Profile），如图2-120所示。

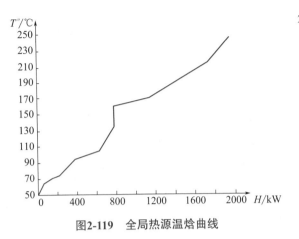

图2-119 全局热源温焓曲线

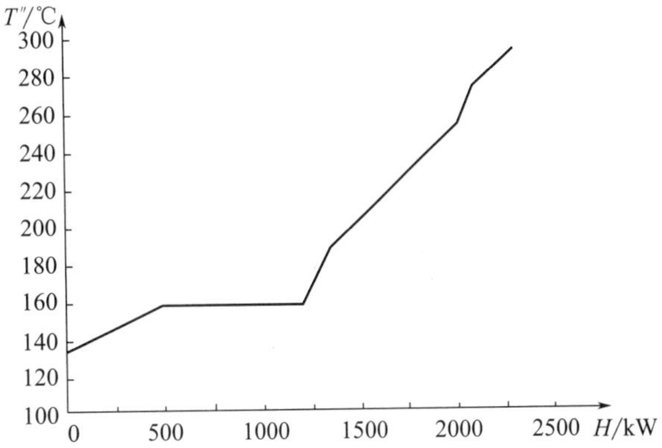

图2-120 全局热阱温焓曲线

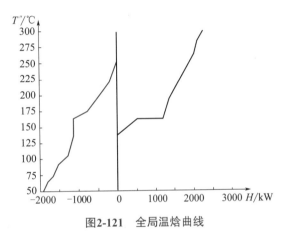

图2-121 全局温焓曲线

最后一步是创建全局温焓曲线（Total Site Profiles，TSPs），将全局热源温焓曲线和全局热阱温焓曲线组合在一张图上得到全局温焓曲线，如图2-121所示，它表示了全局过程的外部加热负荷和冷却负荷。

全局温焓曲线描述了全局所有贡献过程中可用的总热源（图2-121左侧曲线）和必须由外部热源提供热量的总热阱（图2-121右侧曲线）。图2-121的全局温焓曲线表明，需从外部热源供应给全局过程的总加热量为2300kW，总冷却量为1948kW。全局分析技术主要是通过产生和消耗蒸汽，使全局过程的热源能够给全局过程的热阱供热。因此，蒸汽作为全局热源和全局热阱之间的中间传热介质，减少了全局的外部加热量和冷却量，从而减少了提供热量所需的燃料，降低了全局系统的总操作费用。

2.9.2 全局组合曲线

创建全局组合曲线之前，需要确定全局热源可产生的蒸汽量，以及满足全局热阱所需的蒸汽量，因此需要确定用于全局蒸汽分配的蒸汽管道的数量、压力和温度。为了简化过程，本例仅考虑三种蒸汽管道和一种冷却水管道，管道的温度和压力见表2-24。

将蒸汽管道和冷却水管道以实际温度添加到全局温焓曲线中，如图2-122所示。当表示蒸汽管道温度的水平线与全局温焓曲线相交时，意味着提取的工艺物流和蒸汽在最小传热温差（ΔT_{min}）下进行热交换。换言之，如果过程A某点需要蒸汽加热，那么提供热量的蒸汽温度必须比该点的物流温度高30℃。对于过程B，物流段的实际温度比向该段提供热量的蒸汽温度低10℃。在每个蒸汽温度水平下，都可以从全局温熔曲线读取全局过程热源产生的蒸汽热量，以及为了满足全局过程热阱使用的蒸汽热量，使用的蒸汽热量与产生的蒸汽热量见表2-25。冷却水使用量为773kW。

高压、中压和低压蒸汽管道提供的蒸汽热量等于全局过程提供给热阱的总热量，为2300kW。可产生的蒸汽热量或必须用冷却水冷却的蒸汽热量等于热源段所含的总热量，为1948kW。全局温熔曲线显示必须由锅炉提供的蒸汽热量为2300kW，而全局过程热源产生的蒸汽均不用于补偿锅炉提供的蒸汽。为了确定锅炉蒸汽最终需要提供的热量，需要利用全局组合曲线（Total Site Composite Curves，TSCCs）。

表2-24   全局蒸汽和冷却水管道数据

类型	温度/℃	压力/atm
高压	300	86.0
中压	200	15.5
低压	160	6.2
冷却水	20	1.0

注：1 atm=101325 Pa。

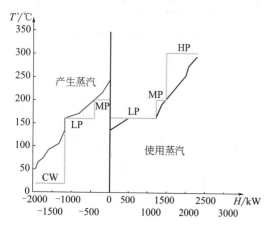

图2-122   全局温熔曲线与各蒸汽等级

表2-25   使用的蒸汽热量和产生的蒸汽热量

蒸汽管道	使用热量/kW	产生热量/kW
高压	850	0
中压	250	405
低压	1200	770

使用全局热源温熔曲线中产生的蒸汽来满足全局热阱温熔曲线中的加热需求可以得到全局组合曲线。全局蒸汽热回收的潜力如图2-123中箭头所示，在不同温度水平下产生的蒸汽可以在相同温度水平下提供热量，或在更低温度下通过降低压力来释放低压蒸汽提供热量（具有产生热电联产轴功的潜力）。

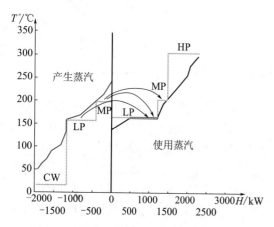

图2-123   全局温熔曲线中潜在的蒸汽热回收

为了确定锅炉提供的超高压蒸汽（VHP）热量，需要将全局温熔曲线的热阱侧和热源侧部分重叠。首先将蒸汽温熔曲线从全局温熔曲线中分离出来，如图2-124所示。此时全局过程所需的高、中和低压蒸汽由锅炉提供，无法由热源产生的蒸汽进行补偿。为了实现一定程度的补偿，将蒸汽温熔曲线的热阱侧和热源侧重叠，如图2-125所示。

图2-125显示了热阱侧和热源侧蒸汽温熔曲线之间的部分重叠。将热阱侧曲线推向热源侧曲线，使锅炉中产生的超高压蒸汽从2300kW降到1600kW。在不同压力水平下，

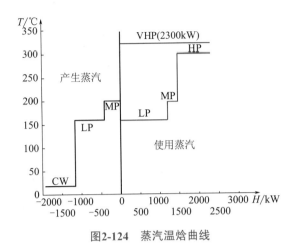

图2-124　蒸汽温焓曲线

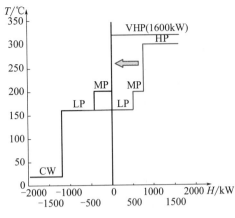

图2-125　重叠蒸汽温焓曲线

蒸汽生成量和使用量并没有变化，但是由于这种重叠，全局过程中使用的700kW热量可由产生的蒸汽提供，而不需要由锅炉提供。

热阱侧和热源侧蒸汽温焓曲线之间的最大重叠如图2-126所示，此时不能将热阱温焓曲线进一步推向热源温焓曲线。在最大重叠的位置上，锅炉提供的超高压蒸汽热量已经减少到1125kW，通过蒸汽系统回收的热量为1175kW。

如果现在将全局温焓曲线添加到图2-126中，将生成全局组合曲线，该曲线表示通过蒸汽系统回收的最大热量以及由锅炉提供的最小蒸汽热量，如图2-127所示。

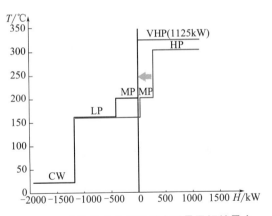

图2-126　蒸汽温焓曲线的最大重叠及锅炉最小
VHP热量供应

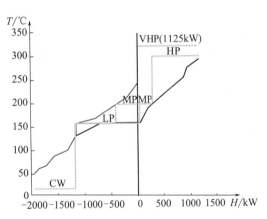

图2-127　全局组合曲线中锅炉最小VHP热量供应
及蒸汽系统最大热回收

全局公用工程系统使用的蒸汽压力、温度和数量，对蒸汽系统的热回收量和锅炉提供的超高压蒸汽热量具有重大影响。如果不考虑产生低压蒸汽或本例不使用低压蒸汽，那么全局温焓曲线如图2-128所示。在这种情况下，全局过程仅提供中压和高压蒸汽，并且热源仅能产生中压蒸汽，剩余的热源必须用冷却水处理。全局过程使用的高压蒸汽热量为850kW，中压蒸汽热量为1450kW；产生的中压蒸汽热量为405kW。如果不进行热回收，锅炉所需提供的蒸汽热量就与图2-124所示情况相同，为2300kW。

无低压蒸汽产生或使用时，全局组合曲线如图2-129所示。此时，全局只能实现405kW的热回收，因此需要锅炉提供1895kW的热量，相比图2-126所示情况增加了770kW。

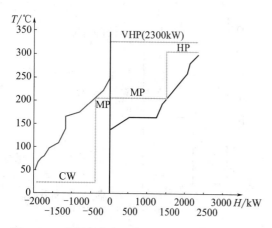

图2-128　无低压蒸汽生成或使用的全局温熵曲线

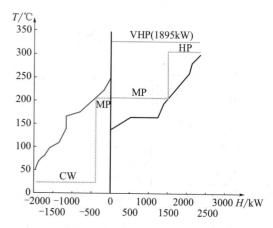

图2-129　无低压蒸汽生成或使用的全局组合曲线

2.9.3 全局公用工程总组合曲线

全局公用工程总组合曲线（Site Utility Grand Composite Curve，SUGCC）表示了全局公用工程系统中，由于向全局过程热阱分配蒸汽以及从全局过程热源和锅炉产生蒸汽而获得的潜在的热电联产机会。SUGCC可由全局温熵曲线和全局组合曲线中的信息得到。

从图2-127可知，当过程通过蒸汽系统获得最大热回收时，锅炉供应的VHP热量为1125kW。假设锅炉与所提供的高压蒸汽压力和温度相同，即在86atm、300℃条件下产生蒸汽。产生的蒸汽还可以通过蒸汽轮机膨胀到较低的压力水平，从而产生动力。在300℃的蒸汽等级下，全局过程锅炉供应的VHP热量为1125kW，使用的高压蒸汽热量为850kW，使用的中压蒸汽热量为275kW，因此曲线在275kW处进入200℃的中压蒸汽等级。按照这种思路继续绘制，最终得到的曲线如图2-130所示，该曲线即为图2-127所示情况的SUGCC。

从图2-130的SUGCC可以看出，高压蒸汽和低压蒸汽之间有一个封闭区域，这表示如果使用蒸汽轮机将蒸汽从较高的压力水平膨胀至较低的压力水平，则可获得热电联产轴功。另外，在锅炉提供的1125kW高压蒸汽中，全局过程仅使用850kW，这意味着1125kW−850kW = 275kW高压蒸汽可变为中压蒸汽，如果将这些蒸汽通入蒸汽轮机中，那么产生的电力可用于全局系统；在中压蒸汽水平，全局过程产生405kW蒸汽，全局过程热阱只需要250kW，还剩下405kW−250kW = 155kW中压蒸汽，这些中压蒸汽可膨胀至低压蒸汽水平；在低压蒸汽水平，全局过程热阱需要1200kW蒸汽，由过量的高压蒸汽275kW、过量的中压蒸汽155kW和全局过程产生的低压蒸汽770kW提供。

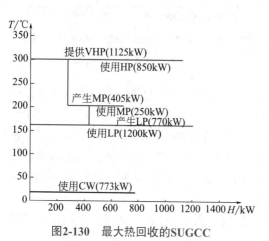

图2-130　最大热回收的SUGCC

三种不同操作情况可以用SUGCC表示：最大热回收和最小VHP供应的SUGCC如图2-130所示；无热回收和最大VHP供应的SUGCC如图2-131所示；热回收为700kW，锅炉供应的VHP热量为1600kW的中间情况如图

2-132所示。

图2-130中，锅炉供应的VHP热量从最大值2300kW降至1600kW，最后降至最小值1125kW。图2-131中，锅炉供应的VHP热量为2300kW，虽比图2-130所示情况多1175kW，但其可获得较多热电联产轴功。图2-132和图2-131相比，减少了锅炉供应的VHP热量，但也减少了潜在的热电联产轴功量。综上，最佳方案由多种因素综合决定，包括蒸汽等级的数量和压力，因此这是一个优化问题，取决于燃料的相对费用和全局对电的需求及其价格。

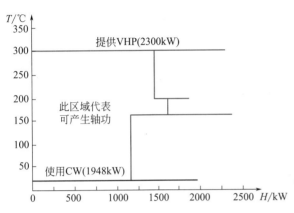

图2-131　无热回收和最大VHP供应的SUGCC

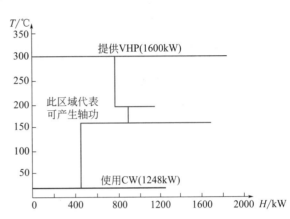

图2-132　700kW热回收和1600kW锅炉蒸汽供应的SUGCC

2.9.4　全局分析路线图

一旦全局过程信息被转换为全局温焓曲线，然后通过蒸汽系统模拟、建模并探索不同的全局开发方案，就可以在全局所有项目的投资和效益之间建立关系，这种表示方法称为全局路线图，示例如图2-133所示。其中，每条路线都由一系列相互兼容的项目组成，且对每个项目都可以进行技术和经济可行性研究。全局路线图可以将过程改进和全局改进的信息相结合，设计人员可以使用路线图中的信息来规划路线或进行长期的全局开发策略，这种规划方法能使资金得到更有效利用。

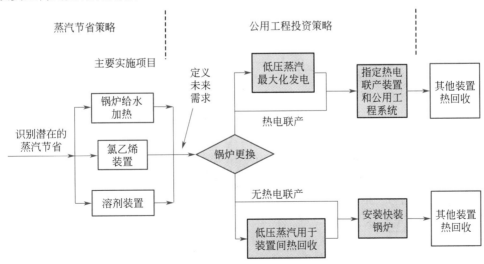

图2-133　全局路线图[7]

2.9.5 全局分析示例

全局过程可由几个独立加工装置组合而成，例如某厂同时配套氯乙烯装置和聚乙烯装置，两套装置共用中间产品乙烯。两套装置之间可以不共用进料或中间产品，但共用相同的公用工程系统，这也使得一个全局过程具有多个装置。相比于对单个加工装置进行能量分析，全局分析可更大规模地减少公用工程使用量，包括直接全局能量集成和间接全局能量集成。

2.9.5.1 直接全局能量集成

例2.14[15] 装置A和装置B共用一套公用工程系统，两装置的物流数据见表2-26。所有物流之间的最小传热温差为20℃，分析两装置之间可能的直接能量交换。

表2-26   装置A和装置B的物流数据

装置	物流编号	T_s/℃	T_t/℃	CP/（kW/℃）
A	H1	175	45	10
	H2	105	65	40
	C3	20	155	20
B	H4	210	50	5
	C5	140	170	10

讨论装置之间的能量集成首先要确定每个装置的最大热回收换热网络，下面将对每个装置进行温度区间分析和最大热回收换热网络设计。

（1）独立装置A

装置A的温度区间分析如图2-134（a）所示，夹点温度为95℃（热物流105℃，冷物流85℃）。换热网络如图2-134（b）所示，热公用工程需求量为700kW，冷公用工程需求量为900kW。

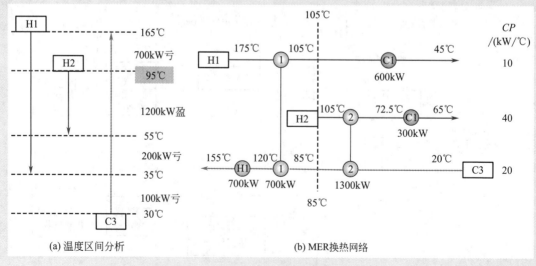

(a) 温度区间分析   (b) MER换热网络

图2-134   装置A能量集成

（2）独立装置B

装置B的温度区间分析如图2-135（a）所示，夹点温度为150℃（热物流160℃，冷物流140℃）。换热网络如图2-135（b）所示，热公用工程需求量为50kW，冷公用工程需求量为550kW。

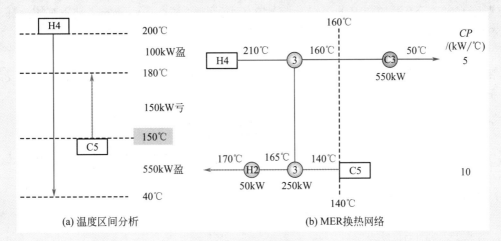

(a) 温度区间分析　　　　(b) MER换热网络

图2-135　装置B能量集成

如果装置A和B为独立区域，没有全局能量交换，则热公用工程总需求量为750kW，冷公用工程总需求量为1450kW。保持装置独立运行的原因有很多，例如装置的距离、安全、启动或控制等问题。

（3）装置A和B的直接能量集成

假定装置A和B的所有物流均可进行能量交换，则温度区间分析如图2-136所示，总体夹点温度为95℃，热公用工程目标为475kW，冷公用工程目标为1175kW。与独立装置A和独立装置B结果比较，可以发现装置A控制夹点位置。系统热集成所需公用工程用量低于装置A和装置B所需公用工程用量的简单加和。

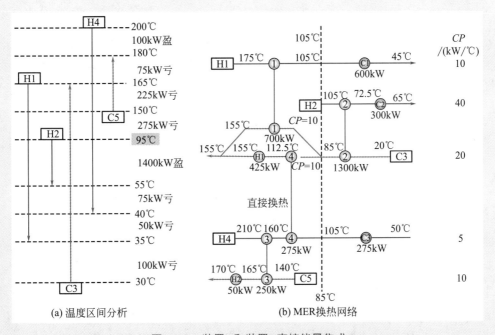

(a) 温度区间分析　　　　(b) MER换热网络

图2-136　装置A和装置B直接能量集成

改造时，应尽可能保留现有换热网络。图2-136（b）中的换热网络设计满足图2-136（a）中的公用工程目标用量，并保留了现有换热网络的大部分结构。物流C3应该分流以保留与换热器1的匹配，并允许添加新换热器4。换热器4使装置B中的热物流H4从160℃冷却到夹点温度105℃，还将275kW的热量从装置B传递至装置A，从而降低了装置B的冷却负荷（从550kW下降到275kW）和装置A的加热负荷（从700kW下降到425kW）。

由于装置存在距离、安全、启动或控制等问题，装置间直接能量集成有时可能会受到限制，此时可通过使用蒸汽系统或热油循环进行间接能量集成。

2.9.5.2　间接全局能量集成（蒸汽系统）

例2.15[15]　在例2.14中的两个装置之间使用蒸汽系统进行间接能量集成，所有物流的最小传热温差仍为20℃。

（1）根据表2-26数据，分别绘制装置A和装置B的总组合曲线，如图2-137所示。

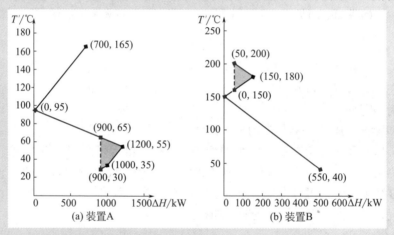

图2-137　装置总组合曲线

（2）移除装置总组合曲线中的口袋，并将温度位移$\Delta T_{min}/2$形成位移总组合曲线。将夹点之上的热阱线向上移动$\Delta T_{min}/2$，夹点之下的热源线向下移动$\Delta T_{min}/2$，得到装置A和B的位移总组合曲线如图2-138所示。

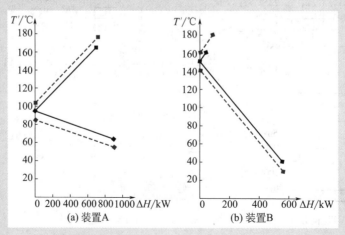

图2-138　装置移除口袋后的GCC（实线）和位移后的GCC（虚线）

（3）将每个装置热阱和热源的位移总组合曲线合并为全局温熔曲线，如图2-139所示，从中可以看出，中压蒸汽的温度应设置在175℃或更高，低压蒸汽的温度如果设置在125℃，则可能将一些热量从热源传递到热阱，从而减少公用工程用量。通过工艺余热产生蒸汽，可减少公用工程系统中燃料的消耗。本例热阱所需低压蒸汽热量为10×（125-105）kW=200kW，热源产生125℃的蒸汽热量为5×（140-125）kW=75kW，此时热阱所需的低压蒸汽热量降为125kW。两个装置的间接能量集成如图2-140所示。

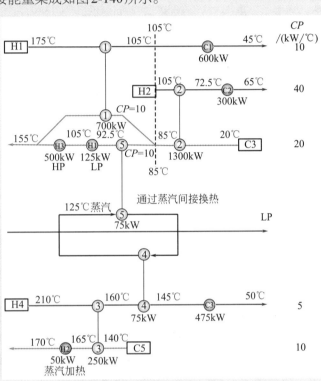

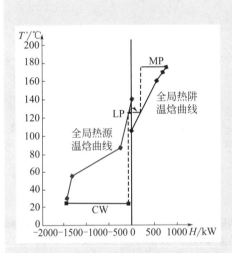

图2-139　装置A和装置B的全局温熔曲线

图2-140　装置A和装置B间接能量集成（蒸汽循环）

2.9.5.3　间接全局能量集成（热油循环）

热油循环可代替蒸汽系统实现装置间的间接能量集成，热油循环实现的能量交换可高于蒸汽系统的能量交换。

例2.16[15]　在例2.14中的两个装置之间使用热油循环进行间接能量集成，所有物流的最小传热温差仍为20℃。

查看图2-140，热油循环也可直观地看作热源和热阱曲线之间的纯逆流换热器。热油最高温度由热源决定，为140℃；最低温度由热阱决定，为105℃。

由于热源的热容流率小于热阱的热容流率，热源控制能量交换程度，可交换的热量$Q = 5×（140-105）$kW=175kW。热源的实际温度为160℃（140℃+ΔT_{min}）和125℃（105℃+ΔT_{min}）。装置之间使用热油循环进行能量传递的过程如图2-141所示。

装置间可交换的热量从75kW增加到175kW。热油循环可传递更多热量的原因为换热器4和5有三端的温差为ΔT_{min}，包括换热器4的冷端和换热器5的冷热两端。但无论蒸汽系统还是热油循环，能量传递量均少于直接全局能量集成中的最大能量传递量275kW。

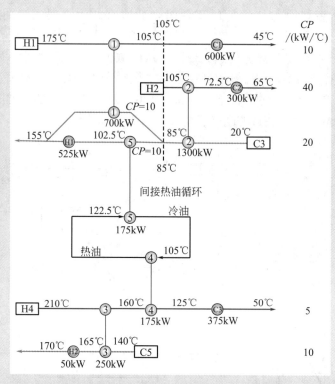

图2-141 装置A和装置B间接能量集成（热油循环）

本章从过程热源和热阱的角度介绍了全局分析技术，其中热源和热阱可通过蒸汽的产生和使用进行热回收，从而最小化锅炉的蒸汽供应量。

热源和热阱的提取可借助单个过程的总组合曲线和问题表完成。将各个过程的热源集成，以产生全局热源温焓曲线；同理，将各个过程的热阱集成，以产生全局热阱温焓曲线。将两者绘制在一起构成全局温焓曲线，可显示全局中可用的总热量及所需热量与温度的关系；也可显示热回收过程中不同压力等级下热源产生的蒸汽量与热阱使用的蒸汽量。在全局分析中，热源产生的蒸汽可供应给热阱，从而减少锅炉蒸汽的供应，也可膨胀产生低等级蒸汽，进行热电联产。最终通过分析全局的蒸汽分配来获得最大能量回收，提高全局的能量利用率。

缩略语

BCCs	Balanced Composite Curves	平衡组合曲线
BGCC	Balanced Grand Composite Curve	平衡总组合曲线
CC	Capital Cost	投资费用
CCCs	Column Composite Curves	塔组合曲线
CCs	Composite Curves	组合曲线
CGCC	Column Grand Composite Curve	塔总组合曲线
CW	Cooling Water	冷却水
DFP	Driving Force Plot	传热推动力图

GCC	Grand Composite Curve	总组合曲线
HP	High Pressure Steam	高压蒸汽
HRAT	Heat Recovery Approach Temperature	热回收温差
LP	Low Pressure Steam	低压蒸汽
MER	Maximum Energy Recovery/	最大能量回收/
	Minimum Energy Requirement	最小能量需求
MP	Medium Pressure Steam	中压蒸汽
MVR	Mechanical Vapor Recompression	机械蒸汽再压缩式
OC	Operating Cost	操作费用
ORC	Organic Rankine Cycle	有机朗肯循环
PDM	Pinch Design Method	夹点设计方法
PTA	Problem Table Algorithm	问题表法
RPA	Remaining Problem Analysis	剩余问题分析
SCCs	Shifted Composite Curves	位移组合曲线
SUGCC	Site Utility Grand Composite Curve	全局公用工程总组合曲线
TAC	Total Annualized Cost	年总费用
TSCCs	Total Site Composite Curves	全局组合曲线
TSPs	Total Site Profiles	全局温焓曲线
TVR	Thermal Vapor Recompression	热力蒸汽再压缩式
UGCC	Utility Grand Composite Curve	公用工程总组合曲线
VHP	Very High Pressure Steam	超高压蒸汽

符号说明

a	换热单元安装费用，元	N	物流数
A	面积，m^2	OC	操作费用，元/h或元/a
b	换热单元的购买费用系数	q	焓间隔内的热负荷，kW
c	换热单元的购买费用指数	Q	热量，kW
c_p	比热容，kJ/（kg·℃）	QP	总跨越夹点传热量，kW
C	公用工程单位能量费用，元/kW	S	可能分离成独立子系统的数目；塔板数
CC	投资费用，元	T	温度，℃
COP	热泵性能系数	T'	位移温度，℃
CP	热容流率，kW/℃	T''	双位移温度，℃
E	能量，kW	T_{TFT}	理论燃烧温度，℃
F_{an}	年度化因子	U	换热单元数
F_T	对数平均温差校正因子	W	功，kW
h	传热膜系数，kW/（m^2·℃）	α	面积效率因子
H	焓，kW	η_c	卡诺循环效率
$HRAT$	热回收温差，℃	η_{mech}	机械效率
i_r	年利润率	ΔT	温差，℃
L	独立的热负荷回路数	$\Delta T_{LM,k}$	焓间隔k的对数平均温差，℃
M	质量流量，kg/s		
n	设备使用寿命，a		

下角标

ABS	吸收器
b	锅炉
C	冷物流；冷却公用工程
CON	冷凝器
CU	冷公用工程
ex	现有网络
exh	废气
EVA	蒸发器
GEN	发生器
H	热物流；加热公用工程
HU	热公用工程
i	第 i 热物流
j	第 j 冷物流
k	第 k 焓间隔
max	最大

MER	最大能量回收或最小能量需求
min	最小
opt	最优
P	工艺物流
R	热量回收
REB	再沸器
ret	改造
s	供应
ST	汽轮机
t	目标
THR	阈值
XP	跨夹点传热
1, 2, …	
A, B, …	计数
$i, j, n,$ …	

参考文献

［1］都健. 化工过程分析与综合［M］. 大连：大连理工大学出版社，2009.

［2］雷志刚，代成娜. 化工节能原理与技术［M］. 北京：化学工业出版社，2012.

［3］Klemeš J，Friedler F，Bulatov I，et al. Sustainability in the Process Industry：Integration and Optimization［M］. New York：McGraw-Hill，2011.

［4］Gunderson T. A Process Integration Primer：Implementing Agreement on Process Integration［R］. Norway：International Energy Agency（IEA），2000.

［5］Dimian A C，Bildea C S，Kiss A A. Integrated Design and Simulation of Chemical Processes［M］. 2nd ed. Amsterdam：Elsevier，2014.

［6］方利国. 化工过程系统分析与合成［M］. 北京：化学工业出版社，2013.

［7］Linnhoff March. Introduction to Pinch Technology［R］. Cheshire，Linnhoff March，1998.

［8］Mohanty B. NPTEL：Process Integration［EB/OL］.［2020-01-12］. https：//nptel.ac.in/courses/103/107/103107093/.

［9］Kemp I C. Pinch Analysis and Process Integration：A User Guide on Process Integration for the Efficient Use of Energy［M］. 2nd ed. Oxford：Butterworth-Heinemann Elsevier，2007.

［10］王基铭. 过程系统工程词典［M］. 2版. 北京：中国石化出版社，2011.

［11］Klemeš J J. Handbook of Process Integration（PI）：Minimisation of Energy and Water Use，Waste and Emissions［M］. Cambridge：Woodhead Publishing Limited，2013.

［12］Seider W D，Lewin D R，Seader J D，et al. Product and Process Design Principles：Synthesis，Analysis，and Evaluation［M］. 4nd ed. New York：John Wiley & Sons，2017.

［13］冯霄，王或斐. 化工节能原理与技术［M］. 4版. 北京：化学工业出版社，2015.

［14］王或斐，邓春，冯霄. 化工节能节水改造案例［M］. 北京：化学工业出版社，2018.

［15］Knopf F C. Modeling，Analysis and Optimization of Process and Energy Systems［M］. New York：John Wiley & Sons，2012.

［16］Smith R. Chemical Process Design and Integration［M］. 2nd ed. New York：John Wiley & Sons，2016.

第3章

Aspen Energy Analyzer 入门

Aspen Energy Analyzer 是一款基于夹点技术的能量管理软件，用于设计和改造换热网络，以降低公用工程能耗。该软件可以从 Aspen Plus 或 Aspen HYSYS 中提取数据，基于稳态过程模拟结果设计换热网络。此外，Aspen Energy Analyzer 还可用于研究操作条件发生变化对换热网络性能的影响。

本章将介绍 Aspen Energy Analyzer 软件的基本功能及操作[1~5]，并结合例题详细介绍 Aspen Energy Analyzer 软件在数据提取、换热网络设计、换热网络改造和换热网络运行等方面的应用。

3.1 基本术语与概念

3.1.1 夹点分析基本术语

用户在 Aspen Energy Analyzer 建立、分析和模拟换热网络时需要输入一些基本信息，如工艺物流参数、公用工程物流参数、经济参数等。除此之外，用户还需要正确理解夹点分析工具的基本术语，如栅格图、回路、路径等。下面将对 Aspen Energy Analyzer 夹点分析相关的基本术语进行介绍。

（1）工艺物流（Process Streams）

工艺物流为需要加热或冷却的物流。在 Aspen Energy Analyzer 中，至少需要输入工艺物流的物流名称、进口温度、出口温度以及热容流率或热负荷。

（2）公用工程物流（Utility Streams）

公用工程物流为满足工艺物流加热和冷却需求的物流。用户可选择 Aspen Energy Analyzer 内置的公用工程，也可自定义公用工程。当自定义公用工程时，至少需要输入公用工程名称、进口温度和出口温度。除此之外，若计算换热网络操作费用，还需要输入公用工程物流的单位能量费用。

（3）状态栏（Hot and Cold Status Bars）

Aspen Energy Analyzer 操作界面下方的状态栏用于判断换热网络设计是否有足够的冷热

公用工程，使工艺物流达到规定出口温度，状态栏有以下三种情况：

① 满足需求　公用工程的温度和热量满足系统的冷却和加热需求，状态栏为绿色 Sufficient 。

② 不满足需求　公用工程的温度或热量不满足系统的冷却和加热需求，状态栏为红色 Insufficient 。

③ 跨越夹点　冷公用工程出口温度高于冷物流夹点温度，或热公用工程出口温度低于热物流夹点温度，状态栏为黄色 Cross pinch 。此时公用工程可能满足也可能不满足工艺需求。

（4）分段物流（Segmenting Streams）

若工艺物流热容流率变化很小，则输入物流数据时假设热容流率为常数；若工艺物流热容流率变化很大，则需对物流分段。

（5）传热系数（Heat Transfer Coefficient，HTC）

指定工艺物流或公用工程物流传热系数的方法有三种：手动输入、基于物性计算和通过传热系数数据库查找。

（6）经济参数（Economic Parameters）

经济参数用来计算换热网络中换热器的投资费用和年度化因子，换热网络中不同类型的换热器具有不同的经济参数。

（7）栅格图（Grid Diagram）

栅格图显示了工艺物流和公用工程物流通过换热器与其他物流间的匹配，通过栅格图可较为方便地进行换热网络设计和查看设计结果，如图3-1所示。栅格图显示的对象有工艺物流、公用工程物流、换热器和分流器。

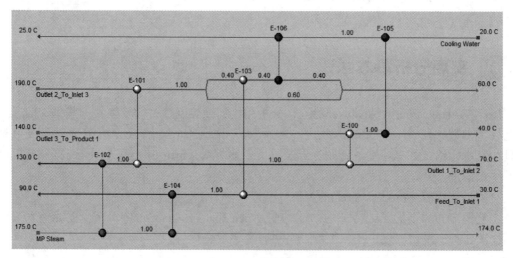

图3-1　栅格图

栅格图中，可对换热器进行操作，过程如下：右击添加换热器按钮 ✿ 并拖动至物流上，鼠标指针变为"牛眼"，如图3-2所示。释放鼠标右键，则"牛眼"变为红球。拖动红球到匹配物流，出现图标❀后，释放鼠标，换热器放置完毕，如图3-3所示。如果需要移动换热器，鼠标左键拖动换热器一端到其他物流，出现图标❀后，释放鼠标，换热器移动完毕，如图3-4所示。如果需要删除换热器，则右击换热器，执行Delete命令。

图3-2 拖动换热器至物流

图3-3 完成换热器放置

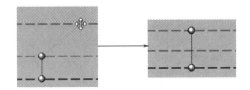

图3-4 移动换热器

栅格图中，可对分流器进行操作，过程如下：右击添加分流按钮 ◎ 并拖动至物流上，鼠标指针变为"牛眼"，如图3-5所示。释放鼠标右键，则"牛眼"变为蓝球。单击蓝球，完成添加分流，如图3-6所示。也可鼠标左键拖动蓝球到所在物流的其他位置，如图3-7所示，拖动过程中出现浅蓝色线，若浅蓝色线跨越一个换热器，则此换热器出现在一条分流上。

图3-5 拖动分流至物流

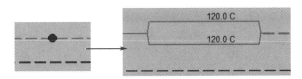

图3-6 完成分流添加

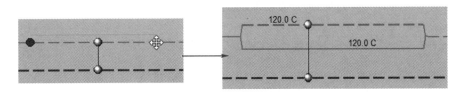

图3-7 拖动完成添加分流

如果需要删除分流，则右击分流的起始处或结束处，执行Delete Split命令。如果需要增加分支，则右击分流的起始处或结束处，在弹出的菜单中执行Add Branch命令；也可双击分流起始处或结束处，或右击分流起始处或结束处执行View命令，在弹出的**Splitter Editor**对话框中，单击**Adding Branch**按钮。如果需要删除分支，则右击分支，执行Delete Branch命令。

（8）自由度分析（Degrees of Freedom Analysis）

Aspen Energy Analyzer不仅能够确定特定操作单元的自由度，还可确定整个换热网络的自由度。自由度为未知变量数量和方程数量之间的差值。

换热网络中单个换热单元如图3-8所示，式（3-1）~式（3-3）为基础公式，可用来分析单个换热单元的自由度；若换热网络含分流器，如图3-9所示，分析其自由度需在基础公式上添加式（3-4）；若换热网络含混合器，如图3-10所示，分析其自由度时需在基础公式上添加式（3-5）；当换热网络部分物流热负荷未满足时，如图3-11所示，分析其自由度需在基础公式上添加式（3-6）。综上，用于确定换热网络自由度的方程由式（3-1）~式（3-6）组合而成，具体采用哪个方程取决于换热网络的布置，方程中未知变量可为温度、热负荷或面积。

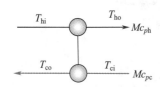

图3-8　单个换热单元示意图

图3-9　分流器自由度分析示意图

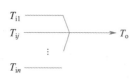

图3-10　混合器自由度分析示意图

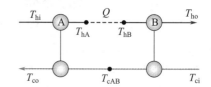

图3-11　部分物流热负荷未满足示意图

$$Q=(T_{hi}-T_{ho})Mc_{ph} \tag{3-1}$$

$$Q=(T_{co}-T_{ci})Mc_{pc} \tag{3-2}$$

$$Q=KA\Delta T_m \tag{3-3}$$

式中，Q为热负荷，kW；T_{hi}为热物流进口温度，℃；T_{ho}为热物流出口温度，℃；Mc_{ph}为热物流热容流率，kW/℃；T_{ci}为冷物流进口温度，℃；T_{co}为冷物流出口温度，℃；Mc_{pc}为冷物流热容流率，kW/℃；A为传热面积，m²；K为传热系数，kW/（m²·℃）；ΔT_m为对数平均温差，℃。

$$T_{oj}=T_i \ (j=1,2,\cdots,n) \tag{3-4}$$

式中，T_i为进口温度，℃；T_{oj}为第j分支物流的出口温度，℃；n为物流分支数。

$$\sum_{j=1}^{n} Mc_{pj} \times T_{ij}=Mc_{po}T_o \ (j=1,2,\cdots,n) \tag{3-5}$$

式中，Mc_{pj}为第j分支物流的热容流率，kW/℃；T_{ij}为第j分支物流的进口温度，℃；Mc_{po}为出口物流热容流率，kW/℃；T_o为出口温度，℃；n为物流分支数。

$$Q=Mc_p(T_{hA}-T_{hB}) \tag{3-6}$$

式中，Mc_p为热容流率，kW/℃；T_{hA}为热物流在A点的温度，℃；T_{hB}为热物流在B点的温度，℃。

（9）回路（Loops）

回路的介绍详见2.7.3节，Aspen Energy Analyzer中的回路如图3-12所示。

（10）路径（Paths）

路径的介绍详见2.7.3节，Aspen Energy Analyzer中的路径如图3-13所示。

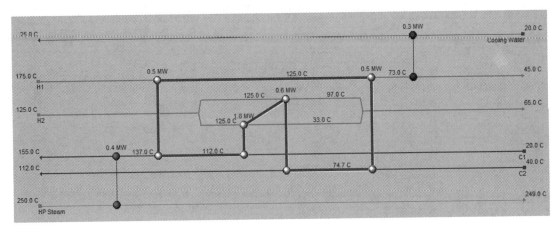

图3-12　回路示意图

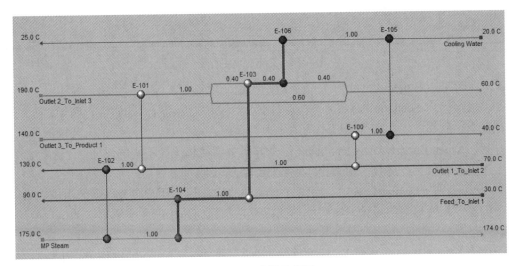

图3-13　路径示意图

（11）禁止匹配（Forbidden Matches）

在某些情况下，例如考虑到工厂布局、腐蚀或建造材质等因素，不允许两工艺物流匹配换热，这些受约束的匹配称为禁止匹配。

3.1.2　换热网络设计基本术语

热集成项目（HI Project）下换热网络设计和改造的介绍主要涉及热集成项目操作界面和操作模式。

（1）热集成级别和窗格（Heat Integration Levels and Panes）

热集成项目界面如图3-14所示，包括三个级别：项目（Project）、方案（Scenario）和设计（Design）。其中，一个项目可包含多个方案，一个方案又可包含多个设计。热集成项目界面由三个窗格构成：导航窗格、主窗格和工作表窗格。导航窗格用来从一个级别导航到另一个级别；主窗格和工作表窗格中的信息/对象取决于所选级别。

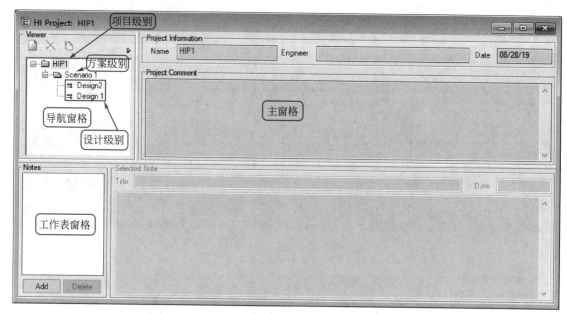

图3-14　热集成项目界面

①项目级别（Project Level）　在项目级别可定义项目基本信息，如项目名称。

②方案级别（Scenario Level）　方案级别包含为完成设计所做的假设，例如，苯的生产工艺在夏季、秋季、冬季和春季以不同的处理量运行，每种处理量对应的工艺物流要求即为一个方案。Aspen Energy Analyzer允许在每个方案中创建和比较不同的设计。工艺物流数据、公用工程物流数据、经济数据和禁止匹配数据均在方案级别查看。

③设计级别（Design Level）　完成方案级别的定义后，用户使用设计级别的工具可在方案中创建多个换热网络设计。有关换热器以及它们如何连接形成换热网络的信息位于设计级别。

④导航窗格（Viewer Pane）　导航窗格包含一个层次树，如图3-14所示。用户可在导航窗格内访问、创建、复制和删除方案和设计。

⑤主窗格（Main Pane）　主窗格上显示的信息和对象取决于被激活的级别。

在项目级别主窗格可更改项目名称，并指定用户/工程师的名称以及有关换热系统的总体信息，图3-14所示的主窗格即为项目级别的主窗格。

方案级别主窗格如图3-15所示，可显示四种曲线图：组合曲线（Composite Curve）、总组合曲线（Grand Composite Curve）、Alpha图（Alpha Plot）和总图（General Plot）。

设计级别主窗格包含栅格图和一组用于操作或创建换热网络设计的工具，如图3-16所示。

⑥工作表窗格（Worksheet Pane）　工作表窗格显示的信息和对象取决于激活的级别。

在项目级别工作表窗格，可为热集成项目操作添加注释，Aspen Energy Analyzer会自动保存上次修改注释的日期。图3-14所示的工作表窗格即为项目级别的工作表窗格。

方案级别工作表窗格如图3-17所示，包含6个选项卡：Data（数据）、Targets（目标）、Range Targets（范围目标）、Designs（设计）、Options（选项）和Notes（注释）。选项卡下方DT min为换热网络的最小传热温差；单击**Enter Retrofit Mode**按钮，进入改造模式；单击**Recommend Designs**按钮，使用推荐设计功能设计换热网络；单击**Forbidden Matches**按钮，

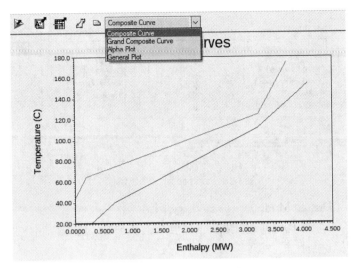

图3-15 方案级别主窗格

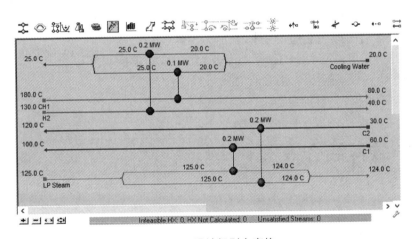

图3-16 设计级别主窗格

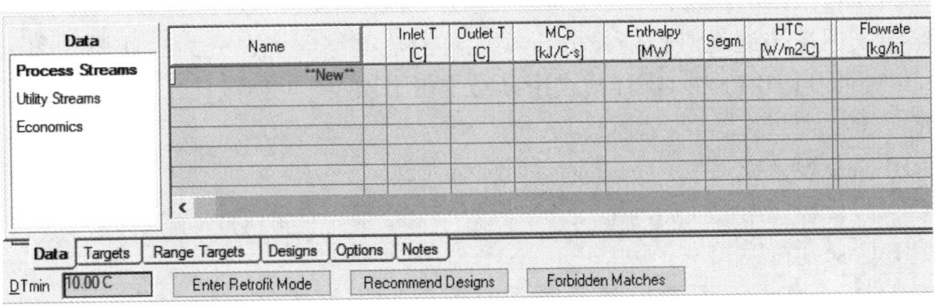

Data	Name	Inlet T [C]	Outlet T [C]	MCp [kJ/C-s]	Enthalpy [MW]	Segm.	HTC [W/m2-C]	Flowrate [kg/h]
Process Streams	**New**							
Utility Streams								
Economics								

Data | Targets | Range Targets | Designs | Options | Notes

DTmin [10.00 C]   [Enter Retrofit Mode]   [Recommend Designs]   [Forbidden Matches]

图3-17 方案级别工作表窗格

设置禁止匹配物流。

设计级别工作表窗格如图3-18所示，包含五个选项卡：Performance（性能）、Worksheet（工作表）、Heat Exchangers（换热器）、Targets（目标）和Notes（注释）。单击选项卡下方的**Enter Retrofit Mode**按钮，进入改造模式。

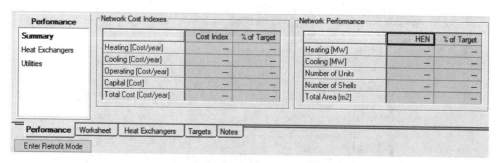

图3-18　设计级别工作表窗格

（2）设计模式（Design Mode）

设计模式下可自动或手动创建几种换热网络设计方案，还可以将这些设计方案进行比较，或与热集成目标进行比较。

（3）改造模式（Retrofit Mode）

改造模式下的HI Project界面与设计模式下的HI Project界面相似。进入改造模式后，Scenario（方案）和Simulation BaseCase（基础案例模拟）左边的图标显示为浅蓝色，如图3-19所示。在此模式下，Aspen Energy Analyzer可生成新的换热网络，用户也可对现有换热网络进行改造，还可将改造后的换热网络与现有换热网络进行比较。

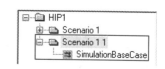

图3-19　改造模式下的导航窗格

3.2　软件简介

3.2.1　功能介绍

Aspen Energy Analyzer热集成功能通过HI Case和HI Project两种操作模式实现。HI Case操作模式用来快速地进行能量分析或现有换热网络研究，分为设计模式和运行模式（Operation Mode）；HI Project操作模式用来修改和比较换热网络设计，以及对换热网络进行改造研究，分为设计模式和改造模式。

（1）HI Case设计模式

HI Case设计模式用于换热网络设计，仅含一个方案和一个设计。

（2）HI Case运行模式

HI Case运行模式下可使用某个时间点或时间周期内完成的事件（Event）或研究（Study）来评估操作条件变化对换热网络性能的影响。运行模式下，工艺物流的进出口温度和质量流量，公用工程的进出口温度、经济参数取自设计模式下的指定值。

（3）HI Project设计模式

HI Project设计模式类似于HI Case设计模式，但多了两个功能：可包含多个方案或设计；可切换到改造模式。

（4）HI Project改造模式

HI Project改造模式用来改造现有换热网络，使其满足新的运行条件并降低能量费用。改造模式中的自动改造功能可对现有换热网络进行逐步改造。

3.2.2 用户界面

启动Aspen Energy Analyzer，弹出如图3-20所示的用户界面，包括标题栏、菜单栏、工具栏、计算/响应栏等，各部分说明见表3-1。其中，菜单栏和工具栏可提供一系列操作命令。菜单栏包括File（文件）、Edit（编辑）、Managers（管理器）、Features（特性）、Tools（工具）、Window（窗口）和Help（帮助）等，各部分具体功能见表3-2。用户可在工具栏快速访问常用命令，也可通过菜单栏访问常用命令，常用命令的具体说明见表3-3。

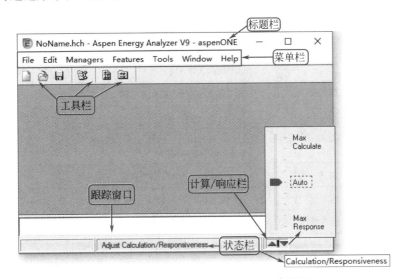

图3-20 Aspen Energy Analyzer用户界面

表3-1 Aspen Energy Analyzer用户界面各部分说明

窗口	说明
标题栏	显示当前加载案例名称
菜单栏	显示常用命令
工具栏	单击调用特定命令
状态栏	当鼠标指针放置在图标按钮上，状态栏显示其功能的简要描述；当鼠标指针放置在表格单元格中，显示相关信息；显示求解器的状态信息
跟踪窗口	显示计算信息
计算/响应栏	控制更新页面以及执行计算的时间消耗

表3-2　菜单栏命令说明

菜单	命令	说明
File	New（新建）	创建一个新的Aspen Energy Analyzer文件
	Open（打开）	打开一个现有的Aspen Energy Analyzer文件
	Save（保存）	将文件保存在当前文件夹下
	Save As（另存为）	将文件保存在另一个文件夹下
	File Description（文件描述）	输入文件描述，方便快速了解文件内容
	Print（打印）	选择打印内容进行打印
	Print Snapshot（打印快照）	打印当前活动页面的位图。当仅需要打印页面而不需要打印相关数据表时，使用此命令。可以使用此命令打印绘图
	Printer Setup（打印设置）	进行打印设置
	Exit（退出）	退出Aspen Energy Analyzer
Edit	Cut（剪切）	剪切选择的内容
	Copy（复制）	复制选择的内容
	Copy With Label（带标签复制）	复制选择的内容及其标签
	Paste（粘贴）	粘贴选择的内容
Managers	Heat Integration Manager（热集成管理器）	打开热集成管理器页面。该页面管理热集成项目和热集成案例的创建、删除和修改
Features	HI Case（热集成案例）	创建新的热集成案例操作
	HI Project（热集成项目）	创建新的热集成项目操作
Tools	Script Manager（脚本管理器）	进入脚本管理器
	Preferences（首选项）	进入Session Preferences（首选项设置）
Window	Arrange Desktop（排列页面）	层叠排列当前打开的页面
	Arrange Icons（排列图标）	水平排列图标化（最小化）的页面
	Close（关闭）	关闭激活的页面
	Close All（全部关闭）	关闭所有页面
	Save Workspace（保存工作空间）	保存当前的窗口布局以备以后使用
	Load Workspace（加载工作空间）	加载保存的桌面窗口布局，方便在不同窗口之间切换
Help	Help Topics（帮助主题）	显示在线帮助内容
	About Aspen Energy Analyzer（关于Aspen Energy Analyzer）	显示Aspen Energy Analyzer软件的相关信息
	Aspentech on the Web	打开AspenTech网站。如果网络可用，此命令将使用用户默认浏览器访问AspenTech网站
	Training（培训）	打开Aspen Energy Analyzer在线培训中心
	Support（支持）	打开AspenTech支持中心的Aspen Energy Analyzer部分
	Online Documentation（在线文档）	打开Aspen Energy Analyzer在线文档中心
	Support Live Chat（支持在线聊天）	打开AspenTech在线交流页面

表3-3 工具栏命令说明

按钮	命令	功能
	New Case	创建一个新的 Aspen Energy Analyzer 文件
	Open Case	打开一个现有的 Aspen Energy Analyzer 文件
	Save Case	保存当前模拟文件
	Heat Integration Manager	打开热集成管理器
	Create new HI Case	创建新的热集成案例
	Create new HI Project	创建新的热集成项目

3.2.3 首选项设置

通过首选项设置功能，用户可以根据需要设置页面的显示方式。此外，用户可以创建或保存一个或多个首选项设置以便在其他案例中使用。

进入 **Tools | Preferences**，弹出 **Session Preferences** 对话框。首选项设置对话框包括五个选项卡：General（常规）、Variables（变量）、Reports（报告）、Files（文件）和 Resources（资源）。

3.2.3.1 General 选项卡

General 选项卡由一系列复选框、单选按钮和文本框组成，如图3-21所示，其对象说明见表3-4。

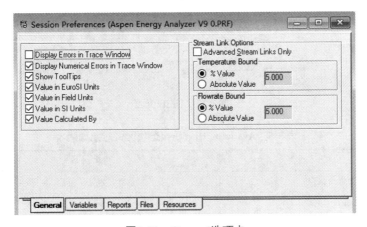

图3-21 General 选项卡

表3-4 General 选项卡对象说明

对象	说明
Display Errors in Trace Window	在跟踪窗口中显示错误
Display Numerical Errors in Trace Window	在跟踪窗口中显示数值错误
Show ToolTips	显示提示工具（激活后可选择 Value in EuroSI Units、Value in Field Units、Value in SI Units 和 Value Calculated By）

续表

对象	说明
Value in EuroSI Units	在提示工具中显示公制单位
Value in Field Units	在提示工具中显示英制单位
Value in SI Units	在提示工具中显示国际制单位
Value Calculated By	在提示工具中显示计算方法

3.2.3.2　Variables选项卡

Variables选项卡包括Units（单位）和Formats（格式）两个页面。

（1）Units页面

Units页面如图3-22所示，包括两个选项区域：Available Unit Sets（可用单位集）和Display Units（显示单位）。Available Unit Sets选项区域用来设置合适单位集，选项区域对象说明见表3-5。内置单位集为EuroSI、Field和SI，这三个单位集不能更改和删除。如果需要使用其他单位类型，可通过创建自定义单位集实现。Display Units选项区域用来为相关变量选择合适单位，按钮命令说明见表3-6。对于自定义单位集，可从所选变量的单位下拉列表框选择合适单位，如图3-23所示。

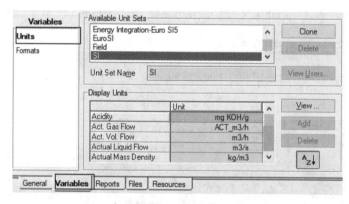

图3-22　Units页面

表3-5　Available Unit Sets选项区域对象说明

对象	说明
Clone（复制）	复制单位集用来创建自定义单位集
Delete（删除）	删除选择的自定义单位集
Unit Set Name（单位集名称）	显示单位集名称，可修改自定义单位集的名称

表3-6　Display Units选项区域对象说明

对象	说明
View（查看）	查看所选变量的单位
Add（增加）	增加所选变量的单位
Delete（删除）	删除所选变量的单位

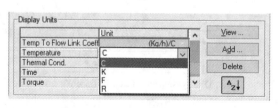

图3-23　选择合适单位

（2）Formats页面

Formats页面如图3-24所示，用来规定变量的数字显示格式。Variable Formats（变量格式）选项区域的右侧按钮功能见表3-7。在变量格式选项区域，双击变量右侧含有蓝色字体（如4 sig fig）的单元格，弹出 **Real Format Editor**（实数格式编辑器）对话框，如图3-25所示，对话框中各对象说明见表3-8。

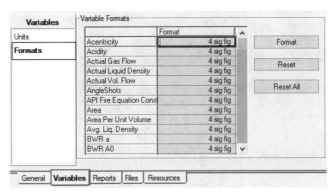

图3-24　Formats页面

表3-7　选项区域右侧按钮说明

按钮	说明
Format（格式）	弹出 **Real Format Editor** 对话框，也可双击变量格式单元格弹出此对话框
Reset（重置）	重置所选变量格式
Reset All（重置全部）	重置所有变量格式

表3-8　**Real Format Editor**对话框对象说明

对象	说明
Exponential[1]（指数）	使用科学记数，在Significant Figure（有效数字）区域设置有效数字
Fixed Decimal Point[2]（固定小数点）	使用十进制记数，设置Whole Digits（整数）位数和Decimal Digits（小数）位数
Significant Figures[3]（有效数字）	使用十进制记数，在Significant Figures区域设置有效数字
OK（确认）	完成设置
Cancel（取消）	取消设置
Use Default（使用默认）	恢复默认设置

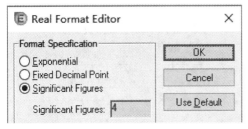

图3-25　**Real Format Editor**对话框

① 输入值或计算值为10000.5，有效数字设为5，则显示1.0001e+04。
② 输入值或计算值为100.5，整数位数设为3，小数位数设为2，则显示100.50。
③ 输入值或计算值为100.5，有效数字设为5，则显示100.50。

3.2.3.3 Reports选项卡

Reports选项卡下包含4个页面：Format/Layout（格式/布局）、Text Format（文本格式）、Datasheets（数据表）和Company Info（公司信息），如图3-26所示。各页面说明见表3-9。

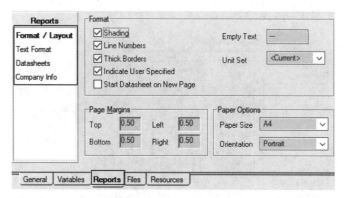

图3-26 Reports选项卡

表3-9 Reports选项卡页面说明

页面	说明
Format / Layout	提供打印报告的格式选项
Text Format	对于以文本格式打印的报告，文本格式页面可指定文本格式
Datasheets	可选择需要打印的数据
Company Info	提供有关公司的一些信息

3.2.3.4 Files选项卡

Files选项卡，如图3-27所示，包含2个页面：Options（选项）和Locations（位置）。各页面说明见表3-10。

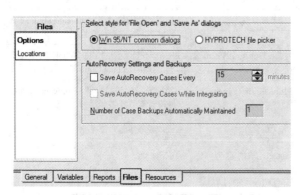

图3-27 Files选项卡

表3-10 Files选项卡页面说明

页面	说明
Options	修改保存或打开案例时使用的参数
Locations	选择并指定保存和读取案例文件的默认路径

3.2.3.5 Resources选项卡

Resources选项卡如图3-28所示，包含4个页面：Colours（颜色）、Fonts（字体）、Icons（图标）和Cursors（指针）。各页面说明见表3-11。

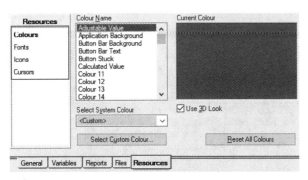

图3-28 Resources选项卡

表3-11 Resources选项卡页面说明

页面	说明
Colours	可对颜色集进行更改和自定义
Fonts	可对字体、字号进行更改
Icons	可对图标进行更改
Cursors	可对鼠标指针样式进行更改

3.2.4 对象查看菜单

右击窗格空白区域、文本编辑器、绘图区域等，可打开对象查看菜单执行某些任务或操作。右击不同的对象，会显示不同的对象查看菜单。

3.2.4.1 窗格空白区域

右击包含表格和选项卡的窗格空白区域，弹出对象查看菜单，如图3-29所示，菜单命令功能见表3-12。

图3-29 窗格空白区域对象查看菜单

表3-12 窗格空白区域对象查看菜单命令功能

命令	功能
Print Datasheet	打印数据表（在弹出的窗口中进行打印设置）
Open Page	打开页面（以独立的窗口形式显示当前页面）

3.2.4.2 文本编辑器

在文本编辑器中右击，弹出对象查看菜单，如图3-30所示，菜单命令功能见表3-13。

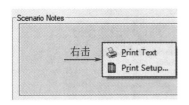

图3-30 文本编辑器对象查看菜单

表3-13 文本编辑器对象查看菜单命令功能

命令	功能
Print Text	打印文本（打印该文本编辑器中的内容）
Print Setup	打印设置

3.2.4.3　绘图区域

右击绘图区域空白处，弹出对象查看菜单，如图3-31所示，菜单命令功能见表3-14。

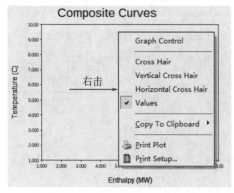

图3-31　绘图区域对象查看菜单

表3-14　绘图区域对象查看菜单命令功能

命令	功能
Graph Control	图形控件（打开图形控件窗口，可对数据线、坐标轴、标题、图形说明或绘图区域进行设置）
Cross Hair	十字线（在图形中，打开或关闭十字线）
Vertical Cross Hair	十字线的竖直线（在图形中，打开或关闭十字线的竖直线）
Horizontal Cross Hair	十字线的水平线（在图形中，打开或关闭十字线的水平线）
Values	数值（在图形中，打开或显示鼠标指针的坐标位置）
Copy To Clipboard	复制到剪贴板（将整个图形复制到剪贴板）
Print Plot	打印绘图
Print Setup	打印设置

3.2.4.4　栅格图

右击栅格图空白处，弹出对象查看菜单，如图3-32所示，菜单命令功能见表3-15。

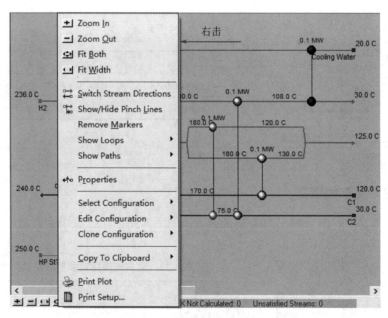

图3-32　栅格图对象查看菜单

表3-15 栅格图对象查看菜单命令功能

命令	功能	命令	功能
Zoom In	放大页面	Show Paths	显示路径
Zoom Out	缩小页面	Properties	属性（打开属性预置窗口）
Fit Both	适合长度和宽度（调整换热网络到绘图区域的长度和宽度）	Select Configuration	选择显示样式（选择属性预置）
Fit Width	适合宽度（调整换热网络到绘图区域的宽度）	Edit Configuration	编辑显示样式（编辑属性预置）
Switch Stream Directions	反转物流方向	Clone Configuration	复制显示样式（复制属性预置）
Show/Hide Pinch Lines	显示或隐藏夹点线	Copy To Clipboard	复制到剪贴板
Remove Markers	移除标记（移除未完全放置的换热器或分流器）	Print Plot	打印绘图
Show Loops	显示回路	Print Setup	打印设置

右击栅格图中的物流、换热器、分流器和分支物流，弹出对象查看菜单，如图3-33所示，菜单命令功能见表3-16。

　　(a) 物流　　　　　(b) 换热器　　　　(c) 分流器　　　(d) 分支物流

图3-33 栅格图各组成部分对象查看菜单

表3-16 栅格图各组成部分对象查看菜单命令功能

命令	功能
View	查看对象的具体信息
Delete	删除
Add Branch	添加分支物流
Delete Split	删除分流
Delete Branch	删除分支物流
Print Plot	打印绘图
Print Setup	打印设置

3.2.4.5　假设分析

　　在假设分析窗口，分别右击除导航窗格外的边缘空白处、概要级别（Summary）下的导航窗格、事件级别（Event）下的导航窗格和任务级别（Task）下的导航窗格，弹出如图3-34（a）～（d）所示的对象查看菜单，各对象查看菜单的命令功能见表3-17。

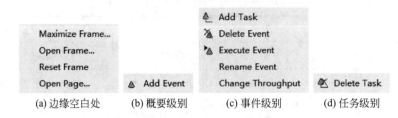

(a) 边缘空白处   (b) 概要级别   (c) 事件级别   (d) 任务级别

图3-34   假设分析窗口对象查看菜单

表3-17   假设分析窗口对象查看菜单命令功能

菜单	命令	功能
图3-34（a）	Maximize Frame	最大化框架（隐藏导航窗格[①]，使页面最大化）
	Open Frame	打开框架（以独立的窗口形式显示除导航窗格以外的页面）
	Reset Frame	重置框架（恢复默认的窗口样式）
	Open Page	打开页面（以独立的窗口形式显示当前选择的子页面）
图3-34（b）	Add Event	添加事件
图3-34（c）	Add Task	添加任务
	Delete Event	删除事件
	Execute Event	执行事件
	Rename Event	重命名事件
	Change Throughput	改变处理量
图3-34（d）	Delete Task	删除任务

① 显示导航窗格有两种方法：单击并拖动左侧双线边界；选择Reset Frame命令。

3.2.4.6　趋势分析

在趋势分析窗口，分别右击除导航窗格外的边缘空白处、概要级别下的导航窗格、研究级别（Study）下的导航窗格和任务级别下的导航窗格，弹出如图3-35（a）~（d）所示的对象查看菜单，各对象查看菜单的命令功能见表3-18。

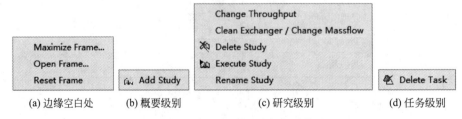

(a) 边缘空白处   (b) 概要级别   (c) 研究级别   (d) 任务级别

图3-35   趋势分析窗口对象查看菜单

表3-18 趋势分析窗口对象查看菜单命令功能

菜单	命令	功能
图3-35（a）	Maximize Frame	最大化框架（隐藏导航窗格①，使页面最大化）
	Open Frame	打开框架（以独立的窗口形式显示除导航窗格以外的页面）
	Reset Frame	重置框架（恢复默认的窗口样式）
图3-35（b）	Add Study	添加研究
图3-35（c）	Change Throughput	改变处理量
	Clean Exchanger / Change Massflow	清理换热器或改变质量流量
	Delete Study	删除研究
	Execute Study	执行研究
	Rename Study	重命名研究
图3-35（d）	Delete Task	删除任务

① 显示导航窗格有两种方法：单击并拖动左侧双线边界；选择Reset Frame命令。

3.2.4.7 HI Project导航窗格

在HI Project导航窗格，分别右击项目级别、方案级别和设计级别下的导航窗格，弹出如图3-36（a）~（c）所示的对象查看菜单，各对象查看菜单的命令说明见表3-19。

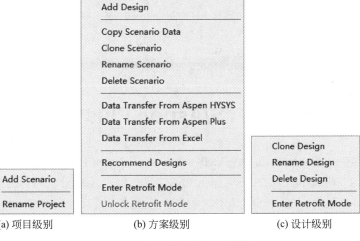

(a) 项目级别　　(b) 方案级别　　(c) 设计级别

图3-36 导航窗格对象查看菜单

表3-19 导航窗格对象查看菜单命令说明

菜单	命令	说明
图3-36（a）	Add Scenario	添加方案
	Rename Project	重命名项目
图3-36（b）	Add Design	添加设计
	Copy Scenario Data	复制方案数据（复制所选方案数据以覆盖其他方案数据）

续表

菜单	命令	说明
图3-36（b）	Clone Scenario	复制方案（复制所选方案数据以创建一个新方案）
	Delete Scenario	删除方案
	Rename Scenario	重命名方案
	Data Transfer From Aspen HYSYS	从 Aspen HYSYS 提取数据（详见3.3.1节）
	Data Transfer From Aspen Plus	从 Aspen Plus 提取数据（详见3.3.1节）
	Data Transfer From Excel	从 Excel 提取数据（详见3.3.2节）
	Recommend Designs	推荐设计（由 Aspen Energy Analyzer 自动生成设计）
	Enter Retrofit Mode	进入改造模式
	Unlock Retrofit Mode	解除改造模式
图3-36（c）	Clone Design	复制设计（复制所选设计数据以创建一个新设计）
	Rename Design	重命名设计
	Delete Design	删除设计
	Enter Retrofit Mode	进入改造模式

3.3 数据提取

正确的数据提取是 Aspen Energy Analyzer 进行能量目标计算和换热网络改造的先决条件，确保数据提取的准确性是进行能量分析的一项重要任务。

3.3.1 从 Aspen HYSYS/Aspen Plus 提取数据

V8.8版本之后的 Aspen Energy Analyzer 不能从 Aspen HYSYS/Aspen Plus 直接提取数据，只能在模拟软件 Aspen HYSYS/Aspen Plus 中通过激活能量分析将数据导入 Aspen Energy Analyzer。数据提取前，建议仔细核对流程图，以避免提取到 Aspen Energy Analyzer 的物流和换热器出现错误。

3.3.1.1 诊断数据提取过程

为方便用户查看，提取出现错误时，在激活能量分析面板上会显示警告图标⚠，如图3-37所示。单击警告图标⚠，错误信息将在换热器详细信息表中列出。

换热器详细信息表中，蓝色图标 表示换热器数据提取成功，并且提取的数据在 Aspen Energy Analyzer 中可用；黄色图标⚠表示换热器数据虽被提取，但在 Aspen Energy Analyzer 中不可用；红色图标 ⊗ 表示

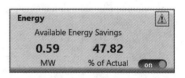

图3-37 能量分析面板

换热器数据未被提取。

3.3.1.2 能量分析先决条件

为成功地进行能量分析，流程模拟需要满足一些先决条件。

（1）流程模拟必须收敛且无错误

在Aspen Plus中，直至模拟运行完成且无错误，即运行状态为Results Available（可用结果）或Results Available with Warnings（带有警告的可用结果），才可启用能量分析面板。

在Aspen HYSYS中，也是直至模拟收敛才可启动能量分析面板。如果模拟收敛但能量分析面板仍处于禁用状态，用户应检查导航窗格以确保Not Solved或Under-Specified列表下无任何项目。在当前环境下选择Status（状态）可显示Not Solved和Under-Specified列表，如图3-38所示。

（2）不能使用多物流换热器

Aspen Energy Analyzer无法提取多物流换热器数据。执行换热网络设计和改造不能在含有多物流模块的流程上进行，所以在Aspen Plus中避免使用MHeatX模块，在Aspen HYSYS中避免使用LNG模块。

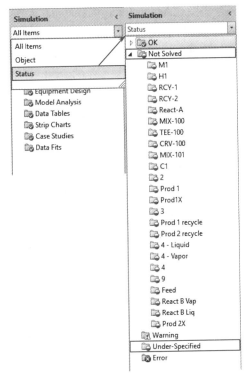

图3-38 查看Not Solved和Under-Specified列表

（3）不能提取含有固相的物流

目前Aspen Energy Analyzer无法从含有固相的物流中提取数据。

3.3.1.3 解决数据提取问题

（1）塔再沸器/冷凝器数据未被提取

如果塔模块进料含有窄沸程馏分，则Aspen Energy Analyzer可能不会提取塔再沸器或冷凝器的数据。这通常是由再沸器或冷凝器的温焓曲线为非单调性曲线引起的，解决此问题需在模拟中为再沸器或冷凝器创建HCurves（温焓曲线）。

在Aspen Plus中为再沸器或冷凝器创建HCurves，首先设置数据点数量，默认数量为10，由于存在相变，至少需要将再沸器或冷凝器的数据点数量增加至25。打开塔模块树形菜单，选择Configuration（配置），打开Condenser Hcurves（冷凝器温焓曲线）或Reboiler Hcurves（再沸器温焓曲线），创建HCurves并对数据点数量进行设置，整个设置过程如图3-39所示。

增加数据点数量后，运行模拟并确保模拟结果收敛且无错误，然后绘制HCurves并检查是否存在非单调行为。绘制HCurves步骤如图3-40所示，进入HCurves窗格的**Results**页面，单击Home功能区选项卡下**Custom**按钮，弹出**Custom**窗口，将X轴指定为Heat duty，Y轴指定为Temperature，单击**OK**按钮绘制HCurves。如果存在非单调行为，检查并调整塔压或再沸器配置以消除非单调行为。

（2）公用工程不能被优化

如果Aspen Plus和Aspen HYSYS中的公用工程使用物流建模，则Aspen Energy Analyzer无法区分该物流是公用工程物流还是工艺物流，并且提取的公用工程物流的加热/冷却需求保持不变，Aspen Energy Analyzer无法对公用工程流量进行优化。如图3-41所示，使用蒸汽将物流10从146℃加热至150℃，若蒸汽被模拟为Aspen Plus中的物流STM300_to_COND，则其将被作为工艺物流提取到Aspen Energy Analyzer，其热负荷也将被固定，无法进行优化。

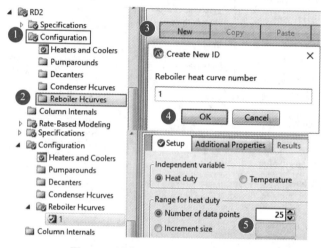

图3-39　创建HCurves并增加数据点

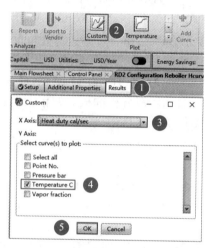

图3-40　绘制HCurves步骤

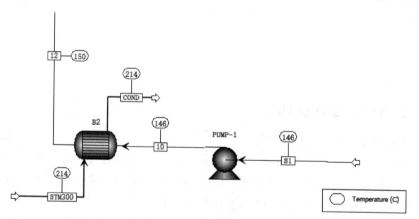

图3-41　设置蒸汽为工艺物流

解决公用工程无法被优化的方法为：在Aspen Plus中创建公用工程，并在相应模块中指定公用工程；在Aspen HYSYS的相关模块中为能流指定公用工程。以Aspen Plus为例，如图3-42所示，进入**Utilities**，添加公用工程，命名为STM300，将STM300指定为Heater或HeatX模块的公用工程。通过此方法，物流STM300将被提取作为Aspen Energy Analyzer中的公用工程，此时，其热负荷可被优化。

（3）非等温物流混合

非等温物流混合可能导致节能潜力降低，因此在能量分析前，需要检查流程中是否存在非等温物流的混合。如图3-43所示，120℃的物流A与70℃的物流B混合后加热至210℃，混

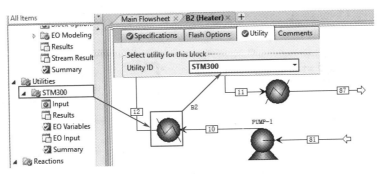

图3-42 设置蒸汽为公用工程物流

合温度为95℃，使用Aspen Energy Analyzer提取的物流温度为95℃至210℃。假设冷物流的夹点温度为110℃，则该非等温混合将导致物流跨越夹点传热从而增加公用工程热负荷，然而能量分析功能不能识别这种情况。为解决此问题，需要在模拟中使用加热器/换热器模块将每一物流加热至目标温度，然后再混合，如图3-44所示。

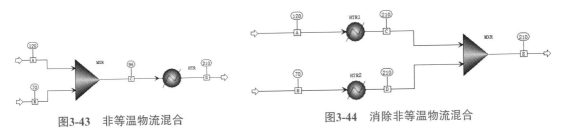

图3-43 非等温物流混合 图3-44 消除非等温物流混合

（4）相同名称的操作单元和物流无法提取

在Aspen HYSYS的主流程或子流程中，操作单元和物流可以使用相同的名称，如图3-45所示，但是Aspen Energy Analyzer不能对这种情况进行分辨处理，导致数据提取失败。因此，应避免操作单元和物流使用相同的名称，如图3-46所示。

图3-45 使用相同名称命名操作单元和物流 图3-46 消除相同名称

下面通过例3.1介绍从Aspen Plus提取数据至Aspen Energy Analyzer的应用。

例3.1 以本书配套文件Data Extraction.bkp为基础，激活Aspen Plus能量分析面板，并提取工艺流程数据至Aspen Energy Analyzer，解决以下问题：

（1）确定Aspen Plus中热公用工程的节能潜力及温室气体的减排潜力；

（2）确定Aspen Energy Analyzer中考虑禁止匹配时的热公用工程节能潜力。

本例模拟步骤如下：

（1）打开本书配套文件**Data Extraction.bkp**，工艺流程如图3-47所示。

模拟文件中没有添加任何公用工程，用户在进行公用工程分配前需单击导航窗格中的**Utilities**，添加所需的公用工程并运行模拟。为满足工艺需求，公用工程采用中压蒸汽、低压蒸汽和冷却水，公用工程的进出口温度采用Aspen Plus默认值，添加公用工程的步骤见图3-48。

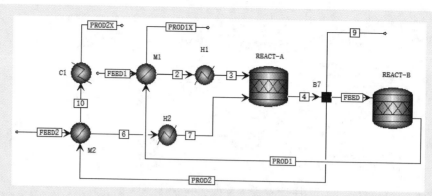

图3-47　数据提取工艺流程

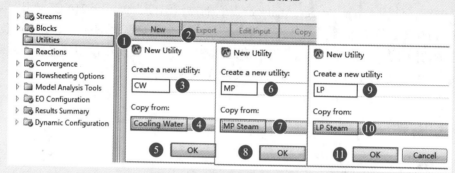

图3-48　添加公用工程

单击**Energy**控制面板，进入**Energy Analysis | Configuration**页面，在Process type下拉列表中选择Chemical，最小传热温差采用默认值10℃。设置Carbon Fee［$/kg］为0.04。在Utility Assignments（公用工程分配）表中，单击Utilities Type列的下三角按钮，为流程中的换热单元选择合适的公用工程类型。单击页面下方**Analyze Energy Savings**按钮，完成节能分析，如图3-49所示。

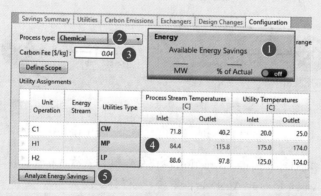

图3-49　选择合适的公用工程类型

在**Savings Summary**选项卡下查看热公用工程节能潜力为56.40%，温室气体减排潜力为56.41%，如图3-50所示。

进入Energy Analysis环境，单击Home功能区选项卡下的**Details**按钮，弹出**Energy Analysis**对话框，单击**Yes**按钮，将数据导入Aspen Energy Analyzer，如图3-51所示。Aspen Plus文件另存为Example3.1-Data Extraction.bkp，Aspen Energy Analyzer文件另存为

Example3.1-Data Extraction from Aspen Plus.hch。

在Aspen Energy Analyzer中，进入**Scenario 1 | Data | Process Streams**页面，查看提取的工艺物流数据，如图3-52所示。

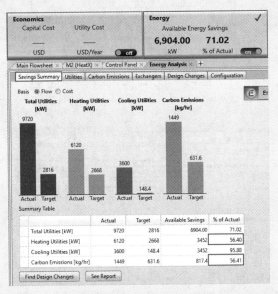

图3-50 查看节能和减排潜力

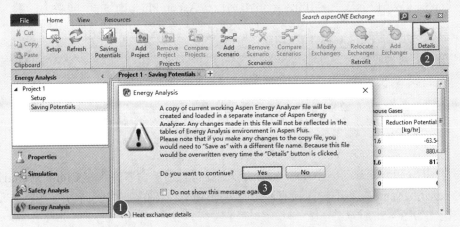

图3-51 导入数据至Aspen Energy Analyzer

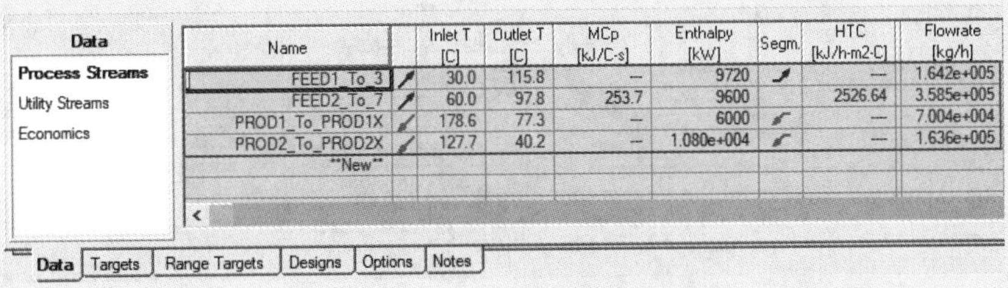

Data	Name	Inlet T [C]	Outlet T [C]	MCp [kJ/C-s]	Enthalpy [kW]	Segm.	HTC [kJ/h-m2-C]	Flowrate [kg/h]
Process Streams	FEED1_To_3	30.0	115.8	—	9720		—	1.642e+005
Utility Streams	FEED2_To_7	60.0	97.8	253.7	9600		2526.64	3.585e+005
Economics	PROD1_To_PROD1X	178.6	77.3	—	6000		—	7.004e+004
	PROD2_To_PROD2X	127.7	40.2	—	1.080e+004		—	1.636e+005
	New							

Data | Targets | Range Targets | Designs | Options | Notes

图3-52 提取的工艺物流数据

进入**Scenario 1 | Data | Utility Streams**页面，查看提取的公用工程数据，如图3-53所示。

进入**Targets | Summary**页面，查看能量目标，如图3-54所示，热公用工程需求为2668kW，冷公用工程需求为148.4kW。

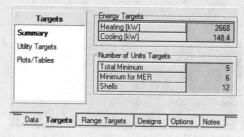

Data	Name	Inlet T [C]	Outlet T [C]	Cost Index [Cost/Btu]	Segm.	HTC [kJ/h-m2-C]	Target Load [kW]	Effective Cp [kJ/kg-C]
Process Streams	LP	125.0	124.0	2.003e-006		21600.00	2668	2192
Utility Streams	CW	20.00	25.00	2.235e-007		13500.00	148.4	4.175
Economics	MP	175.0	174.0	2.319e-006		21600.00	0.0000	2035
	<empty>							

| Data | Targets | Range Targets | Designs | Options | Notes |

图3-53　提取的公用工程数据

Targets

Energy Targets

Heating [kW]	2668
Cooling [kW]	148.4

Summary

Utility Targets

Plots/Tables

Number of Units Targets

Total Minimum	5
Minimum for MER	6
Shells	12

| Data | Targets | Range Targets | Designs | Options | Notes |

图3-54　能量目标

进入 **Scenario 1 | Designs** 页面，查看 Aspen Plus 模拟的冷热公用工程使用量和冷热公用工程目标，如图3-55所示。根据公用工程目标和模拟结果，可知热公用工程节能潜力为 $[（6120-2668）kW/6120kW]×100\%=56.41\%$，与 Aspen Plus 计算的节能潜力一致。

Design	Total Cost Index [Cost/s]	Area [m2]	Units	Shells	Cap. Cost Index [Cost]	Heating [kW]	Cooling [kW]	Op. Cost Index [Cost/s]
SimulationBaseCase	1.794e-002	1439	5	7	4.337e+005	6120	3600	1.351e-002
Targets	1.100e-002	2309	6	12	7.051e+005	2668	148.4	5.102e-003

图3-55　冷热公用工程使用量及目标

（2）右击 **Scenario 1**，执行 Clone Scenario（复制方案）命令，弹出 **Clone Scenario** 窗口，在 New Scenario Name 文本框输入新方案名称 Scenario 2，确保选中窗口中的所有选项，单击 **Clone** 按钮，如图3-56所示。

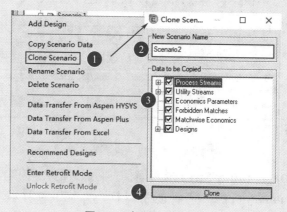

图3-56　复制Scenario 1

进入**Scenario 2 | Data | Process Streams**页面，单击窗口底部**Forbidden Matches**按钮，如图3-57所示。Forbidden Matches窗口如图3-58所示，热物流名称显示在网格顶部，冷物流名称显示在网格左侧。当前设计中，FEED1_To_3和PROD1_To_PROD1X之间以及FEED2_To_7和PROD2_To_PROD2X之间存在换热器，且本例只考虑这两台换热器，因此需要禁止其他物流间的匹配。

单击FEED1_To_3和PROD2_To_PROD2X之间以及FEED2_To_7和PROD1_To_PROD1X之间的图标，图标由 ✦ 变为 ❋，从而从目标计算中排除这两个匹配项，Forbidden Matches窗口如图3-59所示。

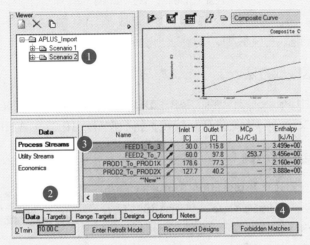

图3-57 进入Forbidden Matches窗口

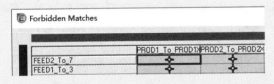

图3-58 Forbidden Matches窗口

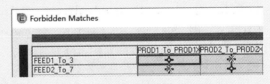

图3-59 设置Forbidden Matches

进入**Scenario 2 | Targets | Summary**页面，查看能量目标，如图3-60所示。由于设置了禁止匹配，热回收减少，与本例问题（1）相比能量目标增加。但与原始模拟的能量目标比较，禁止匹配后仍有［（6120－5918）kW/6120kW］×100%＝3.30%的节能潜力。

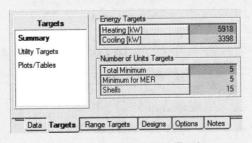

图3-60 禁止匹配下的能量目标

3.3.2 从Excel提取数据

📄 crude_preheat_train-Streams.xls
📄 Crude_Unit_B-HX-Net-Streams.xls
📄 crude-Streams.xls
📄 HEN_Transfer_Template.xls
📄 Stream_Data_Transfer_Template.xls

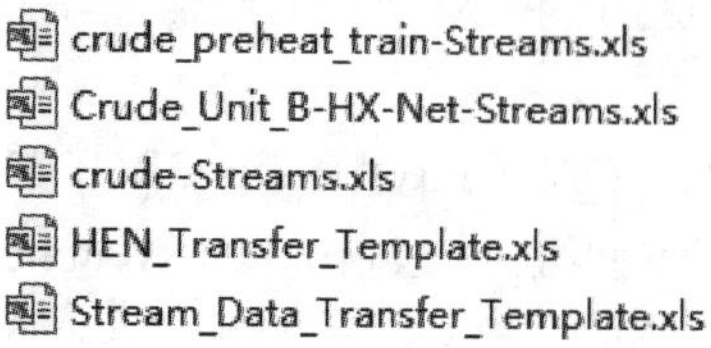

图3-61 用于数据提取的Excel模板

用户使用Excel模板，可将物流数据、含分流器和公用工程换热器的完整换热网络导入Aspen Energy Analyzer。用于数据提取的Excel空白模板和几种含有完整数据示例的模板位于默认安装目录"C:\Program Files（x86）\AspenTech\Aspen Energy Analyzer V9.0\Samples\Excel Test Cases"下，如图3-61所示，其中空白模板"HEN_Transfer_Template.xls"用于提取换热器和物流数据，空白模板"Stream_Data_Transfer_Template.xls"仅用于提取物流数据，其余三个模板为含有完整数据的示例。

3.3.2.1 数据提取方法

打开HI Case或HI Project操作界面，单击**Data Transfer from Excel**（从Excel提取数据）按钮▦，选择Excel文件，单击"打开"按钮，将数据导入HI Case或HI Project中。

3.3.2.2 数据提取示例

在工具栏中，单击**Heat Integration Manager**（热集成管理器）按钮▦，选择HI Case，单击**Add**按钮，选择Case 1，单击**View**按钮，进入HI Case设计模式页面，如图3-62所示。单击▦按钮，选择Excel文件crude_preheat_train-Streams.xls，单击"打开"按钮，将数据导入Aspen Energy Analyzer，如图3-63所示。Excel文件内部数据如图3-64所示，导入Aspen Energy Analyzer的工艺物流数据如图3-65所示。

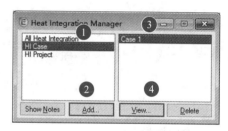

图3-62 创建热集成案例

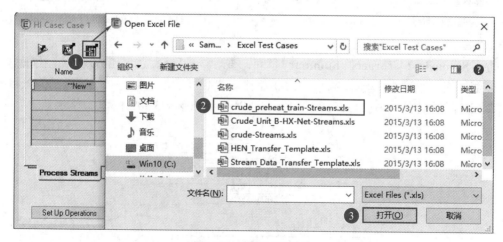

图3-63 选择Excel文件

	A	B	C	D	E	F	G	H	I	J	K	L
1	Name	Segment	Inlet T	Outlet T	MCp	Enthalpy		HTC		Flowrate	Effective Cp	DT Cont.
2	Units		C	C	kJ/C-h	kJ/h		kJ/h-m2-C		kg/h	kJ/kg-C	C
3	PA_3_Draw_To_PA_3_Return@COL1		319.414	244.0858	4.90E+05	8825765.82		4653.094322		155064.2401	3.161353656	Global
4	WasteH2O_To_Cooled WasteH2O		73.2393	40	2.46E+04	1.96E+05		18832.48348		5695.23876	4.327993866	Global
5	lowtemp crude_To_Preheat Crude		30	108.12	1.20E+06	9.38E+07		1857.908226		518989.2411		Global
6			108.12	211.29	1.37E+06	1.42E+08		2356.033291		518989.2411		Global
7			211.29	232.2222	1.73E+06	3.63E+07		2212.025559		518989.2411		Global
8	Residue_To_Cooled Residue		347.284	202.67	7.82E+05	1.13E+08		3209.809449		251224.0158		Global
9			202.67	45	6.46E+05	1.02E+08		2277.917983		251224.0158		Global
10	PA_2_Draw_To_PA_2_Return@COL1		263.506	180.1524	4.43E+05	8.83E+06		4893.521039		151221.2464	2.929586479	Global
11	PreFlashLiq_To_HotCrude		232.233	343.3333	1.76E+06	4.67E+07		2835.157555		496383.6207	3.540446733	Global
12	AGO_To_Cooled AGO		297.354	203.18	7.92E+04	7.46E+06		4673.978306		26032.54797		Global
13			203.18	110	7.00E+04	6.52E+06		3952.258608		26032.54797		Global
14	Diesel_To_Cooled Diesel		248.018	147.3	2.44E+05	2.46E+07		4834.936057		86139.5088		Global
15			147.3	50	2.10E+05	2.05E+07		3799.961916		86139.5088		Global
16	Naphtha_To_Cooled Naphtha		73.2393	40	2.08E+05	1.65E+06		4605.072755		91809.87258	2.262122475	Global
17	Kerosene_To_Cooled Kerosene		231.766	175.97	1.83E+05	1.02E+07		5022.832254		63985.11002		Global
18			175.97	120	1.67E+05	9.33E+06		4845.617418		63985.11002		Global
19	PA_1_Draw_To_PA_1_Return@COL1		167.06	116.06	6.21E+05	3.17E+07		4995.104431		239147.7234		Global
20			116.06	69.55313	5.67E+05	2.64E+07		4880.266628		239147.7234		Global
21	To Condenser@COL1_TO_OffGas@COL1		146.666	126.64	8.13E+05	1.63E+07		1806.955007			6.073999247	Global
22			126.64	99.94	6.35E+05	1.69E+07		3372.936193			4.744707936	Global
23			99.94	74.6	1.27E+06	3.21E+07		6878.016624			9.463938552	Global
24			74.6	73.23927	3.29E+05	4.48E+05		5467.769687			2.461857146	Global
25	KeroSS_ToReb@COL1_TO_Kerosene@COL1		226.157	228.71	1.27E+06	3.23E+06		11970.50209		96871.09754		Global
26			228.71	231.766	1.53E+06	4.68E+06		11075.50077		96871.09754		Global
27	TrimDuty@COL1		345.591	351.5295	5.62E+06	7.98E+06		3918.714774		1665800.284	3.375279118	Global

crude_preheat_train

图3-64　Excel文件内部数据

Name	Inlet T [C]	Outlet T [C]	MCp [kJ/C-s]	Enthalpy [kJ/h]	Segm.	HTC [kJ/s-m2-C]	Flowrate [kg/h]	Effective Cp [kJ/kg-C]	DT Cont. [C]
PA_3_Draw_To_PA_3_Return@COL1	319.4	244.1	32.55	8.826e+006		1.3	1.551e+00!	0.7556	Global
WasteH2O_To_Cooled WasteH2O	73.2	40.0	1.636	1.958e+005		5.2	5695	1.034	Global
lowtemp crude_To_Preheat Crude	30.0	232.2	—	2.717e+008		—	5.190e+00!	—	Global
Residue_To_Cooled Residue	347.3	45.0	—	2.150e+008		—	2.512e+00!	—	Global
PA_2_Draw_To_PA_2_Return@COL1	263.5	180.2	29.41	8.826e+006		1.4	1.512e+00!	0.7002	Global
PreFlashLiq_To_HotCrude	232.2	343.3	116.7	4.667e+007		0.8	4.964e+00!	0.8462	Global
AGO_To_Cooled AGO	297.4	110.0	—	1.398e+007		—	2.603e+00!	—	Global
Diesel_To_Cooled Diesel	248.0	50.0	—	4.503e+007		—	8.614e+00!	—	Global
Naphtha_To_Cooled Naphtha	73.2	40.0	13.79	1.650e+006		1.3	9.181e+00!	0.5407	Global
Kerosene_To_Cooled Kerosene	231.8	120.0	—	1.952e+007		—	6.399e+00!	—	Global
PA_1_Draw_To_PA_1_Return@COL1	167.1	69.6	—	5.803e+007		—	2.391e+00!	—	Global

图3-65　导入Aspen Energy Analyzer的工艺物流数据

3.4　换热网络设计目标

3.4.1　组合曲线

　　工艺过程中的所有冷热物流都可以在组合曲线（Composite Curves，CCs）中表示，关于组合曲线的详细介绍见2.1.2节，本节仅介绍组合曲线在Aspen Energy Analyzer中的应用。Aspen Energy Analyzer中冷热组合曲线显示在同一图中，当改变 $\Delta T_{\min}$ 时，组合曲线可自动移动，以便正确显示指定的 $\Delta T_{\min}$。

　　通过Aspen Energy Analyzer可以生成以下几种组合曲线：位移组合曲线（Shifted Composite Curves，SCCs）、平衡组合曲线（Balanced Composite Curves，BCCs）、位移平衡组合曲线（Shifted Balanced Composite Curves，SBCCs）和总组合曲线（Grand Composite Curve，GCC）。SBCCs是平衡组合曲线和位移组合曲线的组合，SCCs、BCCs和GCC的详细介绍见本书第2章。

　　下面通过例3.2介绍组合曲线的生成。

过程工业能量系统优化 ——换热网络与蒸汽动力系统

例3.2 某工艺流程含有四股物流，物流数据见表3-20，ΔT_{min}取10℃，使用Aspen Energy Analyzer生成该工艺流程的组合曲线。

本例模拟步骤如下：

（1）新建模拟

启动Aspen Energy Analyzer，新建模拟，文件保存为Example3.2- Composite Curves.hch。

（2）选择单位集

进入 **Tools | Preferences | Session Preferences | Variables | Units** 页面，在Available Units Sets选项区域选择SI，单击Clone按钮，创建新的单位集New User，如图3-66所示。

表3-20 某工艺流程物流数据[6]

物流编号	T_i/℃	T_o/℃	ΔH/MW
H1	180	80	0.100
H2	130	40	0.180
C1	60	100	0.160
C2	30	120	0.162

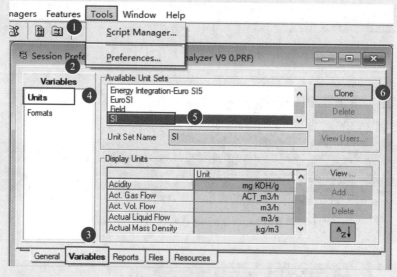

图3-66 创建自定义单位集

进入Display Units选项区域，将Energy单位更改为MW，Cost Index per Time单位更改为Cost/year，UA单位更改为kJ/（℃·s），如图3-67所示。

注：在Aspen Energy Analyzer中，Mc_p未列在变量列表中，但UA与Mc_p单位一致，因此这里更改UA的单位。

（3）添加新案例

在菜单栏选择Features，执行HI Case命令以添加热集成案例，如图3-68所示。

（4）输入数据

将表3-20的物流数据输入到Process Streams选项卡下的表格中。输入时，用户可以指定热容流率或焓（Enthalpy），本例指定焓。物流数据输入完成后如图3-69所示，蓝色字体表示用户指定值或软件默认值，可修改；黑色字体表示软件计算值，不能修改。

（5）生成组合曲线

输入物流数据后，单击**Open Targets View**（打开目标视图）按钮，弹出**HI Case：Case 1 Targets**窗口，进入**Plots/Tables**页面，在右上角的下拉列表框选择Composite Curve，查看生成的组合曲线，单击图形下方**View StandAlone Plot**按钮，可在单独窗口显示组合曲线，如图3-70所示。

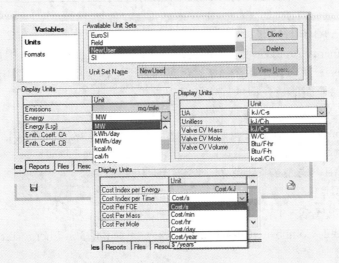

图3-67 更改单位

图3-68 添加热集成案例

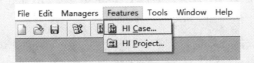

图3-69 输入物流数据

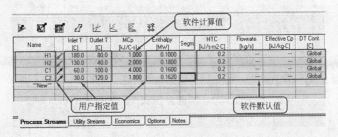

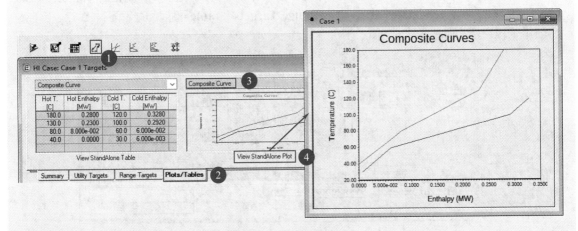

图3-70 生成组合曲线

3.4.2 能量目标

通过3.4.1节生成的组合曲线，用户可以确定冷热公用工程目标，如2.3.1节所述。此外，还可使用Aspen Energy Analyzer更改ΔT_{min}，从而确定ΔT_{min}对系统公用工程目标的影响。Aspen Energy Analyzer可以显示每个ΔT_{min}对应的公用工程目标，以方便用户读取目标值。

下面通过例3.3介绍能量目标的确定及应用。

例3.3 以例3.2为基础，在Aspen Energy Analyzer中完成以下问题：

（1）确定能量目标；

（2）确定能量目标与ΔT_{min}的关系。

本例模拟步骤如下：

（1）打开本书配套文件

打开Example3.2- Composite Curves.hch，另存为Example3.3- Energy Targets.hch。

（2）设置ΔT_{min}=10℃

进入**HI Case：Case 1 Targets | Summary**页面，查看能量目标和夹点温度，如图3-71所示，ΔT_{min}取10℃时，冷热公用工程目标分别为6.000×10^{-3} MW和4.800×10^{-2} MW，冷热工艺物流的夹点温度分别是60.0℃和70.0℃。

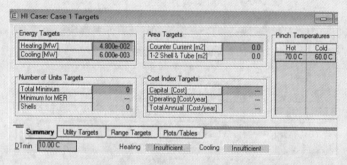

图3-71 能量目标和夹点温度

（3）调整ΔT_{min}

进入**HI Case：Case 1 Targets | Range Targets | Plots**页面，从X Axis（X轴）下拉列表框选择Delta Tmin，从Y Left Axis（左侧Y轴）下拉列表框选择Hot Utility Target或Cold Utility Target，单击**Calculate**按钮，进入**Range Targets | Table**页面，查看不同ΔT_{min}下的冷热公用工程目标，如图3-72所示。

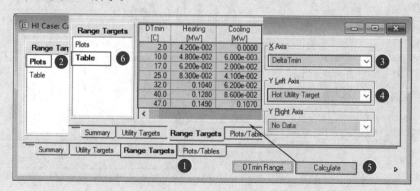

图3-72 查看不同ΔT_{min}下冷热公用工程目标

从图3-72可以看出，ΔT_{min}越小，所需公用工程越少，但并不是ΔT_{min}越小越好。较小的ΔT_{min}可以节省操作费用，但设备投资高；较大的ΔT_{min}操作费用高，但设备投资低。因此应综合权衡操作费用和设备费用，选取合适的ΔT_{min}。

3.4.3 经济目标

换热网络费用计算分为三种：投资费用、操作费用和年总费用。

投资费用为购买和安装设备的费用，换热网络投资费用的详细介绍见2.3.4.2小节。Aspen Energy Analyzer提供两种设备的投资费用计算公式：加热炉投资费用计算见式（2-9）；管壳式换热器投资费用计算见式（2-10）。

操作费用计算详见2.3.4.1小节。

换热网络年总费用为投资费用与操作费用之和，年总费用计算见式（3-7）。

$$TAC=OC+CC\left[(1+r)^{t}/t\right] \tag{3-7}$$

式中，TAC为年总费用，元/a；CC为投资费用，元；OC为操作费用，元/a；r为投资回报率；t为设备寿命或设备运行周期，a。

Aspen Energy Analyzer给出了式（2-9）和式（2-10）中投资费用系数a、b、c的默认值，但为了精确计算，必须使用合适的系数，并针对不同类型的换热单元使用不同的系数集。不同系数集之间的差异可能表现在TEMA类型、结构材料、压力/温度水平等方面。用户可以在Aspen Plus/Aspen HYSYS模拟中使用EDR（Aspen Exchanger Design & Rating）的Shell&Tube程序快速设计换热器，然后将设计结果转移到EDR的Shell&Tube Mechanical程序中获得投资费用，并使用Aspen Energy Analyzer的投资费用公式回归式（2-10）中的系数。

下面通过例3.4介绍操作费用目标的确定。

例3.4 以例3.3为基础，在Aspen Energy Analyzer中选择合适的公用工程并确定操作费用目标与ΔT_{min}的关系。

本例模拟步骤如下：

（1）打开本书配套文件

打开Example3.3- Energy Targets.hch，另存为Example3.4-Operating Cost Targets.hch。

（2）添加公用工程

确定工艺操作费用目标之前，必须在Aspen Energy Analyzer中输入公用工程信息。此工艺采用冷却水（Cooling Water）和中压蒸汽（MP Steam）。

单击**Utility Streams**选项卡，如图3-73所示，在Name列的下拉列表中选择Cooling Water，公用工程数据采用软件默认值，采用同样的方式添加MP Steam。

单击**Options**选项卡，然后单击**Utility Database**（公用工程数据库）按钮，弹出**Utility Database**窗口，如图3-74所示，用户可在此页面修改公用工程或在表底部单元格添加新的公用工程，这里不做修改。

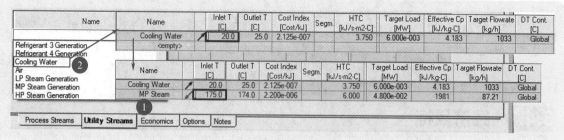

Name	Name	Inlet T [C]	Outlet T [C]	Cost Index [Cost/kJ]	Segm.	HTC [kJ/s-m2-C]	Target Load [MW]	Effective Cp [kJ/kg-C]	Target Flowrate [kg/h]	DT Cont. [C]
	Cooling Water	20.0	25.0	2.125e-007		3.750	6.000e-003	4.183	1033	Global
	<empty>									

Refrigerant 3 Generation
Refrigerant 4 Generation
Cooling Water
Air
LP Steam Generation
MP Steam Generation
HP Steam Generation

Name	Inlet T [C]	Outlet T [C]	Cost Index [Cost/kJ]	Segm.	HTC [kJ/s-m2-C]	Target Load [MW]	Effective Cp [kJ/kg-C]	Target Flowrate [kg/h]	DT Cont. [C]
Cooling Water	20.0	25.0	2.125e-007		3.750	6.000e-003	4.183	1033	Global
MP Steam	175.0	174.0	2.200e-006		6.000	4.800e-002	1981	87.21	Global

Process Streams | Utility Streams | Economics | Options | Notes

图3-73   添加公用工程

注：在Aspen Energy Analyzer中，物流进出口温度不能相同，因此为蒸汽指定一个小的温度降，以便Aspen Energy Analyzer能够识别出其是热公用工程。

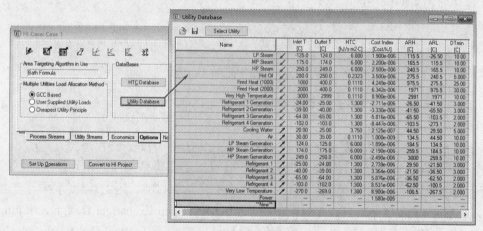

图3-74   公用工程数据库窗口

（3）确定操作费用目标与 ΔT_{min} 关系

进入**HI Case：Case 1 Targets | Range Targets**页面，从Y Left Axis下拉列表中选择Operating Cost Index Target（操作费用目标），单击**DTmin Range**按钮，输入Lower DTmin（最小传热温差下限）为2，Upper DTmin（最小传热温差上限）为25，Step Size（步长）为2，单击**Calculate**按钮，如图3-75所示。生成的Operating Cost Index Target与 ΔT_{min} 关系图如图3-76所示。

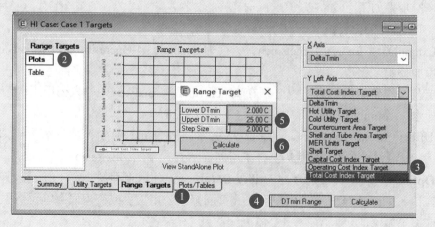

图3-75   选择操作费用目标

图3-76　操作费用目标与$\Delta T_{\min}$关系图

例3.4仅考虑了操作费用目标，接下来将在例3.5中同时考虑操作费用目标和投资费用目标，并查看年总费用目标，最后生成年总费用目标与$\Delta T_{\min}$关系图。用户通过Aspen Energy Analyzer能够快速比较不同$\Delta T_{\min}$对应的年总费用，从而确定出最佳$\Delta T_{\min}$。

例3.5　以例3.4为基础，在Aspen Energy Analyzer中确定工艺的投资费用目标和年总费用目标。换热器投资费用方程为$\left[50000+5000\left(A_{\text{network}}/U\right)^{0.8}\right]U$，投资回报率为9%，设备寿命为10年。

本例模拟步骤如下：

（1）打开本书配套文件

打开Example3.4-Operating Cost Targets.hch，另存为Example3.5 -Capital Cost Targets.hch。

（2）更改投资费用方程参数

单击**Economics**选项卡，根据题目规定更改默认的费用方程参数，如图3-77所示，a=50000，b=5000，c=0.800，Rate of Return（%）=9，Plant Life（years）=10。

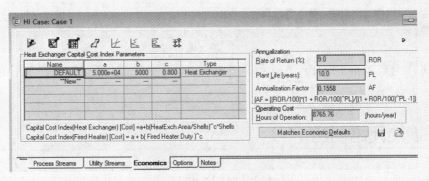

图3-77　更改投资费用方程参数

（3）查看费用目标

进入**HI Case：Case 1 Targets | Summary**页面，查看当前投资费用目标为7.714×10^{5} Cost，操作费用目标为3373 Cost/year，年总费用目标为1.237×10^{5} Cost/year，如图3-78所示。

（4）查看年总费用目标与$\Delta T_{\min}$关系图

进入**Range Targets | Plots**页面，从Y Left Axis下拉列表框选择Total Cost Index Target，

查看年总费用目标与 ΔT_{min} 关系图，如图3-79所示，最小年总费用目标对应的 ΔT_{min} （即 Delta Tmin）是20℃。

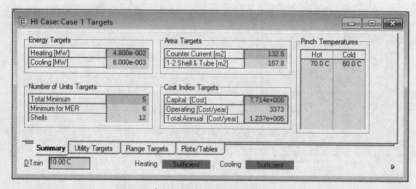

图3-78　费用目标

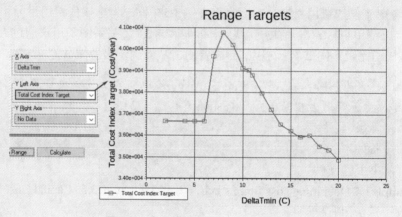

图3-79　年总费用目标与 ΔT_{min} 关系图

3.5　换热网络设计

本节将介绍在Aspen Energy Analyzer中如何设计换热网络以满足3.4节介绍的换热网络设计目标。

3.5.1　换热网络创建

使用流程图表示法处理换热网络问题如图3-80所示，该方法烦琐且难以识别夹点温度，因此通常借助栅格图，栅格图是流程图的简便表示方式。

在Aspen Energy Analyzer中栅格图的主要特征包括：

① 热物流在顶部从左向右温度降低，冷物流在底部从右向左温度升高。

② 仅表示传热过程，无反应器、分离器、过滤器等。

③ 过程换热器由直线连接的两个灰色圆圈 表示。

④ 热公用工程换热器（加热器）由直线连接的两个红色圆圈 ● 表示。

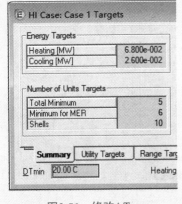

图3-80 换热网络流程图

⑤ 冷公用工程换热器（冷却器）由直线连接的两个蓝色圆圈●表示。

与传统换热网络流程图相比，栅格图具有两个突出的优点：

① 如果设计发生变化，流程图表示法通常需要重新绘制网络，而栅格图不需要。

② 栅格图适用于基于夹点的设计，能够识别出跨越夹点的传热，并且清楚地显示热源和热阱区域。

下面通过例3.6介绍换热网络的创建。

例3.6 以例3.5为基础，为工艺流程创建换热网络。

本例模拟步骤如下：

（1）打开本书配套文件

打开Example3.5-Capital Cost Targets.hch，另存为Example3.6- Creating the HEN.hch。

（2）更改 ΔT_{min}

进入**HI Case : Case 1 Targets | Summary**页面，将 ΔT_{min}（即DTmin）修改为20℃，即最小年总费用目标对应的 ΔT_{min}，如图3-81所示。

（3）创建换热网络

单击**Open HEN Grid Diagram**（打开换热网络栅格图）按钮⚏。默认情况下，栅格图不显示换热器名称，需单击右上角的**Open HEN Diagram Properties View**按钮，在弹出的**Property Presets**窗口选择Preset 4 :（Temperature），单击**Edit**按钮，选择Annotations选项卡，从Top下拉列表框选择Name以显示换热器名称，如图3-82所示。

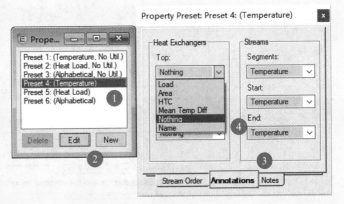

图3-81 修改ΔT_{min} 图3-82 设置显示换热器名称

① 添加换热器 在物流H1与冷却水物流（Cooling Water）间、物流H2与冷却水物流（Cooling Water）间、物流C1与中压蒸汽物流（MP Steam）间、物流C2与中压蒸汽物流（MP Steam）间添加四台换热器。添加换热器后换热网络栅格图如图3-83所示。

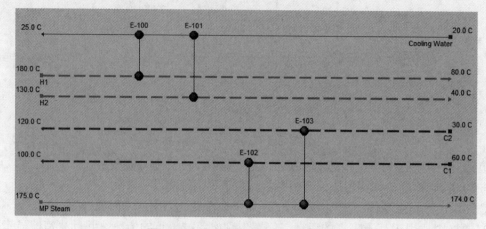

图3-83 添加换热器后换热网络栅格图

由于未指定换热器进出口温度，目前换热网络未完成匹配。在Aspen Energy Analyzer中，指定物流进出口温度与指定换热器进出口温度不同，如图3-84所示，换热器热端进出口温度分别为120.0℃和40.00℃，热物流进出口温度分别为150.0℃和35.00℃。

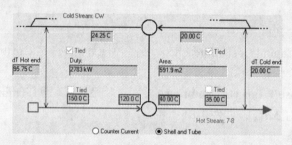

图3-84 区分换热器温度与物流温度

以E-103为例输入换热器信息。双击换热器E-103任意一端，弹出换热器信息输入窗口，选择E-103冷物流侧的Tied复选框，关联换热器冷端进出口温度与冷物流进出口温度，状态栏由黄色变为绿色，换热器信息输入完成，如图3-85所示。

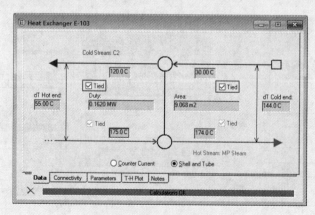

图3-85 设置换热器E-103

以同样的方法选择E-100、E-101热物流两侧的Tied复选框和E-102冷物流两侧的Tied复选框。此时所有物流都变成实线，换热网络匹配完成，如图3-86所示。

从图3-86中可见换热器在公用工程物流上串联。实际上，公用工程物流很可能并行通过换热器，因此可以添加分流来模拟实际情况。

② 添加分流　为冷公用工程Cooling Water添加分流，并使E-100和E-101分别位于两分支上，如图3-87所示。

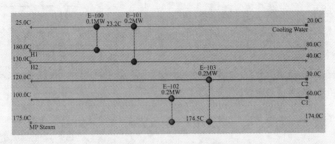

图3-86　完成换热网络匹配

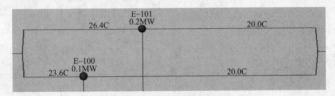

图3-87　添加冷却水分流

双击任意一个分流节点，修改分流分率，直至E-100和E-101的Cooling Water物流出口温度相等，此时分流分率的设置如图3-88所示。

注：Aspen Energy Analyzer默认两分支的分流分率相等，均为0.500。

重复以上步骤为热公用工程MP Steam添加分流，分流分率设置如图3-89所示。

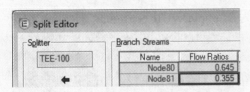

图3-88　设置Cooling Water两分支分流分率

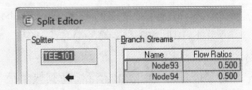

图3-89　设置MP Steam两分支分流分率

查看栅格图，如图3-90所示，换热网络创建完成。

在Aspen Energy Analyzer中，用户可以指定或更改换热器的温度、热负荷或面积，以模拟不同情况下的换热网络。

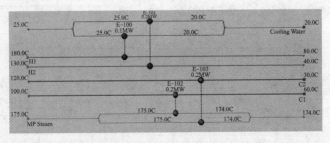

图3-90　添加分流后的换热网络栅格图

程序源文件

例3.7 工艺物流数据见表3-21，初始换热网络栅格图如图3-91所示，使用Aspen Energy Analyzer模拟下述工况：

（1）假设E-101停止运行，其他换热器热负荷保持不变，确定物流C2的出口温度。

（2）在（1）基础上，若使物流C2出口温度恢复至230℃，确定E-100所需热负荷。

（3）在换热网络可行的前提下，确定E-103所在分支的最小分流分率，以及该分流分率对E-103面积的影响。

（4）当E-103所在分支的分流分率达到最小时，若E-103的换热面积与旁路完全关闭时相同，确定E-103的热负荷。

表3-21 工艺物流数据[7]

物流编号	T_i/℃	T_o/℃	ΔH/kW
H1	250	80	315
H2	200	80	300
C1	20	180	320
C2	140	230	270

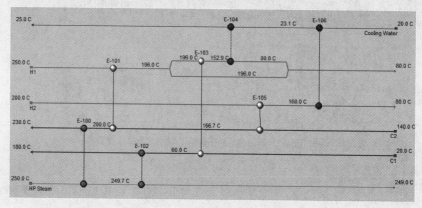

图3-91 初始换热网络栅格图

本例模拟步骤如下：

（1）模拟工况一

打开本书配套文件HEN Simulation.hch，另存为Example3.7-HEN Simulation-1.hch。

双击E-101，如图3-92所示，E-101热负荷被指定为100kW，其他参数均由软件计算得出。

为了模拟E-101停止运行，将其热负荷设置为0kW，其他参数不变，如图3-93所示。

此时，换热网络栅格图热量不平衡，如图3-94中虚线所示。将鼠标指针悬停在虚线上，可以看出当前位置物流C2的温度为196.7℃。

（2）模拟工况二

将Example3.7-HEN Simulation-1.hch另存为Example3.7-HEN Simulation-2.hch。

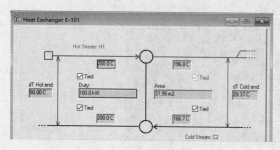

图3-92 E-101初始信息

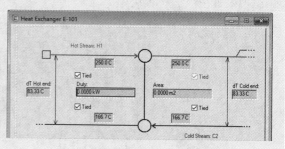

图3-93 更改E-101热负荷

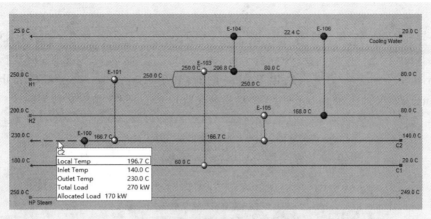

图3-94　热量不平衡的换热网络栅格图

若使物流C2出口温度恢复至230℃，需删除E-100指定的90kW热负荷，并按图3-95所示选择冷物流出口温度Tied复选框。最终可得E-100所需热负荷为190.0kW。

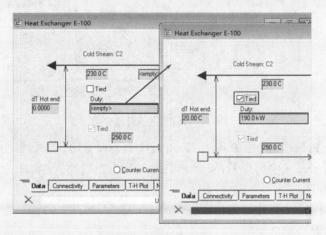

图3-95　设置换热器E-100

换热网络栅格图热量达到平衡，如图3-96所示。

（3）模拟工况三

保存Example3.7-HEN Simulation-2.hch，重新打开HEN Simulation.hch，另存为Example 3.7-HEN Simulation-3.hch。

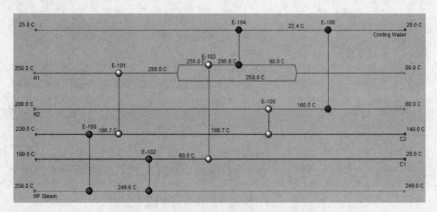

图3-96　热量平衡后的换热网络栅格图

在调节分流分率前，需确保分流分率在栅格图中可见。单击**Open HEN Diagram Properties View**按钮 ，单击**New**按钮，在Name文本框输入Split Ratio，按**Enter**键，Split Ratio出现在列表中。进入**Split Ratio | Edit | Property Preset：Split Ratio**页面，单击**Annotations**选项卡，在Segments下拉列表框选择Split Fraction，如图3-97所示。

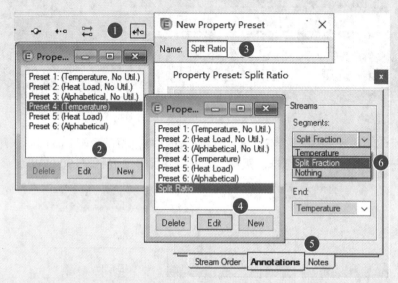

图3-97　设置显示分流分率

关闭**Property Preset：Split Ratio**和**Property Preset**窗口，设置的分流分率显示在栅格图中，如图3-98所示，从中可以看出，当前E-103所在的H1分支和H1另一个分支的分流分率分别为1.00和0.00。

双击换热器E-103，查看E-103换热面积为$6.048m^2$，如图3-99所示。

双击分流器的混合或分流节点，减小E-103所在分支的分流分率，直到栅格图中任意一台换热器变为黄色，这意味着换热网络结构不可行。本例换热网络结构可行时，E-103所在分支的最小分流分率为0.661，如图3-100所示。

该分流分率下E-103的换热面积为$6.706m^2$，如图3-101所示。

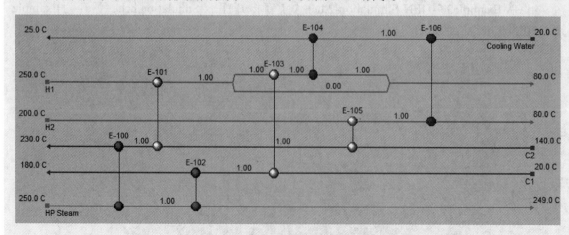

图3-98　显示分流分率的栅格图

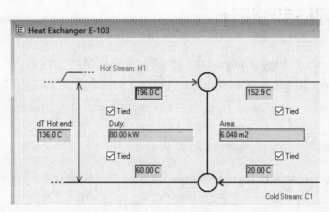

图3-99　E-103初始换热面积

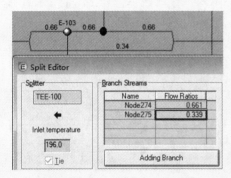

图3-100　结构可行时E-103所在分支的最小分流分率

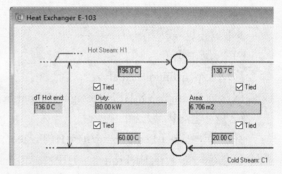

图3-101　更改分流分率后E-103的换热面积

（4）模拟工况四

将Example3.7-HEN Simulation-3.hch另存为Example3.7-HEN Simulation-4.hch。

删除E-103中指定的80kW热负荷，删除热负荷可在系统中创造一定程度的自由度。在E-103的Area文本框输入6.048m^2，如图3-102所示，此时可观察到计算出的热负荷是74.67kW。

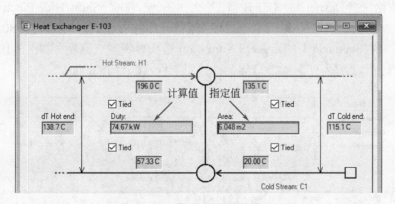

图3-102　指定E-103换热面积

3.5.2　换热网络手动设计

本节将介绍 Aspen Energy Analyzer 中如何进行换热网络手动设计，以满足其最小能量需求（Minimum Energy Requirement，MER）。首先导入或输入工艺物流数据；其次选择公用工程物流，指定 $\Delta T_{\min}$；最后遵循夹点设计方法在栅格图中进行物流匹配，具体设计方法见2.7.1 节。

下面通过例 3.8 详细介绍换热网络的手动设计。

程序源文件

例 3.8　根据夹点设计方法在 Aspen Energy Analyzer 中手动设计换热网络。工艺物流数据见表 3-22，公用工程采用冷却水和高压蒸汽，经济参数使用 Aspen Energy Analyzer 默认值，$\Delta T_{\min}$ 取 10℃。

本例模拟步骤如下：

（1）新建模拟

启动 Aspen Energy Analyzer，新建模拟，文件保存为 Example3.8-HEN Design-Manual.hch。

（2）创建热集成项目

在菜单栏选择 Features，执行 HI Project 命令，创建一个新的 HI Project：HIP1，如图 3-103 所示。

表 3-22　工艺物流数据

物流编号	T_i/℃	T_o/℃	Mc_p/（kW/℃）	ΔH/kW
H1	180	125	4.0	220
H2	236	30	1.0	206
C1	120	240	2.0	240
C2	30	150	1.6	192

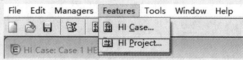

图 3-103　创建热集成项目

（3）输入数据

进入 **Data | Process Streams** 页面，输入 $\Delta T_{\min}$ 和表 3-22 中的物流数据，如图 3-104 所示。进入 **Data | Utility Streams** 页面，添加公用工程 HP Steam 和 Cooling Water，数据采用 Aspen Energy Analyzer 默认值，如图 3-105 所示。

（4）查看夹点温度

在导航窗格选择 Design 1，右击栅格图的空白区域，执行 Show/Hide Pinch Lines（显示/隐藏夹点线）命令，如图 3-106 所示，显示夹点线以及夹点温度（热物流 180.0℃，冷物流 170.0℃）。也可在 **Scenario 1 | Targets | Summary** 页面查看夹点温度，如图 3-107 所示，从中还可以看出热公用工程目标为 84.00 kW，冷公用工程目标为 78.00 kW。

Data	Name		Inlet T [C]	Outlet T [C]	MCp [kJ/C-s]	Enthalpy [kW]	Segm.	HTC [kJ/s-m2-C]
Process Streams	H1		180.0	125.0	4.000	220.0		0.20
Utility Streams	H2		236.0	30.0	1.000	206.0		0.20
Economics	C1		120.0	240.0	2.000	240.0		0.20
	C2		30.0	150.0	1.600	192.0		0.20
	New							

Data | Targets | Range Targets | Designs | Options | Notes
DTmin 10.00 C　　Enter Retrofit Mode　　Recommend Designs　　Forbidden Matches

图 3-104　输入物流数据

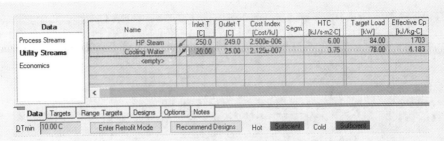

Data	Name	Inlet T [C]	Outlet T [C]	Cost Index [Cost/kJ]	Segm.	HTC [kJ/s-m2-C]	Target Load [kW]	Effective Cp [kJ/kg-C]
Process Streams	HP Steam	250.0	249.0	2.500e-006		6.00	84.00	1703
Utility Streams	Cooling Water	20.00	25.00	2.125e-007		3.75	78.00	4.183
Economics	<empty>							

Data | Targets | Range Targets | Designs | Options | Notes

DTmin 10.00 C　　Enter Retrofit Mode　　Recommend Designs　　Hot Sufficient　Cold Sufficient

图3-105　添加公用工程

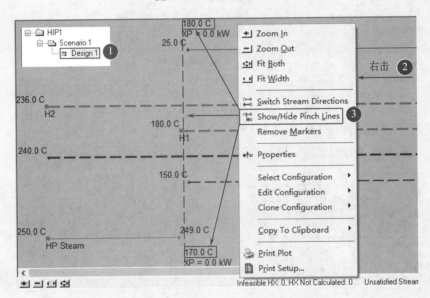

图3-106　显示夹点线及夹点温度

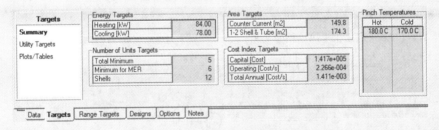

图3-107　能量目标和夹点温度

（5）查看最小换热单元数和满足最小能量需求的换热单元数

本例中工艺物流数目为4，公用工程物流数目为2。假设没有独立的热负荷回路（$L=0$），换热网络不能分离出独立的子系统（$S=1$），根据2.3.2节最小换热单元数计算式（2-4），得 $U_{min}=N-1=6-1=5$，与图3-107中最小换热单元数一致。

如图3-106所示，夹点之上有三股物流，夹点之下有五股物流。应用式（2-5），可得 $U_{min,\ MER}=(N_{above}-1)+(N_{below}-1)=(3-1)+(5-1)=6$，与图3-107中满足最小能量需求的换热单元数一致。

（6）夹点之上换热网络设计

夹点之上有H2和C1两股工艺物流，满足 $N_H \leqslant N_C$，不需要分流。添加换热器连接物流H2和物流C1，换热器默认名称为E-100。双击E-100任意一端，利用冷热工艺物流夹点温度完善换热器信息，如图3-108所示。此时，夹点之上换热网络栅格图如图3-109所示。

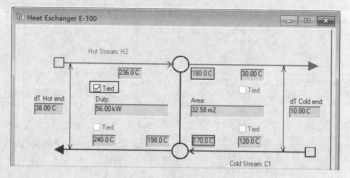

图3-108　设置换热器E-100

夹点之上没有其他热工艺物流，因此物流C1剩余所需热量由热公用工程提供。添加加热器E-101连接C1和HP Steam，如图3-110所示。双击E-101一端，弹出E-101信息输入窗口，选择冷物流进出口温度Tied复选框，如图3-111所示。

夹点之上换热网络设计完毕。

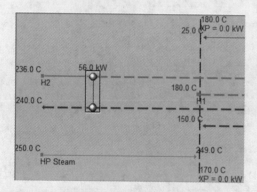

图3-109　添加E-100后夹点之上换热网络栅格图

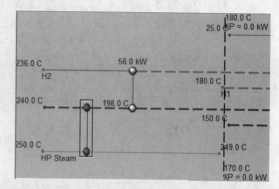

图3-110　添加E-101后夹点之上换热网络栅格图

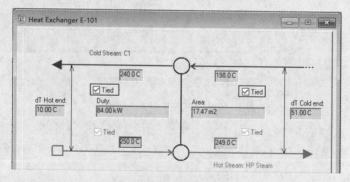

图3-111　设置换热器E-101

（7）夹点之下换热网络设计

夹点之下有两股热工艺物流和两股冷工艺物流，从进入夹点的物流中选择Mc_p最大的C1开始设计。为满足热容流率准则（详见2.7.1节），物流C1应与物流H1匹配。在二者间放置换热器之前，还应考虑另一组物流C2与物流H2的匹配是否成立，很明显这一组匹配不满足热容流率准则，因此需要选择物流分流。

选择物流H1分流，采用默认分流分率0.500和0.500，则每一分支的Mc_p都等于2kW/℃，因此可以将两股冷物流分别与物流H1的两分支物流进行匹配。

在物流H1的一个分支与物流C1间添加换热器E-102，如图3-112所示。选择E-102冷物流进出口温度Tied复选框及热物流进口温度Tied复选框，如图3-113所示。

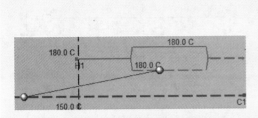

图3-112　添加E-102后局部换热网络栅格图

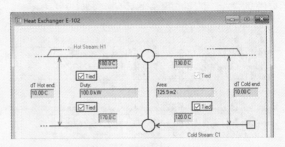

图3-113　设置换热器E-102

在物流H1的另一个分支与物流C2间添加换热器E-103。物流C1夹点之下热负荷为100kW，物流H1热负荷为220kW，因此物流H1一个分支与物流C1匹配后H1仍剩余120kW热负荷。输入E-103热负荷，并选择热物流进口温度、冷物流出口温度Tied复选框，如图3-114所示。完成后栅格图如图3-115所示。

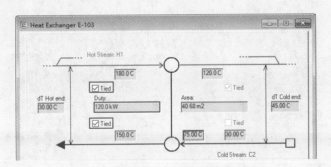

图3-114　设置换热器E-103

从图3-115可以看出，物流C2热量不平衡处已远离夹点，因此可以添加换热器E-104连接物流C2和H2。选择E-104冷物流进出口温度和热物流进口温度Tied复选框，如图3-116所示。

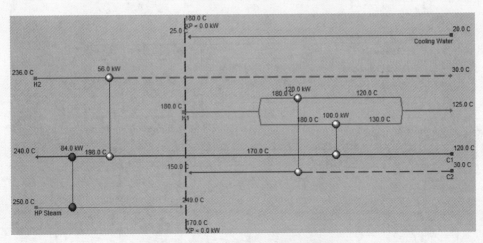

图3-115　设置E-103后的换热网络栅格图

　　至此，仅剩物流H2未完成匹配。在物流H2与Cooling Water间添加冷却器E-105，选择热物流进出口温度Tied复选框，如图3-117所示，从中可以看出，冷却器热负荷为78.00kW，满足冷公用工程目标。

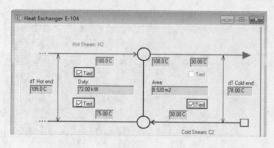

图3-116　设置换热器E-104　　　　　　　　　图3-117　设置换热器E-105

　　最终设计完成的换热网络栅格图如图3-118所示。进入 **Performance | Summary** 界面，查看手动设计后的年总费用为6.027×10^4Cost/year，如图3-119所示。

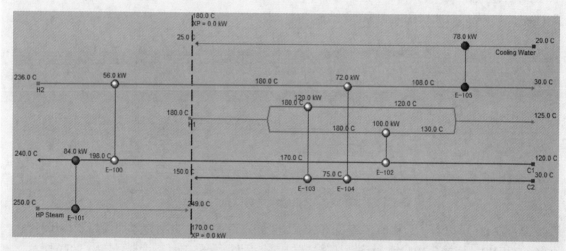

图3-118　手动设计的换热网络栅格图

Performance	Network Cost Indexes		
Summary		Cost Index	% of Target
Heat Exchangers	Heating [Cost/year]	6627	100.0
Utilities	Cooling [Cost/year]	523.0	100.0
	Operating [Cost/year]	7150	100.0
	Capital [Cost]	1.648e+005	116.3
	Total Cost [Cost/year]	6.027e+004	135.3

| **Performance** | Worksheet | Heat Exchangers | Targets | Notes |

图3-119　手动设计后的年总费用

3.5.3 换热网络调优与优化

当手动设计形成的MER换热网络较复杂时，可以采用以下两种方法简化设计并优化年总费用：

① 网络调优（Network Evolution） 在设计中通过移除换热器来简化网络结构，从而确定最终的换热网络；

② 网络优化（Network Optimization） 最小化年总费用（或总面积），对确定的网络结构进行参数优化，该优化只能微调网络结构。

例3.9 在例3.8基础上进行网络调优和网络优化。

本例模拟步骤如下：

（1）网络调优

打开本书配套文件Example3.8-HEN Design-Manual.hch，另存为Example3.9-HEN Design-Evolution.hch。

在导航窗格右击 **Design 1**，执行Clone Design命令，并将其命名为Evolution，如图3-120所示，Scenario 1下新增名为Evolution的设计。

右击栅格图的空白区域，执行Show Loops命令，并从列表中选择构成回路的一组换热器，此时栅格图中的回路如图3-121所示。此栅格图存在一个回路，回路涉及换

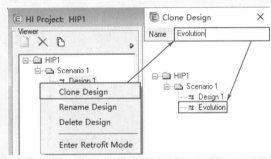

图3-120　复制设计

热器E-100、E-102、E-103和E-104，断开回路可以减少一台换热器，一般总是移除热负荷最小的换热器，然后将其热负荷转移至其他换热器。

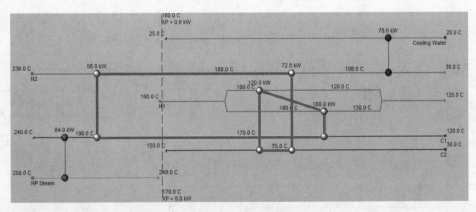

图3-121　显示回路

进入 **Heat Exchangers | Summary** 页面，查看各台换热器热负荷，如图3-122所示，从中可以看出，回路中E-100热负荷最小，因此通过移除E-100断开回路。

由于需将56kW的热负荷从E-100转移到其他换热器，所以需要确保每台换热器的热负

荷都是指定值（蓝色字体）。依次双击回路中每台换热器的任意一端进入其**Data**页面，发现只有E-103具有用户指定的热负荷。

下面通过E-100说明指定换热器热负荷的方法。查看E-100的Data页面，如图3-123（a）所示。复制热负荷数值，删除指定温度180℃，粘贴所复制的热负荷到Duty文本框内，使热负荷成为指定值，如图3-123（b）所示。以同样方式将E-102热负荷变为指定值。

图3-122　各换热器热负荷

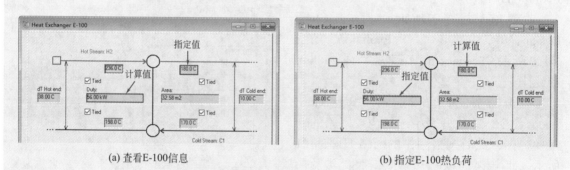

(a) 查看E-100信息　　　　　　　　　　　　　(b) 指定E-100热负荷

图3-123　查看E-100信息并指定热负荷

将E-100热负荷设为零，换热网络栅格图如图3-124所示，然后将E-100删除，换热网络栅格图如图3-125所示。图3-125中显示物流H2和物流C1出现热量不平衡，物流H2热量不平衡由删除E-100直接导致，物流C1热量不平衡由删除E-100使E-101信息缺失导致。

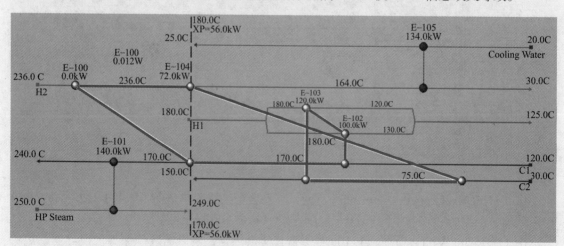

图3-124　更改E-100热负荷后的换热网络栅格图

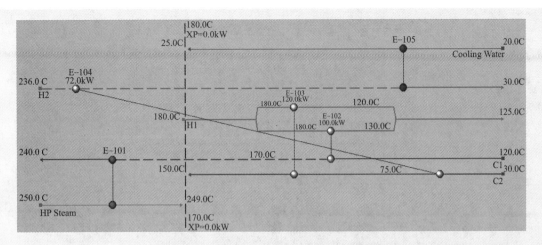

图3-125　删除E-100后的换热网络栅格图

选择E-101冷物流进口温度Tied复选框，如图3-126所示，完成后换热网络栅格图如图3-127所示，图中显示物流C1热量达到平衡。选择E-104热物流进口温度Tied复选框，如图3-128所示，完成后换热网络栅格图如图3-129所示，图中显示物流H2热量达到平衡。

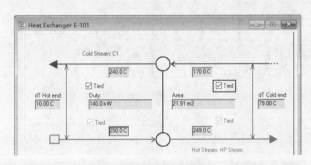

图3-126　重新设置换热器E-101

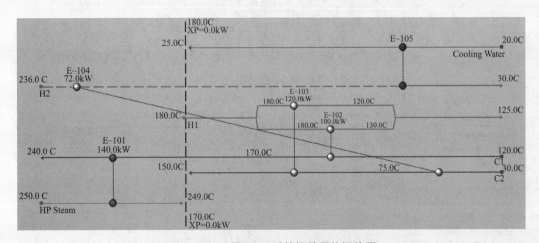

图3-127　设置E-101后的换热网络栅格图

返回**Heat Exchangers | Summary**页面，查看换热器信息，如图3-130所示。

虽然调优减少了换热器数目，但也导致冷热公用工程热负荷增加。进入**Performance | Summary**页面，如图3-131所示，热公用工程热负荷从手动设计后的84.00kW增加到140.0 kW，冷公用工程热负荷从78.00kW增加到134.0kW。

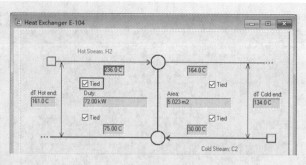

图3-128　重新设置换热器E-104

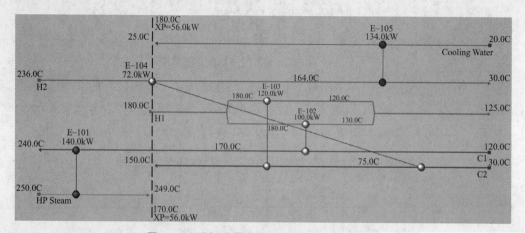

图3-129　重新设置E-104后的换热网络栅格图

Heat Exchanger		Load [kW]	Cost Index [Cost]	Area [m2]	Shells	LMTD [C]	Overall U [kJ/s-m2-C]	FFactor
E-102	◇	100.0	6.282e+004	125.9	5	10.00	0.1	0.7945
E-103	◇	120.0	2.782e+004	40.68	2	36.99	0.1	0.7973
E-105	◇	134.0	1.793e+004	14.80	2	49.01	0.2	0.9729
E-104	◇	72.00	1.291e+004	5.023	1	147.1	0.1	0.9745
E-101	◆	140.0	2.086e+004	21.91	2	33.38	0.2	0.9891

图3-130　调优后的换热器信息

Network Cost Indexes

	Cost Index	% of Target
Heating [Cost/year]	1.105e+004	166.7
Cooling [Cost/year]	898.4	171.8
Operating [Cost/year]	1.194e+004	167.0
Capital [Cost]	1.423e+005	100.5
Total Cost [Cost/year]	5.782e+004	129.8

Network Performance

	HEN	% of T
Heating [kW]	140.0	
Cooling [kW]	134.0	
Number of Units	5.000	
Number of Shells	12.00	
Total Area [m2]	208.3	

图3-131　调优后的冷热公用工程热负荷

（2）网络优化

将Example3.9-HEN Design-Evolution.hch另存为Example3.9-HEN Design-Optimization.hch，进一步对调优结果进行网络优化。

优化前，删除E-102被指定的热负荷，目的是运行Optimizer时，使换热器的热负荷和分流分率成为可以调整的变量。双击分流节点弹出**Split Editor**窗口，选择Mixer选项区域的Tie复选框，如图3-132所示，以消除由E-102热负荷缺失引起的热量不平衡。

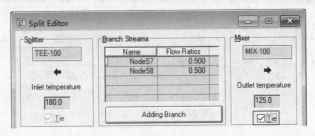

图3-132 选择混合器Tie复选框

单击栅格图上方**Open Optimization View**按钮 🔆，弹出**Optimization Options**对话框，单击**OK**按钮；弹出**Optimization Wizard**对话框，单击**Run**按钮；弹出**Optimization Successful**对话框，单击"**确定**"按钮，如图3-133所示。在Optimization Wizard窗口的**Summary**页面，显示绿色√表示没有发现问题，存在红色×表示有问题，并且在开始任何优化计算之前，都必须纠正该问题。

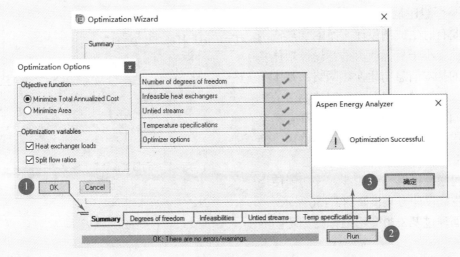

图3-133 生成优化方案

此时导航窗格的树形结构中新增了优化计算生成的方案Evolution-O。进入**Performance | Summary**页面，查看优化后的年总费用为4.842×10^4Cost/year，如图3-134所示，相比手动设计结果6.027×10^4Cost/year，年总费用减少了1.185×10^4Cost/year。进入**Scenario 1 | Designs**页面，选择Relative to target复选框，可比较各设计结果，如图3-135所示。

Performance	Network Cost Indexes	Cost Index	% of Target
Summary	Heating [Cost/year]	1.454e+004	219.5
Heat Exchangers	Cooling [Cost/year]	1196	228.6
Utilities	Operating [Cost/year]	1.574e+004	220.1
	Capital [Cost]	1.014e+005	71.58
	Total Cost [Cost/year]	4.842e+004	108.7

图3-134 优化后的年总费用

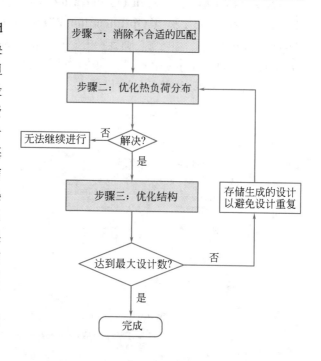

图3-135　比较设计结果

3.5.4　换热网络自动设计

Aspen Energy Analyzer 的 Recommend Designs（推荐设计）功能可自动设计换热网络，此功能不遵循夹点设计规则，但会尽可能使设计出的换热网络年总费用最小，甚至可能违反 ΔT_{min} 以最小化年总费用，因此有时生成的设计方案的加热或冷却热负荷会小于目标值。推荐设计功能基于给定的基本信息构建换热网络，基本信息包括：物流进出口温度，工艺物流的热负荷，每一股物流的热容流率和传热系数，公用工程的单位热负荷操作费用，换热单元的投资费用。提供了上述所有信息，便可激活推荐设计功能。该功能使用三步法生成设计方案，如图3-136所示。

下面通过例3.10介绍推荐设计功能的应用。

图3-136　推荐设计步骤

例题讲解

程序源文件

例3.10　利用 Aspen Energy Analyzer 的推荐设计功能，对表3-23中的物流数据进行换热网络设计，公用工程数据见表3-24，经济参数使用 Aspen Energy Analyzer 默认值，ΔT_{min} 取 10℃。

表3-23　物流数据

物流编号	T_i/℃	T_o/℃	Mc_p/ (kW/℃)	物流编号	T_i/℃	T_o/℃	Mc_p/ (kW/℃)
H1	150	40	0.10	C1	20	140	0.10
H2	140	30	0.15	C2	15	130	0.15
H3	130	25	0.15	C3	25	145	0.25
H4	150	30	0.20	C4	80	140	0.30

表3-24　公用工程数据

物流名称	T_i/°C	T_o/°C
MP Steam	175	174
Cooling Water	15	25

本例模拟步骤如下：

（1）新建模拟

启动Aspen Energy Analyzer，新建模拟，文件保存为Example3.10-HEN Recommend Designs.hch。

（2）创建热集成项目

在菜单栏选择Features，执行HI Project命令，创建一个新的HI Project：HIP1。

（3）输入物流数据

进入**Data | Process Streams**页面，输入表3-23中的物流数据，如图3-137所示。

Data		Name	Inlet T [C]	Outlet T [C]	MCp [kJ/C-s]	Enthalpy [kW]	Segm.	HTC [kJ/s-m2-C]
Process Streams		H1	150.0	40.0	0.1000	11.00		0.20
Utility Streams		H2	140.0	30.0	0.1500	16.50		0.20
Economics		H3	130.0	25.0	0.1500	15.75		0.20
		H4	150.0	30.0	0.2000	24.00		0.20
		C1	20.0	140.0	0.1000	12.00		0.20
		C2	15.0	130.0	0.1500	17.25		0.20
		C3	25.0	145.0	0.2500	30.00		0.20
		C4	80.0	140.0	0.3000	18.00		0.20

Data | Targets | Range Targets | Designs | Options | Notes

DTmin 10.00 C　　Enter Retrofit Mode　　Recommend Designs　　Forbidden Matches

图3-137　输入物流数据

（4）输入公用工程数据

进入**Data | Utility Streams**页面，输入表3-24中的公用工程数据，如图3-138所示。

Data		Name	Inlet T [C]	Outlet T [C]	Cost Index [Cost/kcal]	Segm.	HTC [kJ/s-m2-C]
Process Streams		MP Steam	175.0	174.0	9.205e-006		6.00
Utility Streams		Cooling Water	15.00	25.00	8.889e-007		3.75

图3-138　输入公用工程数据

（5）输入经济参数

进入**Data | Economics**页面，Aspen Energy Analyzer提供了默认经济参数，用户可根据需要进行修改。对于本例，采用默认值。

（6）自动设计换热网络

① 在导航窗格右击**Scenario 1**，执行Recommend Designs命令，弹出**Recommend Near-optimal Designs**（推荐最佳设计）对话框，如图3-139所示。

② 单击**General**选项卡，设置最大分流分支数，这里采用默认值10。

③ 单击Preview Input选项区域下的四个图标按钮，可以分别设置工艺物流、公用工程、禁止匹配的基础数据以及经济参数。本例中，保持默认设置。

④ 在Solver Options（求解器设置）选项区域，将最大设计数改为5。单击**Solve**按钮，

Aspen Energy Analyzer将自动设计换热网络，生成的设计名称均以"A_"开头，如图3-140所示。

⑤ 进入**Scenario 1 | Designs**页面，选择Relative to target复选框，查看自动设计结果，如图3-141所示，从中可以看出，A_Design3总成本最小，为62.9%，A_Design5总面积最小，为27.8%。

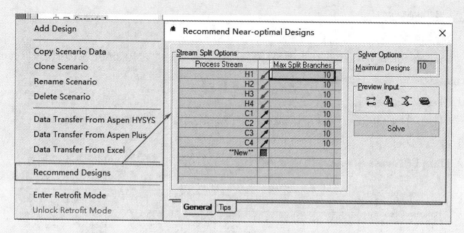

图3-139　执行推荐设计命令

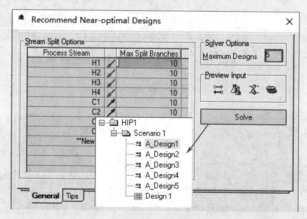

图3-140　设置自动设计数量

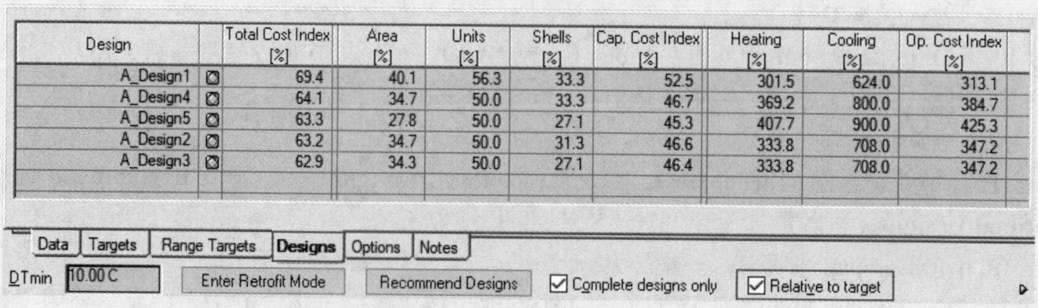

Design		Total Cost Index [%]	Area [%]	Units [%]	Shells [%]	Cap. Cost Index [%]	Heating [%]	Cooling [%]	Op. Cost Index [%]
A_Design1	☒	69.4	40.1	56.3	33.3	52.5	301.5	624.0	313.1
A_Design4	☒	64.1	34.7	50.0	33.3	46.7	369.2	800.0	384.7
A_Design5	☒	63.3	27.8	50.0	27.1	45.3	407.7	900.0	425.3
A_Design2	☒	63.2	34.7	50.0	31.3	46.6	333.8	708.0	347.2
A_Design3	☒	62.9	34.3	50.0	27.1	46.4	333.8	708.0	347.2

| Data | Targets | Range Targets | **Designs** | Options | Notes |

DTmin 10.00 C　　Enter Retrofit Mode　　Recommend Designs　☑ Complete designs only　☑ Relative to target

图3-141　查看自动设计结果

⑥ 进入**A_Design3 | Notes | Modification Log**页面，该页面显示了Aspen Energy Analyzer

在进行换热网络设计时执行的所有操作，如图3-142所示。

若使用推荐设计功能后没有生成设计或生成设计的数目太少，则可以采用以下方法调整或改进：

① 使用软件默认的最大分流分支数10；

② 使用软件默认的最大设计数10；

③ 减少禁止匹配。

读者还可按照3.5.3节的介绍继续对推荐设计方案进行网络调优和优化。

图3-142 查看操作过程

3.5.5 多级公用工程

Aspen Energy Analyzer含有三种多级公用工程热负荷的分配方法：GCC Based（基于总组合曲线），CUP（Cheapest Utility Principle，公用工程费用最少原则），User Supplied Utility Loads（用户指定公用工程热负荷）。其中，前两种方法是软件自动将热负荷分配给不同的冷热公用工程，第三种方法需要用户手动将热负荷分配给不同的公用工程。

下面通过例3.11介绍多级公用工程热负荷的分配方法。

例3.11 某原油蒸馏过程部分物流数据如表3-25所示，公用工程数据见表3-26，经济参数使用Aspen Energy Analyzer默认值，ΔT_{min}取10℃。在Aspen Energy Analyzer中解决以下问题：

表3-25 原油蒸馏过程部分物流数据[8]

物流名称	T_i/℃	T_t/℃	Mc_p/（kW/℃）
OH_Naphta_1	100	41	27.51
OH_Naphta_2	132	60	23.18
OH_HKD	224	65	11.24
LCT	268	30	1.526
Residue	283	45	1.413
Crude	30	146	17.51
Denaphta_1	117	204	11.24
Denaphta_2	176	305	12.72

表3-26 公用工程数据[8]

物流名称	T_i/℃	T_t/℃
HP Steam	320.1	320.0
MP Steam	260.1	260.0
Cooling Water	20.0	40.0

（1）使用GCC Based方法，确定中压蒸汽和高压蒸汽的热负荷目标；

（2）使用CUP方法，确定中压蒸汽和高压蒸汽的热负荷目标；

（3）使用User Supplied Utility Loads方法，当中压蒸汽热负荷减少100kW时，确定高压蒸汽热负荷目标。

本例模拟步骤如下：

（1）输入数据

启动Aspen Energy Analyzer，新建模拟，文件保存为Example3.11-Multiple Utilities.hch。

创建HI Case：Case 1，进入 **Data | Process Streams** 页面，输入表3-25中的物流数据，如图3-143所示。进入 **Data | Utility Streams** 页面，在公用工程下拉列表中选择表3-26中的公用工程，并更改各公用工程进出口温度，如图3-144所示。

Name	Inlet T [C]	Outlet T [C]	MCp [kJ/C-s]	Enthalpy [kW]
OH_Naphta_1	100.0	41.0	27.51	1623
OH_Naphta_2	132.0	60.0	23.18	1669
OH_HKD	224.0	65.0	11.24	1787
LCT	268.0	30.0	1.526	363.1
Residue	283.0	45.0	1.413	336.2
Crude	30.0	146.0	17.51	2032
Denaphta_1	117.0	204.0	11.24	977.9
Denaphta_2	176.0	305.0	12.72	1641

| Process Streams | Utility Streams | Economics | Options | Notes |

图3-143　输入物流数据

Name	Inlet T [C]	Outlet T [C]	Cost Index [Cost/kJ]	Segm.	HTC [kJ/s-m2-C]	Target Load [kW]	Effective Cp [kJ/kg-C]	Target Flowrate [kg/h]	DT Cont. [C]
HP Steam	320.1	320.0	2.500e-006		6.000	876.0	1703	1.852e+004	Global
MP Steam	260.1	260.0	2.200e-006		6.000	652.6	1981	1.186e+004	Global
Cooling Water	20.0	40.0	2.125e-007		3.750	2657	4.183	1.143e+005	Global
<empty>									

| Process Streams | **Utility Streams** | Economics | Options | Notes |

图3-144　输入公用工程数据

（2）GCC Based方法

将文件Example3.11-Multiple Utilities.hch另存为Example3.11-Multiple Utilities-GCC.hch。

在HI Case：Case 1窗口中，单击 **Options** 选项卡，选择 **GCC Based** 单选按钮，如图3-145所示。

单击 **Open Targets View** 按钮，查看夹点温度和能量目标，如图3-146所示。公用工程夹点为255.1℃（热公用工程260.1℃、冷公用工程250.1℃），过程夹点为127.0℃（热工艺物流132.0℃、冷工艺物流122.0℃）。热公用工程目标为1529kW，冷公用工程目标为2657kW。

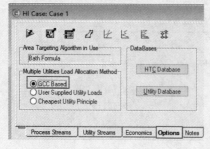

图3-145　选择GCC Based方法

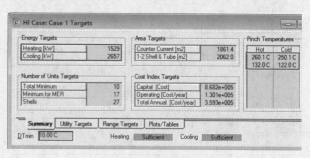

图3-146　夹点温度和能量目标

单击**Utility Targets**选项卡，查看HP Steam和MP Steam的热负荷目标，如图3-147所示，HP Steam热负荷目标为654.2kW，MP Steam热负荷目标为874.4kW。

单击**Plots/Tables**选项卡，从绘图区域上方的下拉列表框选择Balanced Comp. Curves，曲线如图3-148所示；从绘图区域上方的下拉列表框选择Utility Composite Curve（UCC，公用工程组合曲线），曲线如图3-149所示。UCC与GCC交

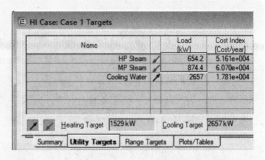

图3-147　GCC Based方法下各蒸汽热负荷目标

点处为公用工程夹点，到达该点会导致热负荷从较便宜的公用工程等级转移到较昂贵的公用工程等级，比如从中压蒸汽等级转移到高压蒸汽等级。

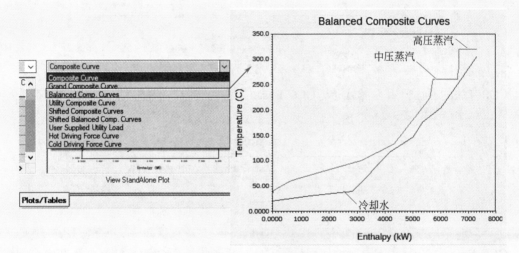

图3-148　GCC Based方法下的平衡组合曲线

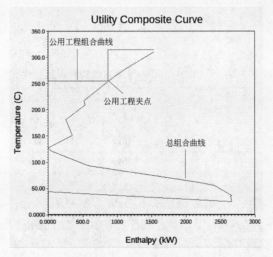

图3-149　GCC Based方法下的公用工程组合曲线

（3）CUP方法

打开文件Example3.11-Multiple Utilities.hch，另存为Example3.11-Multiple Utilities-CUP.hch。

在HI Case：Case 1窗口中，单击**Options**选项卡，选择**Cheapest Utility Principle**单选按钮。

单击**Open Targets View**按钮⊿，查看能量目标，热公用工程目标为1529kW，冷公用工程目标为2657kW。单击**Utility Targets**选项卡，查看HP Steam和MP Steam热负荷目标，如图3-150所示。HP Steam热负荷目标为876.0kW，MP Steam热负荷目标为652.6kW。

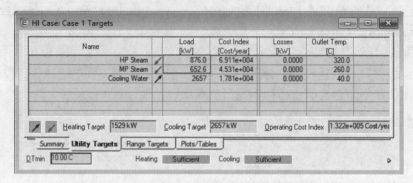

图3-150　CUP方法下各蒸汽热负荷目标

CUP方法的冷热公用工程目标与GCC Based方法的一致，但是公用工程的热负荷分配情况不同，对比结果如表3-27所示。

表3-27　GCC Based与CUP方法蒸汽热负荷比较

公用工程	GCC Based热负荷/kW	CUP热负荷/kW
MP Steam	874.4	652.6
HP Steam	654.2	876.0

GCC Based方法是最大限度地使用最便宜的公用工程，而CUP方法是基于在换热网络中使用何种公用工程更具成本效益。换言之，GCC Based方法分配公用工程会使操作费用最小化，而CUP方法使年总费用最小化。

单击**Summary**选项卡，查看费用目标（Cost Index Target），表3-28比较了GCC Based方法和CUP方法的费用目标。

表3-28　GCC Based和CUP方法各费用目标比较

类型	GCC Based	CUP
投资费用/Cost	8.682×10^5	8.101×10^5
操作费用/（Cost /year）	1.301×10^5	1.322×10^5
年总费用/（Cost /year）	3.593×10^5	3.461×10^5

单击**Plots/Tables**选项卡，从绘图区域上方的下拉列表框选择Utility Composite Curve，曲线如图3-151所示。将其与GCC Based方法的公用工程组合曲线（图3-149）进行比较，发现此时公用工程组合曲线没有接触总组合曲线。

（4）User Supplied Utility Loads方法

打开文件Example3.11-Multipe Utilities.hch，另存为Example3.11-Multiple Utilities-User.hch。

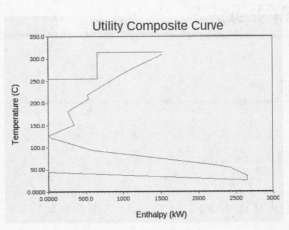

图3-151 CUP方法下公用工程组合曲线

在HI Case：Case 1窗口中，单击**Options**选项卡，选择 **User Supplied Utility Loads** 单选按钮。

单击**Utility Streams**选项卡，Target Load（目标热负荷）列数值变为蓝色，用户可以对其进行修改。如果修改热负荷导致设计违反了最小传热温差，那么Aspen Energy Analyzer将不会接受修改的热负荷数值。

将中压蒸汽热负荷874.4kW减少100kW，如图3-152所示，此时热公用工程热负荷不满足需求，单击图中底部的**Make Sufficient**按钮，由高压蒸汽满足换热网络剩余所需热负荷。高压蒸汽热负荷变为754.1kW，如图3-153所示。虽然此时加热和冷却热负荷目标仍分别是1529kW和2657kW，但公用工程的热负荷分布发生了变化。

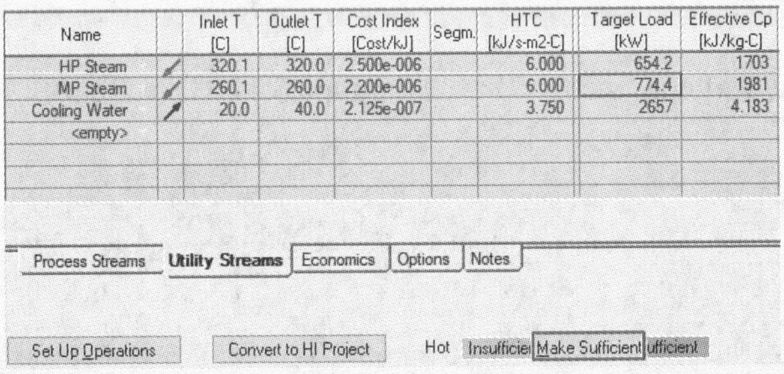

Name	Inlet T [C]	Outlet T [C]	Cost Index [Cost/kJ]	Segm.	HTC [kJ/s-m2-C]	Target Load [kW]	Effective Cp [kJ/kg-C]
HP Steam	320.1	320.0	2.500e-006		6.000	654.2	1703
MP Steam	260.1	260.0	2.200e-006		6.000	774.4	1981
Cooling Water	20.0	40.0	2.125e-007		3.750	2657	4.183
<empty>							

Process Streams **Utility Streams** Economics Options Notes

Set Up Operations   Convert to HI Project   Hot Insufficient Make Sufficient ufficient

图3-152 更改中压蒸汽热负荷

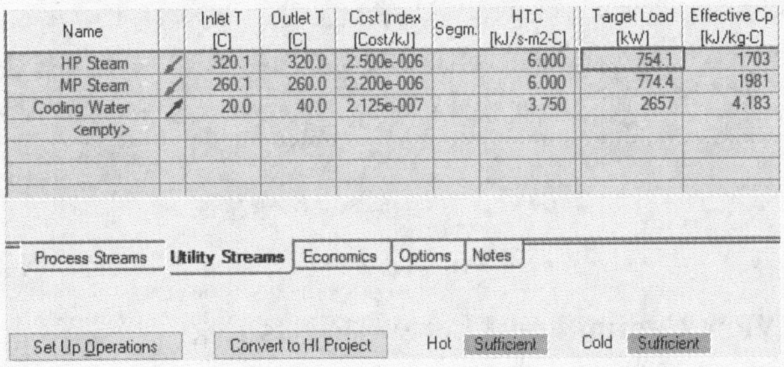

Name	Inlet T [C]	Outlet T [C]	Cost Index [Cost/kJ]	Segm.	HTC [kJ/s-m2-C]	Target Load [kW]	Effective Cp [kJ/kg-C]
HP Steam	320.1	320.0	2.500e-006		6.000	754.1	1703
MP Steam	260.1	260.0	2.200e-006		6.000	774.4	1981
Cooling Water	20.0	40.0	2.125e-007		3.750	2657	4.183
<empty>							

Process Streams **Utility Streams** Economics Options Notes

Set Up Operations   Convert to HI Project   Hot Sufficient   Cold Sufficient

图3-153 由高压蒸汽满足剩余能量需求

3.6 换热网络改造

3.6.1 改造目标

换热网络设计中，较多情况下是对现有换热网络进行改造，使用 Aspen Energy Analyzer 分析现有换热网络，可确定现有换热网络的改造目标。

下面通过例 3.12 介绍改造目标的确定。

程序源文件

例 3.12 本书配套文件 HEN Retrofit Targeting.hch 中给出了某一流程的换热网络，其物流数据见表 3-29，公用工程数据见表 3-30，经济参数使用 Aspen Energy Analyzer 默认值，$\Delta T_{\min}$ 取 10℃。试确定该换热网络改造的能量目标和投资费用目标。

<table>
<tr><td colspan="4">表 3-29 某一流程物流数据</td><td colspan="4">表 3-30 公用工程数据</td></tr>
<tr><td>物流名称</td><td>T_i/℃</td><td>T_o/℃</td><td>Mc_p/（kW/℃）</td><td>物流名称</td><td>T_i/℃</td><td>T_o/℃</td><td>HTC/［kW/（m²·℃）］</td></tr>
<tr><td>Naphtha</td><td>206</td><td>178</td><td>67.86</td><td>Cooling Water</td><td>20</td><td>25</td><td>3.750</td></tr>
<tr><td>Kerosene</td><td>230</td><td>95</td><td>34.07</td><td>VHP Steam</td><td>450</td><td>449</td><td>6.000</td></tr>
<tr><td>Diesel</td><td>273</td><td>250</td><td>85.87</td><td></td><td></td><td></td><td></td></tr>
<tr><td>Heavy Oil</td><td>299</td><td>120</td><td>18.99</td><td></td><td></td><td></td><td></td></tr>
<tr><td>Residues</td><td>350</td><td>95</td><td>197.6</td><td></td><td></td><td></td><td></td></tr>
<tr><td>Crude Feed</td><td>120</td><td>300</td><td>473.6</td><td></td><td></td><td></td><td></td></tr>
</table>

本例模拟步骤如下：

（1）打开本书配套文件

打开 HEN Retrofit Targeting.hch，另存为 Example3.12-HEN Retrofit Targeting.hch，换热网络如图 3-154 所示。

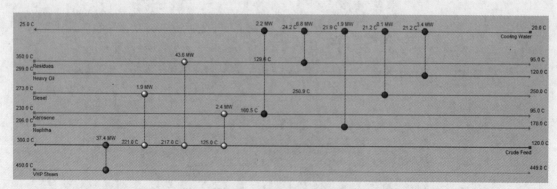

图 3-154 初始换热网络栅格图

（2）确定能量目标

单击栅格图上方 **View Capital and Energy Targets**（查看投资和能量目标）按钮，冷热公用工程目标如图 3-155 所示，分别为 8.300MW 和 31.27MW。单击栅格图上方 **Open Network Performance View**（打开换热网络性能视图）按钮，当前换热网络能耗如图 3-156

所示，冷热公用工程用量分别为14.45MW和37.41MW，则冷热公用工程节能潜力分别为6.15MW和6.14MW。

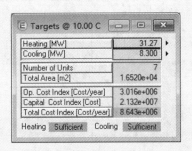

图3-155 冷热公用工程目标

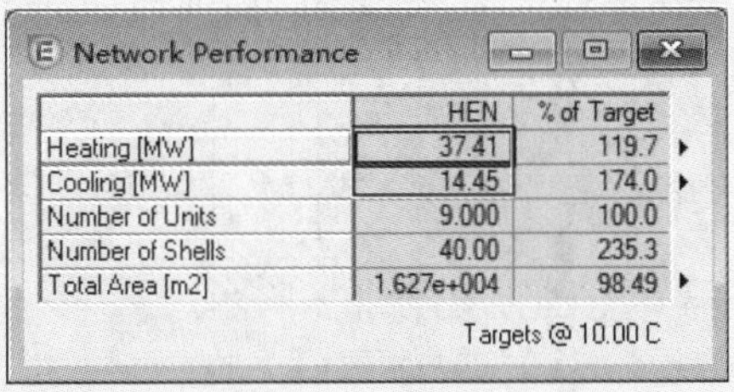

图3-156 当前换热网络能耗

（3）确定投资费用目标

① 进入**Case 1**页面，单击**Open Targets View**按钮⌐，进入**HI Case：Case 1 Targets | Range Targets | Table**页面，单击页面右下角的**Calculate**按钮，如图3-157所示。计算结果的数据表格如图3-158所示，从中可查看面积与能量的关系。

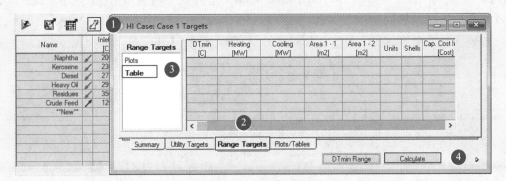

图3-157 计算各变量参数页面

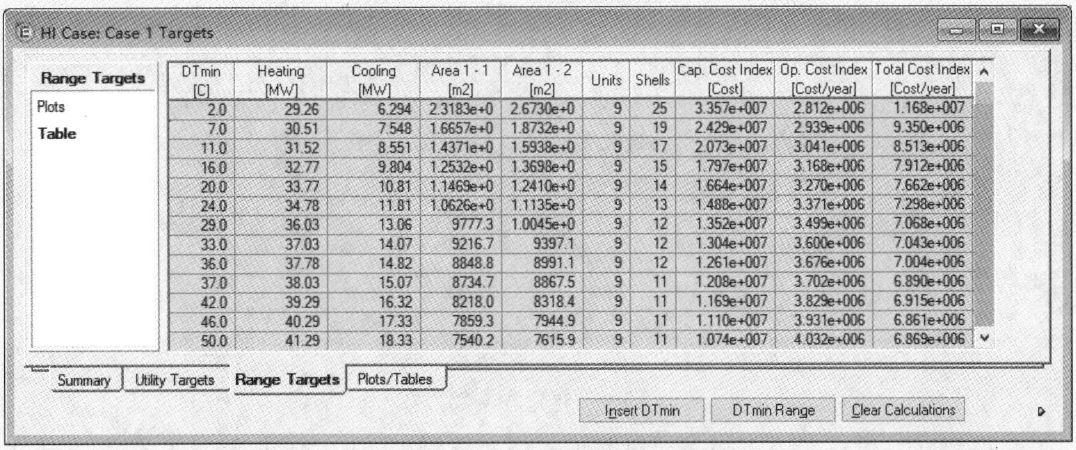

HI Case: Case 1 Targets

DTmin [C]	Heating [MW]	Cooling [MW]	Area 1 - 1 [m2]	Area 1 - 2 [m2]	Units	Shells	Cap. Cost Index [Cost]	Op. Cost Index [Cost/year]	Total Cost Index [Cost/year]
2.0	29.26	6.294	2.3183e+0	2.6730e+0	9	25	3.357e+007	2.812e+006	1.168e+007
7.0	30.51	7.548	1.6657e+0	1.8732e+0	9	19	2.429e+007	2.939e+006	9.350e+006
11.0	31.52	8.551	1.4371e+0	1.5938e+0	9	17	2.073e+007	3.041e+006	8.513e+006
16.0	32.77	9.804	1.2532e+0	1.3698e+0	9	15	1.797e+007	3.168e+006	7.912e+006
20.0	33.77	10.81	1.1469e+0	1.2410e+0	9	14	1.664e+007	3.270e+006	7.662e+006
24.0	34.78	11.81	1.0626e+0	1.1135e+0	9	13	1.488e+007	3.371e+006	7.298e+006
29.0	36.03	13.06	9777.3	1.0045e+0	9	12	1.352e+007	3.499e+006	7.068e+006
33.0	37.03	14.07	9216.7	9397.1	9	12	1.304e+007	3.600e+006	7.043e+006
36.0	37.78	14.82	8848.8	8991.1	9	12	1.261e+007	3.676e+006	7.004e+006
37.0	38.03	15.07	8734.7	8867.5	9	11	1.208e+007	3.702e+006	6.890e+006
42.0	39.29	16.32	8218.0	8318.4	9	11	1.169e+007	3.829e+006	6.915e+006
46.0	40.29	17.33	7859.3	7944.9	9	11	1.110e+007	3.931e+006	6.861e+006
50.0	41.29	18.33	7540.2	7615.9	9	11	1.074e+007	4.032e+006	6.869e+006

图3-158 计算结果数据表格

② 进入**Range Targets | Plots**页面，从X Axis下拉列表框选择Operating Cost Index Target，从Y Left Axis下拉列表框选择Capital Cost Index Target（投资费用目标），投资费用

目标与操作费用目标关系图如图3-159所示，曲线表示理想（最大热回收）情况下投资费用和操作费用的关系。

图3-159 投资费用目标与操作费用目标关系图

③ 单击栅格图上方**Open Network Cost View**（打开换热网络费用视图）按钮，如图3-160所示，当前换热网络投资费用为2.463×10^7Cost，操作费用为3.639×10^6Cost/year，在图3-159中绘制该点（3.639×10^6，2.463×10^7），结果如图3-161所示。

	HEN	% of Target
Heating [Cost/year]	3.542e+006	119.7
Cooling [Cost/year]	9.687e+004	174.0
Operating [Cost/year]	3.639e+006	120.7
Capital [Cost]	2.463e+007	115.5
Total Cost [Cost/year]	1.158e+007	133.9

图3-160 当前换热网络费用

图3-161 绘制当前操作点

④ 换热网络投资费用效率是衡量换热网络面积效率的指标，投资费用效率=理想投资费用/实际投资费用。假设当前操作费用不变，则根据目前的操作费用读取理想的投资费用，如图3-162所示，理想的投资费用为1.26×10^7Cost，此时换热网络投资费用效率为（$1.26 \times 10^7 / 2.463 \times 10^7$）$\times 100\% = 51.16\%$。

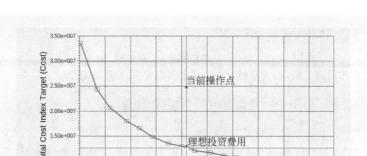

图3-162　读取理想投资费用

3.6.2　换热网络手动改造

本书2.8节已经介绍了如何改进或改造现有换热网络，从经济性考虑，应尽量保持原有换热网络结构，最大限度利用原有换热器，减少设备投资，同时考虑时间、资金限制以及其他经济因素对换热网络改造的影响。本节将主要根据能量目标对现有换热网络进行改造，以减少或消除跨越夹点传热，从而降低能耗。

下面通过例3.13介绍现有换热网络的改造[9]。

源文件

例3.13　对本书配套文件HEN Retrofit Model.hch中的换热网络进行手动改造，消除跨越夹点传热。

本例模拟步骤如下：

（1）打开本书配套文件

打开HEN Retrofit Model.hch，另存为Example3.13-HEN Retrofit-Manual.hch，换热网络如图3-163所示。

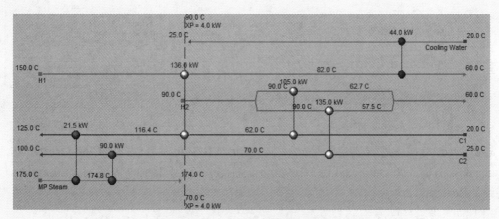

图3-163　初始换热网络栅格图

（2）确定节能潜力

在Case 1界面中单击**Open Targets View**按钮 ，进入**Targets | Summary**页面，查看夹点温度和能量目标，如图3-164所示，冷热工艺物流夹点温度分别为70.0℃和90.0℃，冷热

公用工程目标分别为40.00kW和107.5kW。

　　单击栅格图上方的 ▲ 按钮，查看当前换热网络能耗，如图3-165所示，冷热公用工程用量分别为44.00kW和111.5kW，则冷热公用工程节能潜力均为4kW。

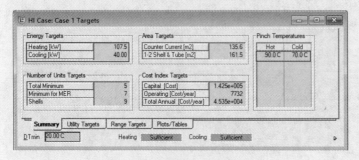

图3-164　夹点温度和能量目标

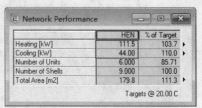

图3-165　当前换热网络能耗

（3）创建改造方案

　　在Case 1界面下方单击**Convert to HI Project**（转换为热集成项目）按钮，弹出**Convert Case To Project**（将案例转换为项目）对话框，单击**OK**按钮，如图3-166所示。

　　在导航窗格右击**Case 1**，执行Enter Retrofit Mode命令，弹出**Enter Retrofit Environment**对话框，如图3-167所示，单击**Create New Retrofit Scenario**（创建新的改造方案）单选按钮，选择Design1选项，即基于Design1创建一个新的改造方案，单击对话框底部**Enter Retrofit Environment**按钮。结果如图3-168所示，图中显示导航窗格新增了改造方案Case 1 1和改造设计Design1。

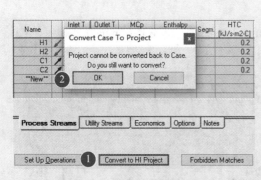

图3-166　转换为热集成项目

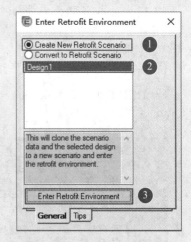

图3-167　进入改造环境窗口

　　右击Case 1 1设计列表中的Design1，执行Clone Design命令，弹出**Clone Design**对话框，在Name文本框输入Revamp，如图3-169所示，完成复制后如图3-170所示，Case 1 1列表中新增设计Revamp。

（4）消除跨越夹点传热

　　跨越夹点传热会导致公用工程用量增加，造成能量损失。为了找到跨越夹点传递热量最多的换热器，需要将换热器名称和夹点线显示在栅格图上。显示换热器名称的操作见3.5.1节。右击栅格图中的空白区域，执行Show/Hide Pinch Lines命令，显示夹点线，含换热器名称和夹点线的换热网络如图3-171所示，从中可以看出，换热器E-102跨越夹点传热。

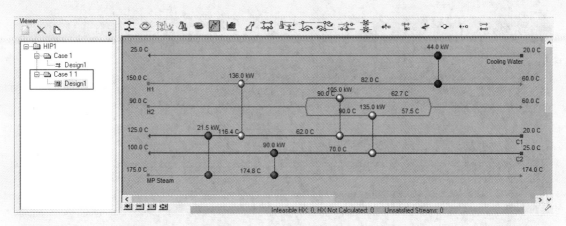

图3-168　新增改造方案和改造设计

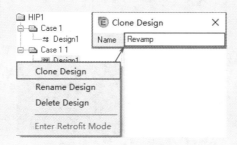

图3-169　复制设计方案并命名

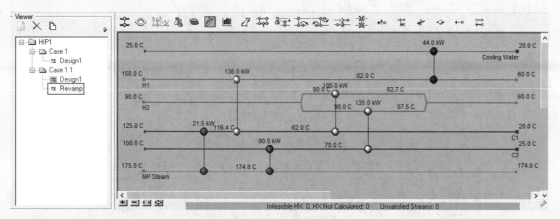

图3-170　新增设计Revamp

单击栅格图上方**Open Cross Pinch Load View**（打开跨越夹点热负荷视图）按钮 ，查看E-102跨夹点的热负荷，结果如图3-172所示，图中显示E-102跨越夹点的热负荷是4.000 kW。为了解决跨越夹点传热问题，需在夹点之下添加一台换热器。

右击栅格图上方添加换热器按钮 ，并拖动到物流H1的夹点之下处，将物流H1与物流C1匹配。为满足夹点设计原则，将新添加的换热器放置在物流C1上E-104的右侧。放置后弹出如图3-173所示的对话框，提示由于换热器E-104所处物流H2上的温度相对于夹点线的位置不明确，因此无法显示夹点线。单击"确定"按钮，添加换热器后栅格图如图3-174所示。

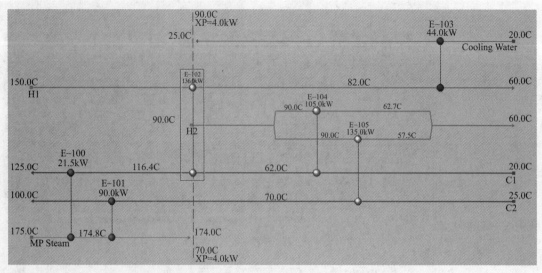

图3-171　显示换热器名称和夹点线的换热网络栅格图

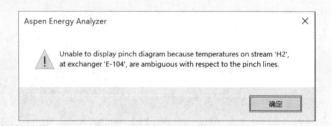

图3-172　跨越夹点的热负荷　　　　　图3-173　提示无法显示夹点线

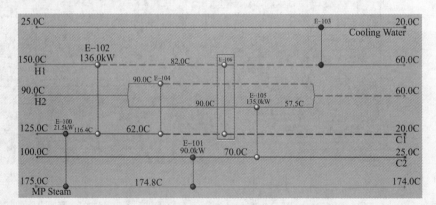

图3-174　添加换热器E-106后的换热网络栅格图

新添加的换热器默认名称为E-106，双击其任意一端，进入**Notes**页面，将换热器重命名为New HX。进入**Data**页面，将热物流进口温度改为热工艺物流夹点温度90℃，选择冷热物流进口温度Tied复选框，如图3-175所示。

双击换热器E-104，输入其热负荷105kW，指定冷物流出口温度为冷工艺物流夹点温度70℃，选择冷物流进口温度Tied复选框，如图3-176所示。

最后选择换热器New HX热物流出口温度Tied复选框，如图3-177所示，New HX设置完成。此时栅格图也已匹配完成，如图3-178所示，消除了换热器跨越夹点传热的现象。

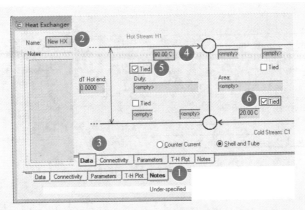

图3-175　设置换热器New HX

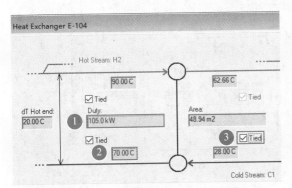

图3-176　设置换热器E-104

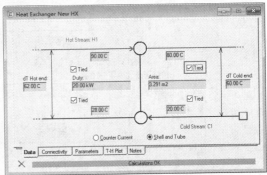

图3-177　完善New HX信息

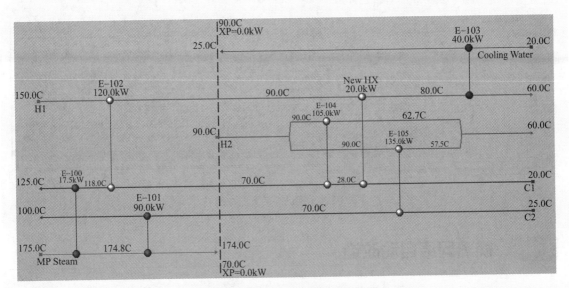

图3-178　改造后的换热网络栅格图

进入 **Performance | Summary** 页面，在页面右下角选择Relative Values复选框，并选择 **To Target** 单选按钮，如图3-179所示，从中可以看出，此设计实现了100%的能量目标。用户可以双击栅格图中的换热器New HX，查看新换热器的换热面积，如图3-180所示；或者进入 **Heat Exchangers | Summary** 页面，查看换热面积，如图3-181所示。两种方式得到的换热面积都为3.291m^2。

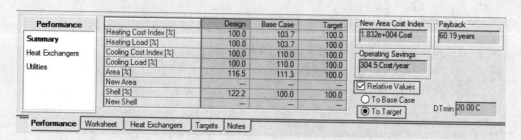

图3-179 显示目标相对值

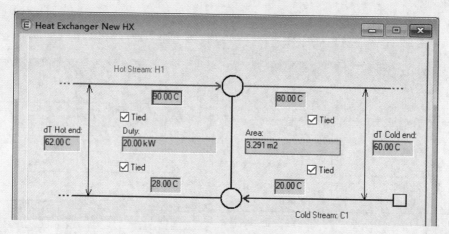

图3-180 New HX换热面积

Heat Exchanger		Load [kW]	Add. Cost Index [Cost]	Area [m2]	Shells	LMTD [C]	Overall U [kJ/s-m2-C]	FFactor	Fouling [C-h-m2/kJ]
E-100	◇	17.50	1.122e+004	1.695	1	53.35	0.2	0.9999	0.0000
E-104	◇	105.0	3.066e+004	48.94	2	26.66	0.1	0.8047	0.0000
E-105	◇	135.0	3.606e+004	65.45	2	25.77	0.1	0.8005	0.0000
E-102	◇	120.0	3.599e+004	58.95	3	25.53	0.1	0.7973	0.0000
E-101	◇	90.00	1.301e+004	5.250	1	88.62	0.2	0.9995	0.0000
E-103	◇	40.00	1.267e+004	4.507	1	47.10	0.2	0.9924	0.0000
New HX	◇	20.00	1.207e+004	3.291	1	60.99	0.1	0.9964	0.0000

图3-181 换热器信息汇总表

3.6.3 换热网络自动改造

本节将在Aspen Energy Analyzer中应用以下四种方法对换热网络进行自动改造：改变公用工程换热器、移动换热器一端、移动换热器两端和添加新换热器。本节还将介绍如何在Aspen HYSYS中通过激活能量分析面板生成改造方案，并将改造方案在Aspen HYSYS流程模拟中实施。

下面通过例3.14介绍Aspen Energy Analyzer自动改造功能的应用。

例3.14 某工艺过程物流数据见表3-31，公用工程选择Cooling Water、Fired Heat（1000）、HP Steam、MP Steam、LP Steam Generation和MP Steam Generation，经济参数使用Aspen Energy Analyzer默认值，ΔT_{min}取10℃。换热网络设计中的加热器信息见表3-32，换热器和冷却器信息见表3-33。请在Aspen Energy Analyzer中完成换热网络设计，并对换热网络进行自动改造。

表3-31 某工艺过程物流数据

物流编号	T_i/℃	T_o/℃	Mc_p/(kW/℃)	物流编号	T_i/℃	T_o/℃	Mc_p/(kW/℃)
H1	347.3	202.7	217.3	H8	133.3	120.0	202.2
	202.7	45.0	180.1		120.0	99.9	169.7
H2	319.4	244.1	136.2		99.9	73.2	338.2
H3	297.4	203.2	22.08	H9	73.2	30.0	6.843
	203.2	110.0	19.76	H10	73.2	40.0	57.69
H4	263.5	180.2	123.1	C11	232.2	274.3	471.9
H5	248.0	143.7	67.41		274.3	343.3	498.6
	143.7	50.0	58.11	C12	30.0	108.1	333.6
H6	231.8	176.0	51.14		108.1	211.3	381.2
	176.0	120.0	46.49		211.3	232.2	481.2
H7	167.1	116.1	172.0	C13	226.2	228.7	352.2
	116.1	69.6	158.1		228.7	231.8	425.4
H8	146.7	133.3	233.6				

表3-32 加热器信息

名称	连接物流	冷物流		热负荷/(kJ/s)
		入口温度	出口温度	
HU1	C11& Fired Heat（1000）	—	Tied	37900
HU2	C12&HP Steam	—	Tied	27800
HU3	C13&HP Steam	Tied	Tied	—

表3-33 换热器和冷却器信息

名称	连接物流	换热器位置	热物流		冷物流		热负荷/(kJ/s)
			入口温度	出口温度	入口温度	出口温度	
E1	H6&C12	C12，HU2之前	Tied	—	—	Tied	700
E2	H1&C11	C11，HU1之前	Tied	—	—	Tied	15200
E3	H3&C11	C11，E2之前	Tied	—	Tied	Tied	—
E4	H3&C12	H3，E3之后；C12，E1之前	Tied	—	—	Tied	700
E5	H1&C12	H1，E2之后；C12，E4之前	Tied	Tied	—	Tied	—
E6	H3&C12	H3，E4之后；C12，E5之前	Tied	—	Tied	Tied	—

续表

名称	连接物流	换热器位置	热物流		冷物流		热负荷/（kJ/s）
			入口温度	出口温度	入口温度	出口温度	
CU1	H3&Cooling Water	H3，E6之后	Tied	Tied	—	—	—
CU2	H6&Cooling Water	H6，E1之后	Tied	Tied	—	—	—
CU3	H10&Cooling Water	H10	Tied	Tied	—	—	—
CU4	H5&Cooling Water	H5	Tied	Tied	—	—	—
CU5	H9&Cooling Water	H9	Tied	Tied	—	—	—
CU6	H7&Cooling Water	H7	Tied	Tied	—	—	—
CU7	H8&Cooling Water	H8	Tied	Tied	—	—	—
CU8	H2&MP Steam Generation	H2	Tied	Tied	—	—	—
CU9	H4&LP Steam Generation	H4	Tied	Tied	—	—	—

本例模拟步骤如下：

（1）新建模拟

启动 Aspen Energy Analyzer，新建模拟，文件保存为 Example3.14-HEN Retrofit-Automatic.hch。

（2）选择单位集

单位集设置方法参考 3.4.1 节，本例选择的单位见表 3-34。

表 3-34　单位选择

变量名称	单位	变量名称	单位
Energy（能量）	kJ/s	UA（热容流率）	kJ/（s·℃）
Ht Tran Coeff（传热系数）	kJ/（s·m²·℃）	Heat Flux（热通量）	kJ/（s·m²）
Fouling（污垢热阻）	（m²·℃）/kW	Power（功率）	kJ/s

（3）创建热集成项目

在菜单栏选择 Features，执行 HI Project 命令，创建一个新的 HI Project：HIP1。

（4）输入物流数据

进入 **Data | Process Streams** 页面，输入表 3-31 中的物流数据。其中有些物流需要分段，这里以物流 H1 为例进行说明。首先输入物流 H1 的进出口温度，然后双击物流 H1 所在行的任一单元格（除了 HTC 列），打开工艺物流界面，在此界面单击目标出口温度单元格（45℃），并选择 **Insert Segment** 添加一个分段。第一行输入出口温度 202.7℃，热容流率 217.3kJ/（s·℃），第二行输入热容流率 180.1kJ/（s·℃），至此完成物流 H1 的数据输入，如图 3-182 所示。以同样方式输入其他分段物流的数据，物流数据输入完成后如图 3-183 所示。

注：双击HTC列会打开HTC默认值界面，此界面显示了多种有机流体的默认传热系数。

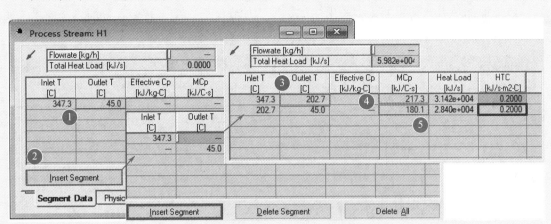

图3-182　输入分段物流H1信息

Data	Name	Inlet T [C]	Outlet T [C]	MCp [kJ/C-s]	Enthalpy [kJ/s]	Segm.	HTC [kJ/s-m2-C]	Flowrate [kg/h]	Effective Cp [kJ/kg-C]	DT Cont. [C]
Process Streams	H1	347.3	45.0	—	5.982e+004	✎	—	—	—	Global
Utility Streams	H2	319.4	244.1	136.2	1.026e+004		0.20	—	—	Global
Economics	H3	297.4	110.0	—	3922	✎	—	—	—	Global
	H4	263.5	180.2	123.1	1.025e+004		0.20	—	—	Global
	H5	248.0	50.0	—	1.248e+004	✎	—	—	—	Global
	H6	231.8	120.0	—	5457		—	—	—	Global
	H7	167.1	69.6	—	1.612e+004	✎	—	—	—	Global
	H8	146.7	73.2	—	1.826e+004	✎	—	—	—	Global
	H9	73.2	30.0	6.843	295.6		0.20	—	—	Global
	H10	73.2	40.0	57.69	1915		0.20	—	—	Global
	C11	232.2	343.3	—	5.427e+004	✎	—	—	—	Global
	C12	30.0	232.2	—	7.545e+004	✎	—	—	—	Global
	C13	226.2	231.8	—	2199	✎	—	—	—	Global
	New									

Data | Targets | Range Targets | Designs | Options | Notes

DTmin 10.00 C　　Unlock Retrofit Mode　　Recommend Designs　　Forbidden Matches

图3-183　输入物流数据

（5）添加公用工程数据

进入 **Data | Utility Streams** 页面，选择题目要求的公用工程，如图3-184所示。

Data	Name	Inlet T [C]	Outlet T [C]	Cost Index [Cost/kJ]	Segm.	HTC [kJ/s-m2-C]	Target Load [kJ/s]	Effective Cp [kJ/kg-C]	Target FlowRate [kg/h]	DT Cont. [C]
Process Streams	Cooling Water	20.00	25.00	2.125e-007		3.75	1.786e+004	4.183	3073307.97	Global
Utility Streams	Fired Heat (1000)	1000	400.0	4.249e-006		0.11	1.765e+004	1.000	105882.53	Global
Economics	HP Steam	250.0	249.0	2.500e-006		6.00	2032	1703	4295.30	Global
	LP Steam Generation	124.0	125.0	-1.890e-006		6.00	6337	2196	10387.36	Global
	MP Steam	175.0	174.0	2.200e-006		6.00	0.0000	1981	0.00	Global
	MP Steam Generation	174.0	175.0	-2.190e-006		6.00	2349	1981	4267.38	Global
	<empty>									

Data | Targets | Range Targets | Designs | Options | Notes

DTmin 10.00 C　　Unlock Retrofit Mode　　Recommend Designs　　Hot Sufficient　Cold Sufficient

图3-184　添加公用工程数据

（6）输入经济参数

进入 **Data | Economics** 页面，Aspen Energy Analyzer提供了默认经济参数，用户可根据需要进行修改。对于本例，采用默认值。

（7）换热网络设计

① 添加加热器　将表3-32中给出的加热器添加到栅格图中，并输入各加热器信息，如图3-185所示。

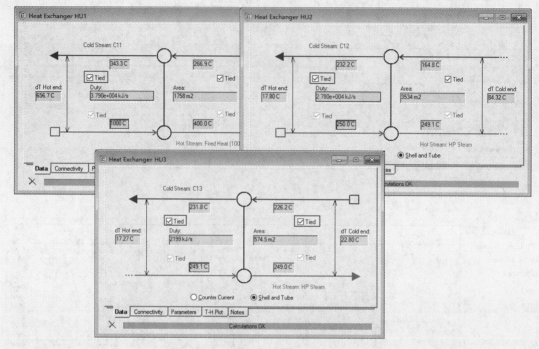

图3-185　设置加热器HU1、HU2和HU3

② 添加换热器和冷却器　将表3-33中给出的换热器和冷却器添加到栅格图中，并输入各换热器和冷却器的信息，完成后换热网络栅格图如图3-186所示。

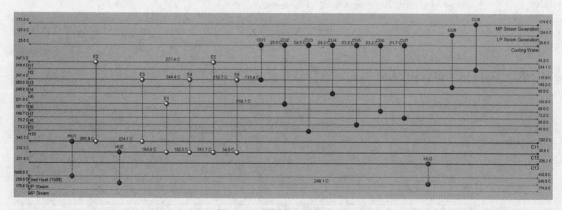

图3-186　换热网络栅格图

（8）换热网络自动改造

① 进入改造环境　在导航窗格选择Scenario 1，单击页面下方的 **Enter Retrofit Mode** 按钮，弹出 **Enter Retrofit Environment** 对话框，如图3-187所示。保持默认设置，单击 **Enter Retrofit Environment** 按钮。

② 改变公用工程换热器　进入 **Scenario 1 1 | Design 1** 页面，单击栅格图上方的 **Modify utility heat exchanger**（改变公用工程换热器）按钮，弹出如图3-188所示对话框。该对话

框表明在本例中，改变任何一台换热器所使用的公用工程类型都未产生可行方案。单击"**确定**"按钮关闭对话框。

③ **移动换热器一端** 进入**Scenario 1 1 | Design 1**页面，单击栅格图上方的**Move one end of a Heat Exchanger**（移动换热器一端）按钮 ，弹出如图3-189所示对话框。该对话框表明在本例中，移动换热器一端可以成功改造换热网络。单击"**确定**"按钮关闭对话框。

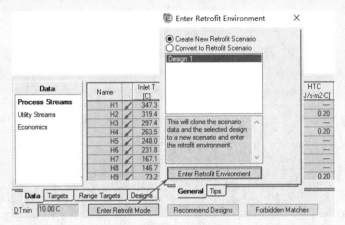

图3-187 进入改造环境

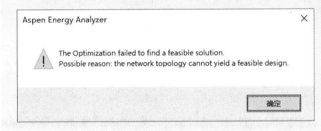

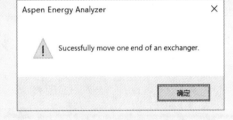

图3-188 未产生可行方案对话框   图3-189 成功移动换热器一端对话框

此时，导航窗格Scenario 1 1下新增了Design 1-1S-1、Design 1-1S-4和Design 1-1S-5三个不同的设计方案。单击其中任意一个，可查看其栅格图，Design 1-1S-1换热网络栅格图如图3-190所示，图中红色框内的换热器一端即为被移动的一端。

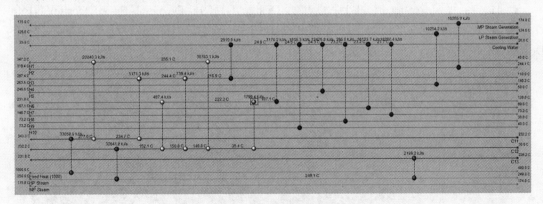

图3-190 Design 1-1S-1换热网络栅格图

④ **移动换热器两端** 进入**Scenario 1 1 | Design 1**页面，单击栅格图上方的**Move both ends of a Heat Exchanger**（移动换热器两端）按钮 ，弹出如图3-191所示对话框。该对话

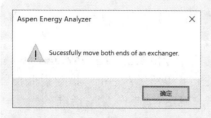

图3-191　成功移动换热器两端对话框

框表明在本例中，移动换热器两端可以成功改造换热网络。单击"**确定**"按钮关闭对话框。

此时，导航窗格Scenario 1 1下新增了Design 1-1P-1、Design 1-1P-2、Design 1-1P-3和Design 1-1P-4四个不同的设计方案。单击其中任意一个，可查看其栅格图，Design 1-1P-1换热网络栅格图如图3-192所示，图中红色框内的换热器即为被移动的换热器。

⑤ 添加新换热器　进入**Scenario 1 1 | Design 1**页面，单击栅格图上方的**Add a Heat Exchanger**（添加换热器）按钮，弹出如图3-193所示对话框。该对话框表明在本例中，添加换热器可以成功改造换热网络。单击"**确定**"按钮关闭对话框。

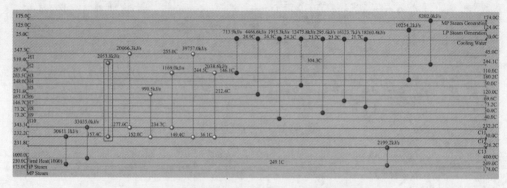

图3-192　Design 1-1P-1换热网络栅格图

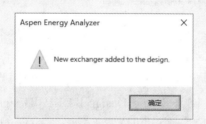

图3-193　成功添加换热器对话框

此时，导航窗格Scenario 1 1下新增了Design 1-1N-1、Design 1-1N-2、Design 1-1N-3、Design 1-1N-4和Design 1-1N-5五个不同的设计方案。单击其中任意一个，可查看其栅格图，Design 1-1N-1换热网络栅格图如图3-194所示，图中红色框内的换热器即为新添加换热器。

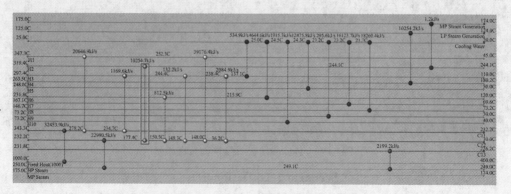

图3-194　Design 1-1N-1换热网络栅格图

（9）比较改造方案

Aspen Energy Analyzer已经生成了几种可能的改造方案，用户可以比较每种方案并选择最适合项目要求的方案。

在导航窗格选择Scenario 1 1，单击**Designs**选项卡，进入工作表页面，该页面显示了原始设计和所有改造设计的数据，如图3-195所示。在工作表中，可以比较每个改造方案的投资回收期（Payback）、换热面积（New Area）、投资费用（Cap.Inv.）、能量消耗（Heating、Cooling）以及节省的操作费用（Op.Saving）。

Design		Payback [years]	Area [m2]	New Area [m2]	Cap. Inv. [Cost]	Heating [kJ/s]	Cooling [kJ/s]	Op. Saving [Cost/s]	
Design 1-1S-5		3.747	2.950e+004	3563	8.618e+005	6.790e+004	7.476e+004	7.292e-003	
Design 1		0.0000	2.617e+004	0.0000	0.0000	6.790e+004	7.476e+004	0.0000	
Design 1-1S-4		3.541	3.047e+004	5023	1.204e+006	6.790e+004	7.476e+004	1.078e-002	
Design 1-1P-4		3.059	2.922e+004	3456	8.259e+005	6.782e+004	7.468e+004	8.562e-003	
Design 1-1S-1		3.105	2.901e+004	3463	8.289e+005	6.790e+004	7.476e+004	8.466e-003	
Design 1-1P-1		2.837	2.930e+004	3412	8.183e+005	6.585e+004	7.271e+004	9.146e-003	
Design 1-1P-2		2.732	2.936e+004	3462	8.301e+005	6.604e+004	7.291e+004	9.636e-003	
Design 1-1P-3		2.254	2.747e+004	1474	3.696e+005	6.699e+004	7.385e+004	5.200e-003	
Design 1-1N-1		2.775	2.973e+004	4711	1.112e+006	5.764e+004	6.451e+004	1.271e-002	
Design 1-1N-2		2.713	2.997e+004	5549	1.310e+006	5.907e+004	6.593e+004	1.531e-002	
Design 1-1N-4		1.821	2.883e+004	3210	8.012e+005	6.254e+004	6.940e+004	1.395e-002	
Design 1-1N-5		3.001	2.920e+004	6414	1.532e+006	5.786e+004	6.472e+004	1.619e-002	
Design 1-1N-3		2.003	3.054e+004	5202	1.246e+006	5.913e+004	6.599e+004	1.973e-002	

Data | Targets | Range Targets | **Designs** | Options | Notes
DTmin 10.00 C   Recommend Designs   ☑ Complete designs only   ☐ Relative to base design ▷

图3-195 比较各改造方案结果

选择Relative to base design复选框，可查看所有改造方案相对于初始设计的百分比值，如图3-196所示。

Design		Payback [years]	Area [%]	New Area [%]	Cap. Inv. [%]	Heating [%]	Cooling [%]	Op. saving [%]	
Design 1-1S-5		3.747	112.73	13.61	112.67	100.00	100.00	100.00	
Design 1		0.0000	100.00	0.00	100.00	100.00	100.00	100.00	
Design 1-1S-4		3.541	116.43	19.19	116.21	100.00	100.00	100.00	
Design 1-1P-4		3.059	111.64	13.21	111.50	99.89	99.90	99.89	
Design 1-1S-1		3.105	110.83	13.23	110.61	100.00	100.00	100.00	
Design 1-1P-1		2.837	111.96	13.04	111.64	96.98	97.25	97.12	
Design 1-1P-2		2.732	112.17	13.23	112.09	97.27	97.52	97.40	
Design 1-1P-3		2.254	104.97	5.63	104.96	98.66	98.79	98.73	
Design 1-1N-1		2.775	113.58	18.00	112.85	84.90	86.28	85.62	
Design 1-1N-2		2.713	114.53	21.20	114.19	87.00	88.19	87.62	
Design 1-1N-4		1.821	110.17	12.27	110.55	92.11	92.83	92.49	
Design 1-1N-5		3.001	111.57	24.51	111.19	85.22	86.57	85.93	
Design 1-1N-3		2.003	116.68	19.88	116.52	87.09	88.27	87.71	

Data | Targets | Range Targets | **Designs** | Options | Notes
DTmin 10.00 C   Recommend Designs   ☑ Complete designs only   ☑ Relative to base design ▷

图3-196 比较改造方案与初始设计

例3.15 以本书配套文件Styrene Production Process.hsc为基础，激活Aspen HYSYS能量分析面板，寻找设计改进方案，并在Aspen HYSYS流程模拟中实施改造方案。

本例模拟步骤如下：

（1）打开本书配套文件

打开Styrene Production Process.hsc，另存为Example3.15-Styrene Production Process-Automatic Retrofit.hsc。

（2）查找改造方案

单击**Energy**控制面板，进入 **Energy Analysis | Configuration**页面，如图3-197所示。单击**Analyze Energy Savings**按钮，进入**Savings Summary**页面，查看节能减排整体情况，如图3-198所示。

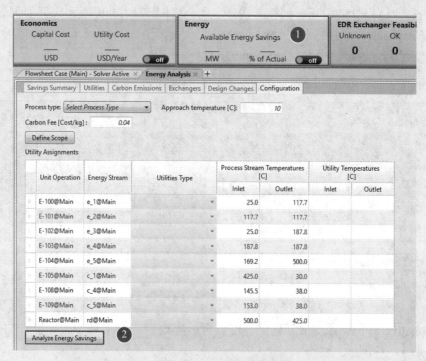

图3-197　能量分析界面

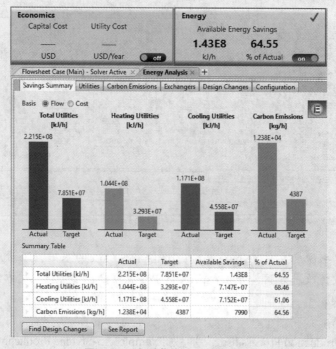

图3-198　查看节能减排整体情况

进入**Design Changes**页面，如图3-199所示，保持默认设置并单击**Find Design Changes**（查找设计改进）按钮，Aspen HYSYS将寻找通过增加换热面积、添加换热器和重新布置换热器的改造设计，如图3-200所示。

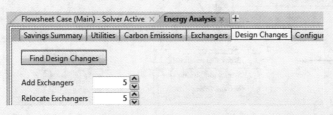

图3-199　查找设计改进

	Energy Saving [%]	Payback [year]	New Area [m2]	Extra Capital Cost	Energy Cost Savings [Cost/Yr]	Hot Side Fluid	Cold Side Fluid
Solution 1	13.12	0.1952	208.7	67,383	345,390	Upstream to E-105@Main	Upstream to E-102@Main
Solution 2	18.92	0.1973	303.3	87,369	443,098	Upstream to E-105@Main	Upstream to E-101@Main
Solution 3	18.92	0.1973	303.1	87,324	442,942	Upstream to E-105@Main	Upstream to E-100@Main
Solution 4	26.10	0.2483	634.9	170,502	687,263	Upstream to E-105@Main	Upstream to E-103@Main
Solution 5	26.16	0.996	4589	1,127,673	1,133,023	Upstream to E-105@Main	Upstream to E-104@Main

图3-200　查找设计改进结果

（3）选择最佳解决方案

分析完成后，用户在添加换热器选项下可看到几种改进方案，其中解决方案5具有最大节能效果，因此采用此方案，使新增换热器E-100位于E-104和E-105的上游，并尝试将其应用到当前流程中。

（4）实施方案

选择Flowsheet Case（Main）选项卡返回至Aspen HYSYS流程图，在激活能量分析面板中关闭能量分析，以防止每次修改流程图时Aspen HYSYS均计算节能潜力，当实施方案完成后再将其打开。

右击RCY和E-104之间的物流线5a，执行Break Connection（断开连接）命令。对Reactor和E-105之间的物流线reactor effluent执行相同的命令。完成后如图3-201所示。

按F4键打开**Object Palette**（对象面板），单击面板中的换热器，然后在流程图中的空白区域再次单击以放置换热器，新增换热器的名称默认为E-106，如图3-202所示。

双击换热器E-106，进入**Design | Connections**页面，在下拉列表中选择5a为管程进口物流，reactor effluent为壳程进口物流，输入cold out和hot out分别作为管程和壳程出口物流名称，如图3-203所示。

进入**Design | Parameters**页面，输入管程、壳程两侧压降为0，并取消选中Use Ft下的复选框，如图3-204所示。

进入**Design | Specs**页面，单击**Add**按钮创建新规定，将Name更改为Min Approach，选择Type为Min Approach（最小传热温差），选择Pass为Overall，并将Spec Value设置为10℃，如图3-205所示。至此，换热器E-106设置完成。

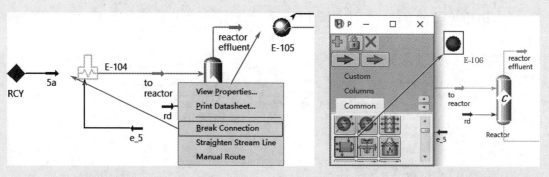

图3-201　断开物流连接　　　　　　　　图3-202　添加换热器至模拟流程

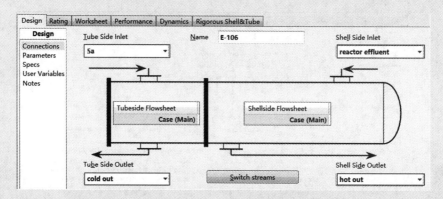

图3-203　输入换热器E-106连接物流

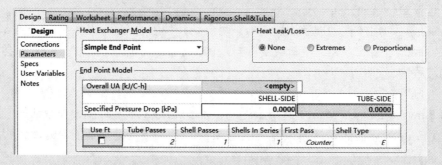

图3-204　输入换热器E-106参数

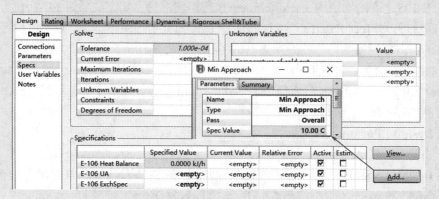

图3-205　指定最小传热温差

双击换热器E-104，连接cold out至E-104进口，如图3-206所示。以同样的方式连接hot out物流至E-105进口，完成后流程图如图3-207所示。

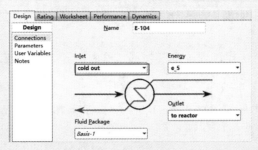

图3-206 连接换热器E-104进口物流

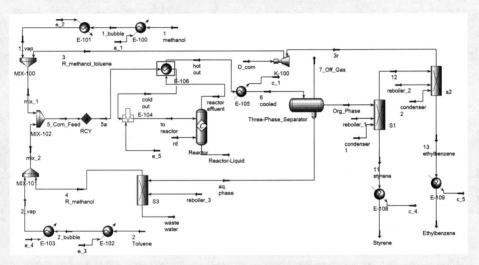

图3-207 新换热器设置完成后的流程图

打开能量分析面板，进入 **Energy Analysis | Savings Summary** 页面，如图3-208所示。添加E-106后，当前过程能耗与图3-198中能耗相比更接近目标值。

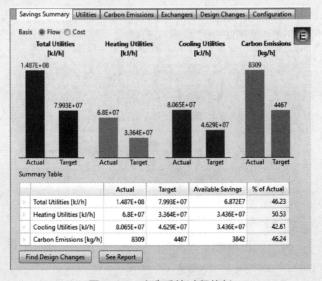

图3-208 改造后的过程能耗

3.6.4　寻找网络夹点

网络夹点代表了换热网络中的热力学瓶颈，限制了网络的热回收，关于网络夹点的详细介绍见2.8.3节。

寻找网络夹点是一个迭代过程，本节将通过例3.16介绍如何在Aspen Energy Analyzer中利用回路和路径寻找网络夹点。

程序源文件

例3.16　本书配套文件Network Pinch.hch给出了如图3-209所示的换热网络，该换热网络 ΔT_{min} 为10℃。试对其进行分析，在不改变换热网络结构的前提下，确定最大可回收热量，找到网络夹点。

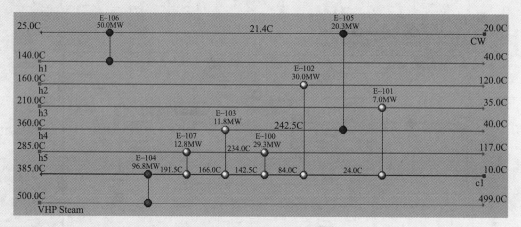

图3-209　初始换热网络栅格图

本例模拟步骤如下：

（1）打开本书配套文件

打开Network Pinch.hch，另存为Example3.16-Finding the Network Pinch.hch。

（2）确定换热网络中的所有回路和路径

① 右击栅格图的空白区域，执行Show Loops命令，如图3-210所示。此换热网络中只有一个回路，回路中包含了E-100和E-107两台换热器。

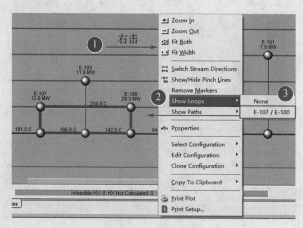

图3-210　换热网络栅格图中显示回路

② 右击栅格图的空白区域，执行Show Paths命令，如图3-211所示。此换热网络中只有一条路径，路径上含有E-104、E-103和E-105三台换热器。

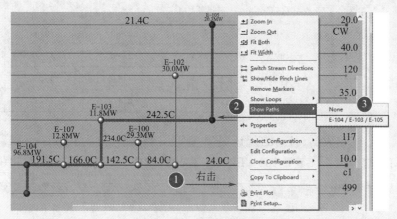

图3-211 换热网络栅格图中显示路径

（3）沿路径转移热负荷

第一次沿路径转移热负荷示意图如图3-212所示，X表示转移的热负荷。沿路径转移热负荷，通过热量平衡计算得到表3-35。

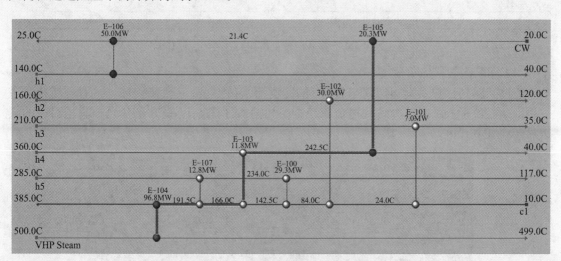

图3-212 沿路径转移热负荷示意图

表3-35 沿路径转移热负荷对应的换热器信息

换热器E-103						
X/MW	T_{hi}/℃	T_{co}/℃	左侧温差/℃	T_{ho}/℃	T_{ci}/℃	右侧温差/℃
0	360.0	166.0	194.0	242.5	142.5	100.0
4	360.0	174.0	186.0	202.5	142.5	60.0
8	360.0	182.0	178.0	162.5	142.5	20.0
9	360.0	184.0	176.0	152.5	142.5	10.0

换热器E-107						
X/MW	T_{hi}/°C	T_{co}/°C	左侧温差/°C	T_{ho}/°C	T_{ci}/°C	右侧温差/°C
0	285.0	191.5	93.5	234.0	166.0	68.0
4	285.0	199.5	85.5	234.0	174.0	60.0
8	285.0	207.5	77.5	234.0	182.0	52.0
9	285.0	209.5	75.5	234.0	184.0	50.0

结果显示当 $X=9$MW 时，E-103逼近瓶颈，换热器右侧温差为10.0℃。

当 $X=9$MW 时，重新设置E-104、E-103、E-105的相关参数，具体操作如图3-213所示。

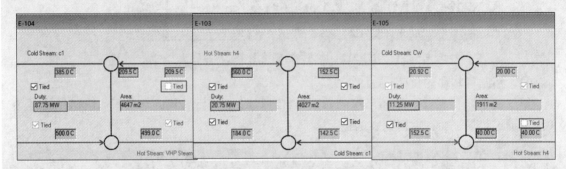

图3-213 $X=9$MW时设置E-104、E-103、E-105

（4）回路内转移热负荷

通过回路转移热负荷可以降低E-103的冷物流入口温度，从而增加E-103右侧温差，进一步推动系统进行。回路内转移热负荷示意图如图3-214所示，转移的热负荷与相对应的换热器数据见表3-36。

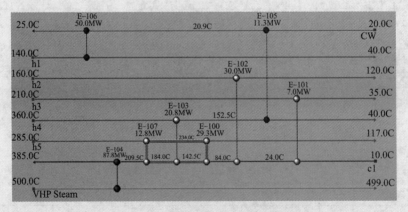

图3-214   回路内转移热负荷示意图

表3-36   回路内转移热负荷对应的换热器信息

换热器E-103						
X/MW	T_{hi}/°C	T_{co}/°C	左侧温差/°C	T_{ho}/°C	T_{ci}/°C	右侧温差/°C
0	360.0	184.0	176.0	152.5	142.5	10.0
5	360.0	174.0	186.0	152.5	132.5	20.0

续表

换热器E-103						
X/MW	T_{hi}/℃	T_{co}/℃	左侧温差/℃	T_{ho}/℃	T_{ci}/℃	右侧温差/℃
10	360.0	164.0	196.0	152.5	122.5	30.0
15	360.0	154.0	206.0	152.5	112.5	40.0
16.75	360.0	150.5	209.5	152.5	109.0	43.5
换热器E-107						
X/MW	T_{hi}/℃	T_{co}/℃	左侧温差/℃	T_{ho}/℃	T_{ci}/℃	右侧温差/℃
0	285.0	209.5	75.5	234.0	184.0	50.0
5	285.0	209.5	75.5	214.0	174.0	40.0
10	285.0	209.5	75.5	194.0	164.0	30.0
15	285.0	209.5	75.5	174.0	154.0	20.0
16.75	285.0	209.5	75.5	167.0	150.5	16.5

结果表明随着X的增加，E-103远离瓶颈，E-107靠近瓶颈。

回路内转移16.75MW热负荷后的换热网络如图3-215所示。

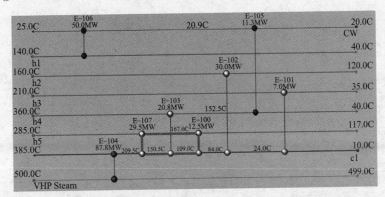

图3-215　回路内转移16.75MW热负荷后的换热网络栅格图

（5）再次沿路径转移热负荷

换热器E-103的瓶颈已经通过在回路内转移热负荷而被消除，接下来可以沿路径转移更多热量来减少加热器的热负荷，如图3-216所示，换热器的相关数据如表3-37所示。

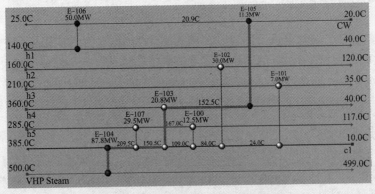

图3-216　再次沿路径转移热负荷示意图

表3-37　再次沿路径转移热负荷对应的换热器信息

换热器E-103						
X/MW	T_{hi}/℃	T_{co}/℃	左侧温差/℃	T_{ho}/℃	T_{ci}/℃	右侧温差/℃
0	360.0	150.5	209.5	152.5	109.0	43.5
2	360.0	154.5	205.5	132.5	109.0	23.5
3.25	360.0	157.0	203.0	120.0	109.0	11.0
换热器E-107						
X/MW	T_{hi}/℃	T_{co}/℃	左侧温差/℃	T_{ho}/℃	T_{ci}/℃	右侧温差/℃
0	285.0	209.5	75.5	167.0	150.5	16.5
2	285.0	213.5	71.5	167.0	154.5	12.5
3.25	285.0	216.0	69.0	167.0	157.0	10.0

　　结果表明 X =3.25MW时，E-103和E-107都在靠近瓶颈，已无法继续转移热负荷，网络夹点已经找到。

　　再次沿路径转移热负荷后，换热网络如图3-217所示，此时冷热公用工程用量分别为58.0MW和84.5MW。

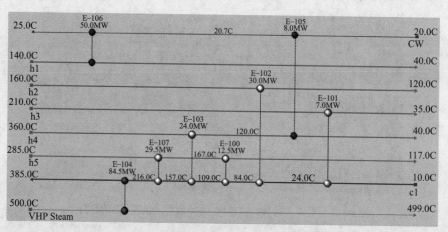

图3-217　再次沿路径转移热负荷后的换热网络栅格图

3.6.5　克服网络夹点

　　上一节已经找到了网络夹点，即找到了换热网络的限制，本节将进一步改造换热网络以减少或消除瓶颈，方法包括：重排换热器、重新配管换热器、添加新换热器和分流。

　　下面通过例3.17介绍克服网络夹点的多种方法。

程序源文件

例3.17　以例3.16为基础，尝试使用不同方法克服网络夹点，减少或消除瓶颈。

本例模拟步骤如下：

（1）网络修改分析

打开本书配套文件Example3.16-Finding the Network Pinch.hch，另存为Example3.17-Overcoming Network Pinch.hch，换热网络如图3-217所示。

换热网络中的两台换热器E-103和E-107正在"挤压"系统。为了克服网络夹点，如前所述可采用四种方法改进系统，四种方法的比较如表3-38所示。从经济角度考虑，优先采用成本最低的方法改进换热网络。

表3-38　比较四种克服网络夹点的方法

方法	成本	过程改进	描述
重排换热器	最低	最少	更改换热器一侧物流
重新配管换热器	较低	较少	完全移动换热器，改变两侧的物流
添加新换热器	较高	较少，与重新配管大致相同	添加一台新换热器到流程中
分流	最高	大量	涉及额外的管道、控制器、三通和混合器的处理，是最昂贵和最不可取的选择

（2）网络修改方法

① 重排换热器E-101，方案如图3-218所示。重排后热物流出口温度（35℃）小于冷物流进口温度（70℃），因此不可行。

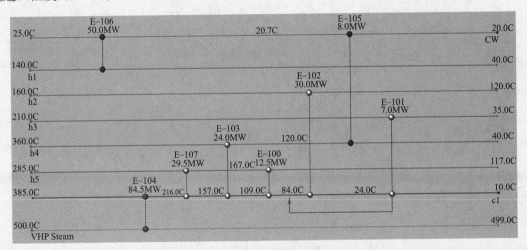

图3-218　重排换热器E-101

② 重排换热器E-102，方案如图3-219所示。重排后发现不利于改善热回收，冷热公用工程用量仍分别为58.0MW和84.5MW。

③ 添加新换热器，方案如图3-220所示。添加换热器后需要修改多台换热器的热负荷，以便在不违反ΔT_{min}=10℃的情况下恢复系统平衡，因此本例不采取此方案。

④ 添加分流，方案如图3-221所示。通常，当两个或多个相邻的以串联形式布置的夹点换热器存在于换热网络物流中时，可以使用分流。

添加分流后，调整E-103的热负荷以满足最小传热温差，并调整分流分率使两分支的出口温度大致相等，最终设置的分流分率如图3-222所示，与热物流h4匹配的分支分流分率为0.450。

另外，物流h1上无任何过程换热器，只有一个公用工程换热器，将换热器E-100的热端移到物流h1上，放在E-106上游；为了避免物流h5添加额外的换热器，设置换热器E-107热物流出口温度为117℃；为使E-107满足最小传热温差，E-100冷物流出口温度应为107℃；调整换热器E-103冷端出口温度为117℃，此时换热网络如图3-223所示。

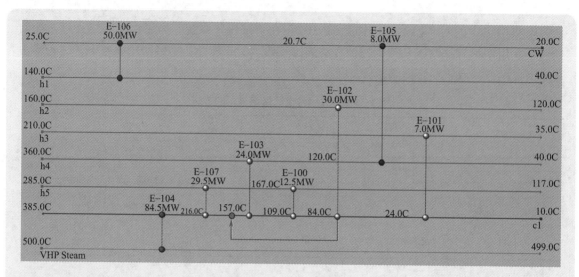

图3-219 重排换热器E-102

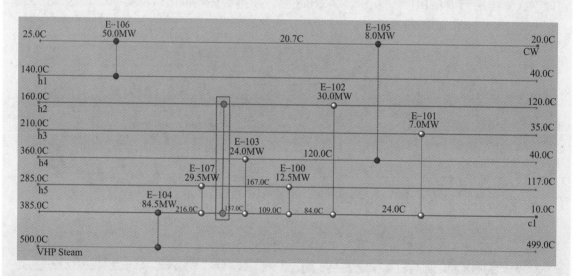

图3-220 添加新换热器

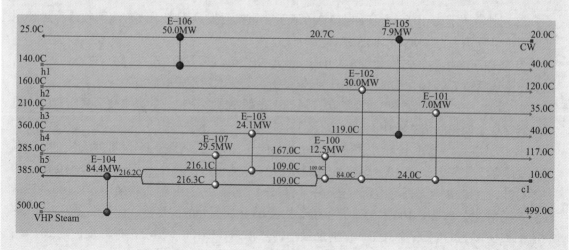

图3-221 添加分流

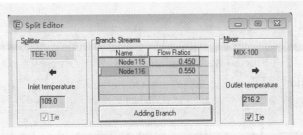

图3-222 设置分流分率

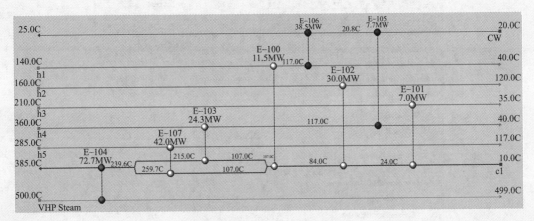

图3-223 最终换热网络栅格图

虽然换热网络中仍有两台换热器"挤压"系统，但是冷热公用工程热负荷均降低，其中冷公用工程热负荷从58.0MW降至46.2MW，热公用工程热负荷从84.5MW降至72.7MW。

此时，换热网络中出现一条新路径，在本例添加分流之前不存在这个路径，这就是改造过程的本质，一次更改可能产生更多的修改方案。读者可继续对系统进行修改，以提高性能并满足能量和投资费用目标。

3.6.6 工艺过程改变

工艺过程改变的具体内容见2.6.1节，本节将借助组合曲线找出有助于提高过程性能的工艺过程改变，并在流程模拟中实现这些改变。

下面通过例3.18介绍工艺过程改变的应用。

例3.18 某一烷烃分离过程如图3-224所示，公用工程采用冷却水、低压蒸汽和高压蒸汽，ΔT_{min}取15℃。将Aspen Plus模拟数据导入Aspen Energy Analyzer，分析塔COLUMN1，提出工艺过程改变建议。

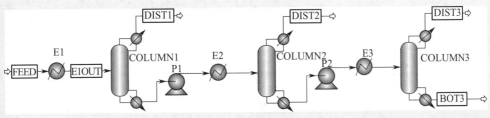

图3-224 某一烷烃分离过程流程图

本例模拟步骤如下：

（1）提取物流数据

打开本书配套文件Process Modifications.bkp，单击**Energy**控制面板，进入**Energy Analysis | Configuration**页面，输入Approach temperature为15℃，在Utility Assignments表中，单击Utilities Type列的下三角按钮，为物流选择公用工程，如图3-225所示。

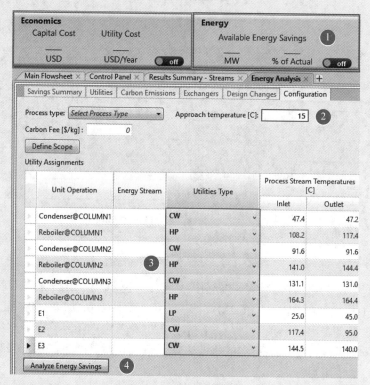

图3-225　选择公用工程

单击页面下方的**Analyze Energy Savings**按钮，完成节能分析。进入Energy Analysis环境，单击Home功能区选项卡中的**Details**按钮，弹出**Energy Analysis**对话框，单击**Yes**按钮，将数据导入Aspen Energy Analyzer，如图3-226所示。

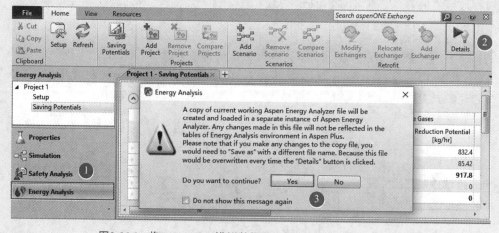

图3-226　将Aspen Plus模拟数据导入Aspen Energy Analyzer

进入Aspen Energy Analyzer界面，将文件另存为Example3.18-Process Modifications.hch。

进入 **Targets | Summary** 页面，查看能量目标和夹点温度，如图3-227所示。冷热公用工程目标分别为4516kW和8391kW；冷热工艺物流的夹点温度分别为116.1℃和131.1℃。

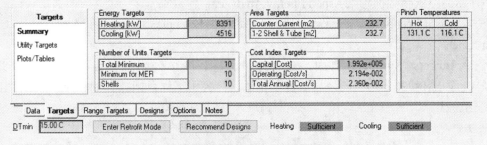

图3-227 能量目标和夹点温度

（2）分析塔COLUMN1再沸器

将鼠标指针悬停在夹点附近的冷物流上，组合曲线中会出现带有此物流名称（To Reboiler@COLUMN1_TO_BOT1）的文本框，如图3-228所示。这表示塔COLUMN1再沸器处在夹点位置。

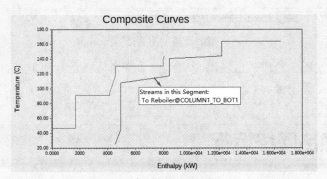

图3-228 组合曲线

虽然过程改变需要一定的经验，但根据组合曲线的形状，并结合工艺流程本身（含有多个精馏塔），便可以进一步考虑能量集成。因为塔COLUMN1再沸器跨越了夹点传热，故可以降低塔压力，将再沸器完全移至夹点之下，从而增加夹点之下冷物流的总热负荷，减小夹点之上冷物流的总热负荷，最终减少冷热公用工程用量。

（3）改变塔压

保持公用工程不变，改变塔压便于热集成。在Aspen Plus模拟流程中，双击COLUMN 1，选择Pressure选项卡，将COLUMN1压力由4.5atm减小至4atm，如图3-229所示。

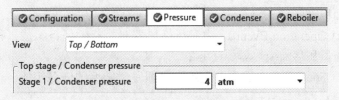

图3-229 改变COLUMN1压力

改变塔压后运行模拟，流程收敛。查看结果发现塔顶、塔底温度均降低，而产物物质的量浓度仍能满足分离要求，因此改变塔压可行。

将模拟文件另存为Process Modifications-Column Pressure.bkp。

单击**Energy**控制面板，进入**Energy Analysis | Configuration**页面，按图3-225所示为工艺物流选择公用工程，单击页面下方**Analyze Energy Savings**按钮，完成节能分析。采用图3-226所示的方式将数据导入Aspen Energy Analyzer。

进入Aspen Energy Analyzer界面，将文件另存为Example3.18-Process Modifications-Column Pressure.hch。

进入**Targets | Summary**页面，查看能量目标，冷热公用工程目标分别为4168kW和8011kW，如图3-230所示。与塔压改变前相比，冷公用工程目标减少348kW，热公用工程目标减少380kW。

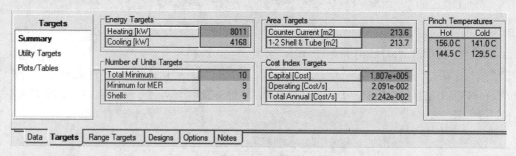

图3-230　能量目标

通过本例可以发现，若塔的放置跨越夹点，改变塔压，可有效地将再沸器转移到夹点之下，从而减少公用工程用量。

3.7　换热网络运行

在操作条件发生改变时，可运用运行模式分析现有换热网络性能，研究各种运行选项和策略。运行模式包括假设分析和趋势分析两个功能。

3.7.1　假设分析

假设分析可以对有限时间内发生的事件进行分析，一个事件可由多个任务组成。Aspen Energy Analyzer将事件分为四类：

① 维护事件（Maintenance Event）　由维护换热器时执行的任务组成，包括清理换热器、增加换热器传热面积等任务；

② 运行事件（Operation Event）　由运行换热器时执行的任务组成，包括改变物流进口温度、更改物流流量和移除换热器等任务；

③ 结垢事件（Fouling Event）　由表示换热器发生结垢的任务组成，包括研究换热器结垢程度等任务；

④ 处理量事件（Throughput Event）　由改变工艺物流流量的任务组成，仅含有修改换热网络中所有工艺物流的流量百分比任务。

下面通过例3.19介绍Aspen Energy Analyzer假设分析的应用。

例3.19 对图3-231所示换热网络进行假设分析。

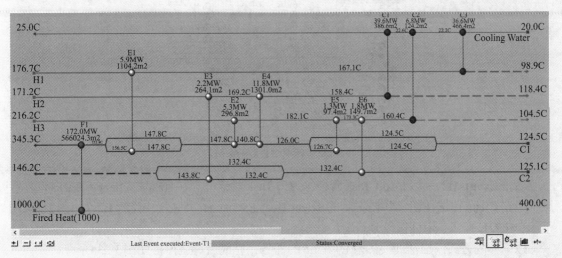

图3-231 假设分析换热网络栅格图

本例模拟步骤如下：

打开本书配套文件What If Analysis.hch，另存为Example3.19 - What If Analysis.hch，换热网络栅格图如图3-231所示。

单击栅格图底部 **What If Analysis** 按钮 ，进入假设分析窗口，如图3-232所示。通过假设分析，可创建事件对换热网络中的特定换热器执行某些任务，例如清理和移除换热器。

本例需要添加清理和移除换热器E1、E2、E4和E5的8个独立任务，其中导航窗格的Event Summary（事件概要）树形结构已存在清理和移除换热器E1的2个独立任务，分别为Event-M1中的E1和Event-P1中的E1。因此，只需要添加清理和移除换热器E2、E4和E5的6个独立任务即可。

以清理换热器E2为例说明任务的添加过程。首先创建事件，右击导航窗格的 **Event Summary**，执行Add Event命令，创建事件Event-P2，并重命名为Event-M2，如图3-233所示。

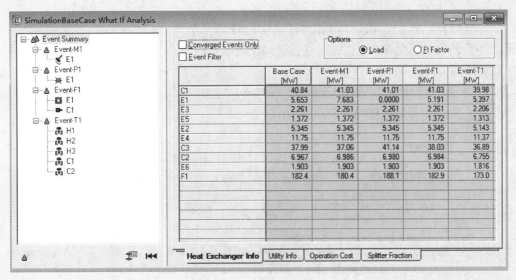

图3-232 假设分析窗口

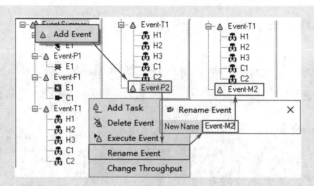

图3-233　创建事件Event-M2

　　右击 **Event-M2**，执行 Add Task 命令，弹出 **Task** 对话框。在 Heat Exchanger Tasks 选项区域，单击 **Clean** 单选按钮，并在右侧的 Select Heat Exchanger 列表框中选择 E2，如图3-234 所示。单击 **OK** 按钮，返回假设分析窗口。

　　以同样的方式添加清理换热器 E4 和 E5 的任务，完成后导航窗格如图3-235 所示。

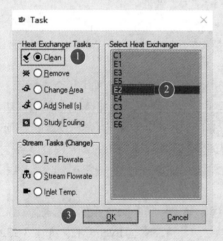

图3-234　创建清理换热器E2任务

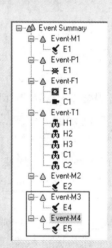

图3-235　添加清理换热器任务

　　单击清理换热器 E1、E2、E4 和 E5 任务中的任意一个，查看清理后该换热器的新传热系数。换热器 E1 清理后的新传热系数如图3-236 所示。

　　采用类似的步骤添加移除（Remove）换热器 E2、E4 和 E5 的任务。完成后导航窗格如图3-237 所示。

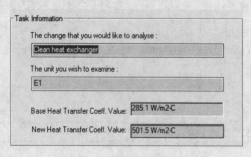

图3-236　查看E1的新传热系数　　　　　图3-237　添加移除换热器任务

在移除换热器E1、E2、E4和E5的任务中，换热器的新换热面积均为0，表示换热器被移除，如图3-238所示。

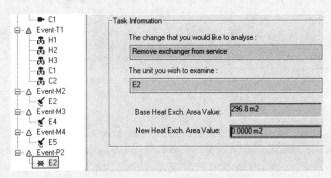

图3-238 换热器的新换热面积

在导航窗格的Event Summary树形结构中，新添加事件的左边图标为黄色三角形△，表示还未对事件进行评估。右击带有黄色三角形的事件，执行Execute Event（执行事件）命令，则三角形颜色由黄色变为绿色，表示已对事件进行评估。

任务完成后，单击导航窗格的**Event Summary**，进入**Operation Cost**页面，如图3-239所示。

在Operation Cost页面，可查看每个事件下的操作费用。将基础案例和8个事件下的操作费用复制到带有公式的Excel配套文件HEN-Ops-Set-Up.xls中，所需复制的数据如表3-39所示。复制时需注意数据单位的一致性。

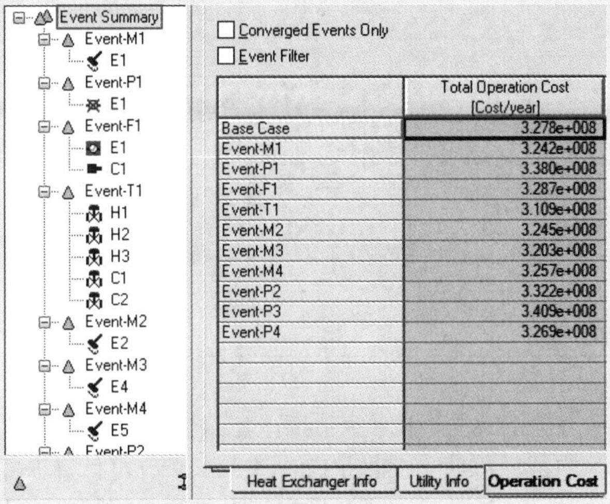

图3-239 操作费用页面

表3-39 复制操作费用到Excel文件

事件	Aspen Energy Analyzer 中数据/（\$/year）	Excel 单元格	变量/（\$/year）
Base Case	3.278e+08	B25	总操作费用
Event-M1	3.242e+08	B29	清理E1后的操作费用
Event-M2	3.245e+08	B30	清理E2后的操作费用

续表

事件	Aspen Energy Analyzer中数据/（$/year）	Excel单元格	变量/（$/year）
Event-M3	3.203e+08	B31	清理E4后的操作费用
Event-M4	3.257e+08	B32	清理E5后的操作费用
Event-P1	3.380e+08	D29	移除E1后的操作费用
Event-P2	3.322e+08	D30	移除E2后的操作费用
Event-P3	3.409e+08	D31	移除E4后的操作费用
Event-P4	3.269e+08	D32	移除E5后的操作费用

Excel表中的结果如图3-240所示。按年总费用节省量（Total Savings）递减排序，结果如图3-241所示，从中可以看出，清理和移除换热器E4节省的年总费用最多。

	A	B	C	D	E	F	G	H	I	J
23		Total Op. Cost								
24		($/year)								
25		$ 327,824,393								
26										
27	Heat	Op. Cost Clean	Op. Cost Savings	Op. Cost Off-Line	Op. Cost Loss	Cleaning	Off-Line	Cleaning	Total	Total Savings
28	Exchanger	($/year)	($/year)	($/year)	($/year)	Time(weeks)	Cost ($)	Cost ($)	Cost ($)	($/year)
29	E1	$ 324,176,761	$ 3,647,632	$ 337,982,240	$ 10,157,847	2	$ 390,686	$ 50,000	$ 440,686	$ 3,066,652
30	E2	$ 324,454,646	$ 3,369,747	$ 332,158,713	$ 4,334,320	2	$ 166,705	$ 50,000	$ 216,705	$ 3,023,436
31	E4	$ 320,267,259	$ 7,557,134	$ 340,914,722	$ 13,090,329	2	$ 503,474	$ 50,000	$ 553,474	$ 6,713,001
32	E5	$ 325,691,432	$ 2,132,961	$ 326,917,455	$ (906,937)	2	$ (34,882)	$ 50,000	$ 15,118	$ 2,035,806

图3-240　复制结果到Excel表

	A	B	C	D	E	F	G	H	I	J
23		Total Op. Cost								
24		($/year)								
25		$ 327,824,393								
26										
27	Heat	Op. Cost Clean	Op. Cost Savings	Op. Cost Off-Line	Op. Cost Loss	Cleaning	Off-Line	Cleaning	Total	Total Savings
28	Exchanger	($/year)	($/year)	($/year)	($/year)	Time(weeks)	Cost ($)	Cost ($)	Cost ($)	($/year)
29	E4	$ 320,267,259	$ 7,557,134	$ 340,914,722	$ 13,090,329	2	$ 503,474	$ 50,000	$ 553,474	$ 6,713,001
30	E1	$ 324,176,761	$ 3,647,632	$ 337,982,240	$ 10,157,847	2	$ 390,686	$ 50,000	$ 440,686	$ 3,066,652
31	E2	$ 324,454,646	$ 3,369,747	$ 332,158,713	$ 4,334,320	2	$ 166,705	$ 50,000	$ 216,705	$ 3,023,436
32	E5	$ 325,691,432	$ 2,132,961	$ 326,917,455	$ (906,937)	2	$ (34,882)	$ 50,000	$ 15,118	$ 2,035,806

图3-241　对Excel表中的结果进行排序

3.7.2　趋势分析

趋势分析可用于研究给定时间段内换热网络的性能变化。通过在每个时间间隔内指定传热系数，可模拟换热器的结垢程度。Aspen Energy Analyzer可计算并绘制换热网络关键变量与时间的关系曲线，时间间隔可以天、周、月或年为单位，间隔大小不必相等。

下面通过例3.20介绍Aspen Energy Analyzer趋势分析的应用。

程序源文件

例3.20　对图3-242所示换热网络栅格图进行趋势分析。

本例模拟步骤如下：

打开本书配套文件Trend Analysis.hch，另存为Example3.20 - Trend Analysis.hch，换热网络栅格图如图3-242所示。单击栅格图底部 **Trend Analysis** 按钮，进入趋势分析窗口。

单击导航窗格顶部Trend Analysis Summary（趋势分析概要），页面如图3-243所示。右击Trend Analysis Summary树形结构中的Study-1，执行Change Throughput（改变处理量）命

令，弹出**Change Throughput**对话框，将7月份处理量降低0.5%，如图3-244所示。单击**Accept**按钮，关闭**Change Throughput**对话框。

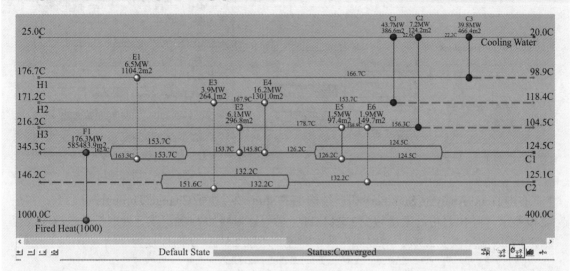

图3-242 换热网络栅格图趋势分析

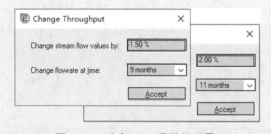

图3-243 趋势分析窗口

图3-244 降低7月份处理量

以同样的方式将9月份处理量降低1.5%，将11月份处理量降低2%，如图3-245所示。

右击Trend Analysis Summary树形结构中的Study-2，执行Clean Exchanger / Change Massflow（清理换热器/改变质量流量）命令，弹出**Study-2**对话框。7月份到8月份清理换热器E4，由此，导致清理期间处理量降低5%。在Study-2对话框中，对7月份到8月份清理换热器E4的设置如图3-246所示。单击**Create**按钮完成设置。

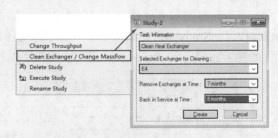

图3-245 改变9、11月份处理量

图3-246 清理换热器E4

右击Trend Analysis Summary树形结构中的Study-2，执行Change Throughput命令，如图3-247所示，将7月份处理量减少5%，8月份处理量增加5%。由于执行事件时，Aspen Energy Analyzer不会从上次执行的事件获取变量值，而是从基本案例获取变量值，所以改变处理量的组合使清理操作开始时流量减少5%，清理操作结束时流量增加5%，从而恢复为原始值。

从10月份到11月份清理换热器E1，清理期间处理量减少2.5%。在Study-2对话框中，对10月份到11月份清理换热器E1的设置如图3-248所示。单击**Create**按钮完成设置。

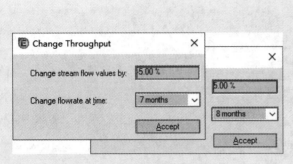
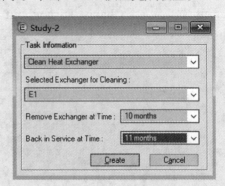

图3-247　改变7、8月份处理量　　　　　图3-248　清理换热器E1

右击 Trend Analysis Summary 树形结构中的 Study-2，执行 Change Throughput 命令，如图3-249所示，将10月份处理量减少2.5%，11月份处理量增加2.5%。改变处理量的组合使清理操作开始时流量减少2.5%，清理操作结束时流量增加2.5%，从而恢复为原始值。

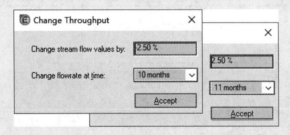

图3-249　改变10、11月份处理量

右击导航窗格的 **Trend Analysis Summary**，执行 Add Study 命令，创建 Study-3。

采用同样的方式，Study-3从7月份到8月份清理换热器E1，清理期间处理量减少3.5%，如图3-250和图3-251所示。从10月份到11月份清理换热器E4，清理期间处理量减少4%，如图3-252和图3-253所示。

选择Study-1，单击 **Execute Selected Study**（执行所选研究）按钮，待趋势分析完成后，在窗口右半部分的下拉列表框选择所需显示的趋势和物流，查看研究结果，以Utility Stream Trend中的Fired Heat（1000）为例，如图3-254所示。单击图形下方 **View Stand Alone Plot** 按钮，Study-1研究结果曲线可单独在窗口中显示。采用同样的方式，Study-2的研究结果如图3-255所示，Study-3的研究结果如图3-256所示。

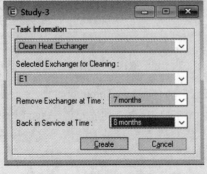
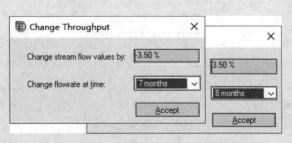

图3-250　清理换热器E1　　　　　　　　图3-251　改变7、8月份处理量

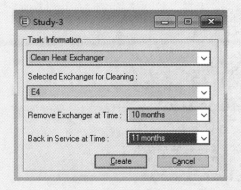

图3-252 清理换热器E4

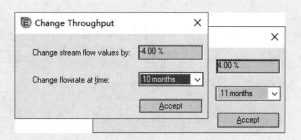

图3-253 改变10、11月份处理量

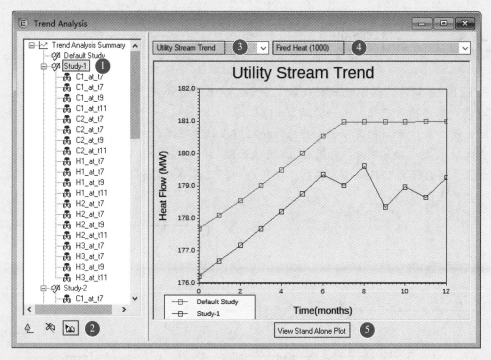

图3-254 查看Study-1研究结果

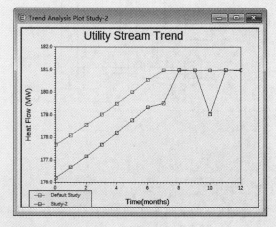

图3-255 Study-2结果曲线

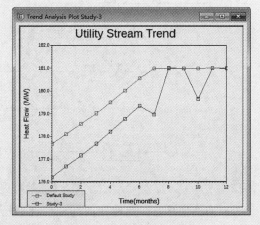

图3-256 Study-3结果曲线

单击导航窗格的**Trend Analysis Summary**，可在窗口右半部分使用下拉菜单访问各趋势分析结果，如Cumulative Profit Index（累积利润指数），结果如图3-257所示。

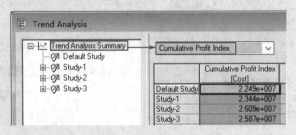

图3-257　查看累计利润指数的趋势分析结果

3.8　入门示例

程序源文件

例3.21　原油通过蒸馏被分割成若干馏分，以生产诸如重质和轻质石脑油、煤油、粗柴油和燃料油等可销售产品。某一原油预热系统流程如图3-258所示。进料原油被分成两股物流分别在换热器10和换热器6中被燃料油和轻质石脑油物流加热，混合后进入脱盐罐。脱盐罐采出物流依次在换热器9、换热器7、换热器8、换热器5和换热器4中与重质石脑油、煤油、回流、粗柴油和燃料油物流换热。空气冷却器、水冷却器和锅炉给水加热器用于将产品物流冷却至目标温度。

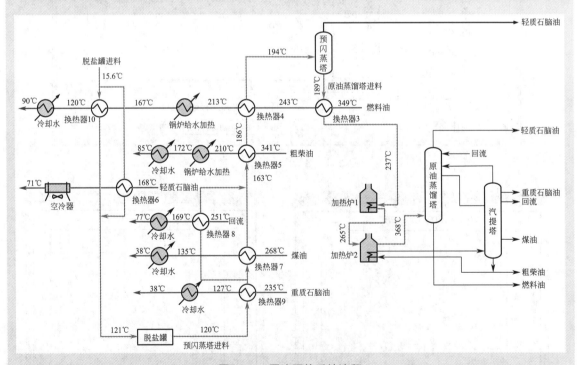

图3-258　原油预热系统流程

原油经预热后，通过预闪蒸操作脱除轻质石脑油馏分。预闪蒸塔底部的较重组分在换热器3中与燃料油的最热部分换热，然后经过两个加热炉加热到目标温度后进入原油蒸馏塔，并在塔中分离出轻质石脑油和燃料油馏分，侧线馏分进入汽提塔，产出粗柴油、重质石脑油和煤油。

在Aspen Energy Analyzer中对原油预热系统流程进行换热网络设计，相关物流数据见表3-40，ΔT_{min}取10℃，公用工程选择Cooling Water、LP Steam Generation、Air和Fired Heat（1000）。

表3-40 原油预热系统物流数据

物流名称	T_i/℃	T_o/℃	ΔH/MW	物流名称	T_i/℃	T_o/℃	ΔH/MW
燃料油（Fuel Oil）	349.0	243.0	22.8	轻质石脑油（Light Naphtha）	168.0	136.0	19.2
	243.0	213.0	5.9		136.0	118.0	8.6
	213.0	167.0	8.2		118.0	108.0	4.1
	167.0	90.0	12.9		108.0	71.0	11.2
粗柴油（Gas Oil）	341.0	210.0	13.8	脱盐罐进料（Desalter Feed）	15.6	121.0	39.9
	210.0	172.0	3.6	预闪蒸塔进料（Pre-Flash Feed）	120.0	122.0	0.8
	172.0	111.0	5.3		122.0	163.0	17.3
	111.0	65.0	3.5		163.0	186.0	13.8
煤油（Kerosene）	268.0	135.0	8.7	原油蒸馏塔进料（Crude Tower Feed）	186.0	194.0	5.8
	135.0	38.0	5.2		189.0	237.0	22.9
回流（Reflux）	251.0	169.0	8.6		237.0	265.0	13.9
	169.0	77.0	8.4		265.0	368.0	68.0
重质石脑油（Heavy Naphtha）	235.0	127.0	0.8				
	127.0	38.0	0.6				

本例模拟步骤如下：

（1）新建模拟

启动Aspen Energy Analyzer，新建模拟，文件保存为Example3.21-Crude Preheat Train.hch。

（2）输入基本信息

① 设置单位 将Energy单位更改为MW，如图3-259所示。

② 添加HI Case 从Features菜单栏中选择HI Case，添加热集成案例。

③ 输入工艺物流数据 进入**Process Streams**页面，输入表3-40中的物流数据，如图3-260所示，其中分段物流的输入可参考3.6.3节。

④ 输入公用工程信息 进入**Utility Streams**页面，添加公用工程，如图3-261所示。

（3）建立换热网络

① 添加分流 为物流Desalter Feed添加分流。

② 添加换热器 在物流Light Naphtha和Desalter Feed一分支物流间添加Exchanger 6；在物流Fuel Oil和Desalter Feed另一分支物流间添加Exchanger 10，如图3-262所示。输入二者信息，如图3-263所示，其中指定温度来自表3-40。

Aspen Energy Analyzer计算出Exchanger 10热物流的进口温度为232.7℃，而流程中进口温度为167℃。若要调节温度，必须改变物流Desalter Feed的分流分率。

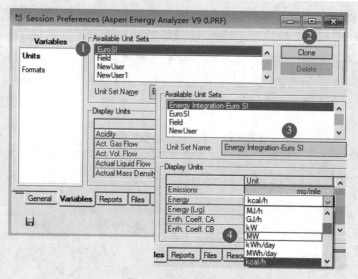

图3-259　更改单位

Name		Inlet T [C]	Outlet T [C]	MCp [kJ/C-s]	Enthalpy [MW]	Segm.	HTC [kJ/s-m2-C]
Fuel Oil		349.0	90.0	—	49.80		—
Gas Oil		341.0	65.0	—	26.20		—
Kerosene		268.0	38.0	—	13.90		—
Reflux		251.0	77.0		17.00		—
Heavy Naphtha		235.0	38.0	—	1.400		—
Light Naphtha		168.0	71.0	—	43.10		—
Desalter Feed		15.6	121.0	378.6	39.90		0.2
Pre-Flash Feed		120.0	194.0	—	37.70		—
Crude Tower Feed		189.0	368.0	—	104.8		—

Process Streams | Utility Streams | Economics | Options | Notes

图3-260　输入物流数据

Name		Inlet T [C]	Outlet T [C]	Cost Index [Cost/kJ]	Segm.	HTC [kJ/s-m2-C]
LP Steam Generation		124.0	125.0	-1.890e-006		6.000
Air		30.0	35.0	1.000e-009		0.1110
Cooling Water		20.0	25.0	2.125e-007		3.750
Fired Heat (1000)		1000.0	400.0	4.249e-006		0.1110
<empty>						

Process Streams | **Utility Streams** | Economics | Options | Notes

图3-261　添加公用工程

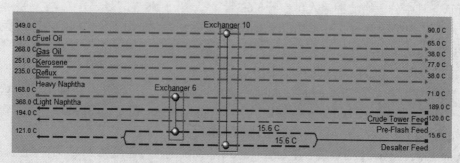

图3-262　添加Exchanger 6和Exchanger 10

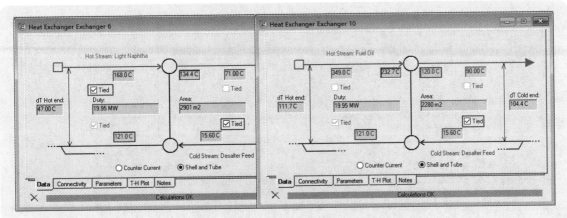

图3-263 设置Exchanger 6和Exchanger 10

③ 调节分流分率 在调节分流分率之前，需确保分流分率数值在栅格图可见，具体操作参见3.5.1节。操作完成后，各分流分率显示在栅格图中，默认值是0.500和0.500。

双击Exchanger 10任意一端，打开换热器信息输入窗口，观察热物流进口温度变化。双击分流节点处任意一端，打开分流编辑器窗口。排列换热器信息输入窗口和分流编辑器窗口，以便更清楚地观察温度随分流分率的变化情况。为了降低Exchanger 10的进口温度，必须减少换热器的热负荷，调节方法是减少冷流体分支流量。

在分流编辑器界面调整分流分率，直到Exchanger 10热物流进口温度为1676℃，此时输入的分流分率为0.800，如图3-264所示。

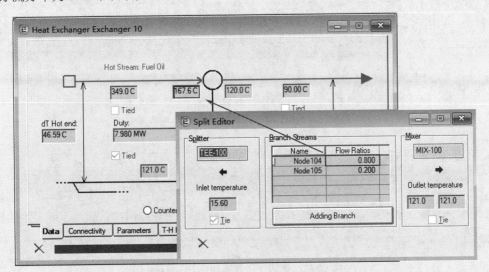

图3-264 改变分流分率以调节温度

④ 添加冷却器 在物流Air和Exchanger 6下游物流Light Naphtha间添加空气冷却器Air Cooler；在Exchanger 10下游物流Fuel Oil和Cooling Water间添加冷却器CW1。输入二者信息，如图3-265所示。添加冷却器后的换热网络栅格图如图3-266所示。

（4）用工作表输入换热器信息

原油从脱盐罐采出后通过Exchanger 9与重质石脑油物流换热。关闭所有打开的属性视图，在物流Pre-Flash Feed和Heavy Naphtha间添加一台换热器。进入**HEN Design | Work Sheet**页面，将新添加的换热器名称更改为Exchanger 9，如图3-267所示。

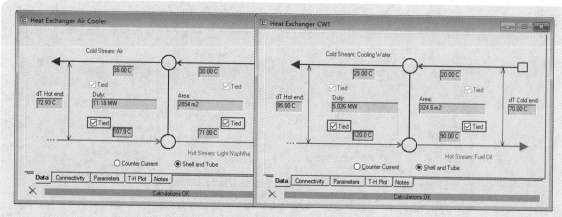

图3-265   设置Air Cooler和CW1

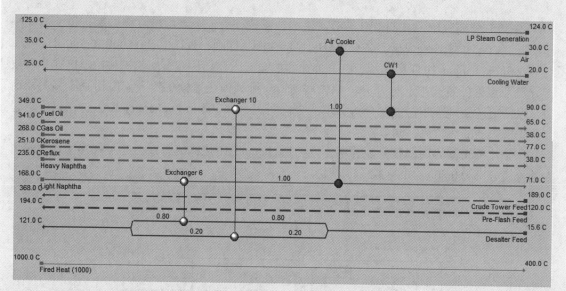

图3-266   添加冷却器后的换热网络栅格图

Heat Exchanger		Cold Stream	Cold T in [C]	Tied	Cold T out [C]	Tied	Hot Stream	Hot T in [C]	Tied	Hot T out [C]	Tied	Load [MW]	Area [m2]
Exchanger 6	◇	Desalter Feed	15.6	☑	121.0	☑	Light Naphtha	168.0	☑	107.9	☑	31.92	5684.8
Exchanger10	◇	Desalter Feed	15.6	☑	121.0	☑	Fuel Oil	167.6	☑	120.0	☑	7.980	1346.9
Air Cooler	◇	Air	30.0	☑	35.0	☑	Light Naphtha	107.9	☑	71.0	☑	11.18	2854.2
CW1	◇	Cooling Water	20.0	☑	25.0	☑	Fuel Oil	120.0	☑	90.0	☑	5.026	324.6
Exchanger9	◇	Pre-Flash Feed	—	☐	—	☐	Heavy Naphtha	—	☐	—	☐		

Grid Diagram   **Work Sheet**   Notes

图3-267   使用工作表添加Exchanger 9

在Exchanger 9所在行中，选择Cold T in和Hot T in旁边的Tied复选框。在Cold T out单元格中输入121℃，计算后的最终值显示在工作表中。"黄灯"图标消失，表明换热器信息输入完成。

为满足物流Heavy Naphtha中剩余的能量，单击**Grid Diagram**选项卡，在物流Heavy Naphtha和Cooling Water间添加换热器。进入**Work Sheet**页面，将新换热器重命名为CW2。在CW2所在行中，选择Hot T in和Hot T out旁边的Tied复选框，CW2信息输入完成，如图3-268所示。

Heat Exchanger	Cold Stream	Cold T in [C]	Tied	Cold Tout [C]	Tied	Hot Stream	Hot T in [C]	Tied	Hot T out [C]	Tied	Load [MW]	Area [m2]	
Exchanger 6	Desalter Feed	15.6	☑	121.0	■	Light Naphtha	188.0	☑	107.9	☑	31.92	5684.8	
Exchanger10	Desalter Feed	15.6	☑	121.0	■	Fuel Oil	167.6	□	120.0	☑	7.980	1346.9	
Air Cooler	Air	30.0	■	35.0	■	Light Naphtha	107.9	☑	71.0	☑	11.18	2854.2	
CW1	Cooling Water	20.8	■	25.0	■	Fuel Oil	120.0	☑	90.0	☑	5.026	326.2	
Exchanger9	Pre-Flash Feed	120.0	☑	121.0	□	Heavy Naphtha	235.0	☑	181.0	☑	0.4000	47.3	
CW2	Cooling Water	20.0	■	20.8	■	Heavy Naphtha	181.0	☑	38.0	☑	1.000	79.9	

Grid Diagram | **Work Sheet** | Notes

图3-268 使用工作表设置CW2

（5）预闪蒸部分

脱盐和预闪蒸塔之间需要添加四台换热器和五台冷却器，可以只使用栅格图，也可以同时使用栅格图和工作表。

① 煤油物流和回流物流换热设置 在Exchanger 9下游物流Pre-Flash Feed上添加分流。在Pre-Flash Feed一分支物流和Kerosene间添加Exchanger 7；在Pre-Flash Feed另一分支物流与Reflux间添加Exchanger 8。输入二者信息，如图3-269所示。如有需要，可在此调节物流Pre-Flash Feed分流分率，此处不进行调整。

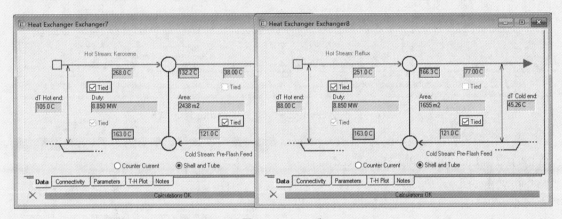

图3-269 设置Exchanger 7和Exchanger 8

在Exchanger 8下游物流Reflux和Cooling Water间添加换热器CW3；在Exchanger 7下游处物流Kerosene和Cooling Water间添加换热器CW4。输入二者信息，如图3-270所示。

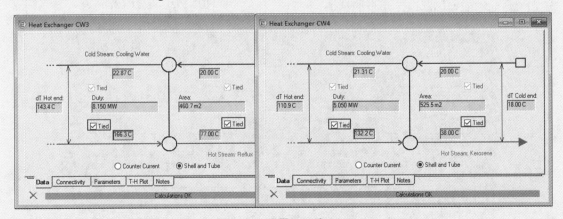

图3-270 设置CW3和CW4

② 粗柴油物流换热设置　在物流Pre-Flash Feed的分支汇合处下游和Gas Oil间添加Exchanger 5；在Exchanger 5下游物流Gas Oil和LP Steam Generation间添加BFW Heating 1；在BFW Heating 1下游物流Gas Oil和Cooling Water间添加换热器CW5。输入三者信息，如图3-271所示。

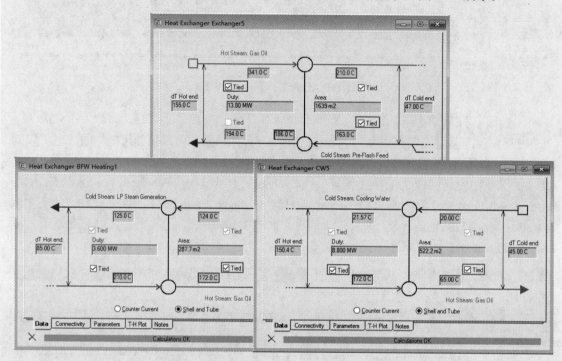

图3-271　设置Exchanger 5、BFW Heating 1和CW5

③ 预闪蒸进料物流换热设置　在Exchanger 10上游物流Fuel Oil和Pre-Flash Feed间添加Exchanger 4，输入换热器信息，如图3-272所示。此时栅格图和工作表分别如图3-273和图3-274所示。

（6）完成换热网络

至此，换热网络还缺少预闪蒸塔塔底物流和燃料油物流换热器以及两个加热炉。

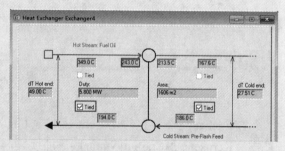

图3-272　设置Exchanger 4

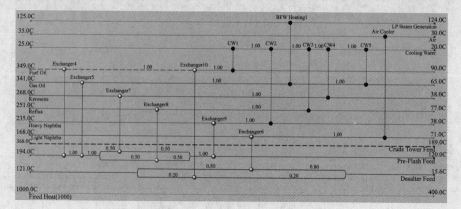

图3-273　添加Exchanger 4后的换热网络栅格图

在物流Fuel Oil和Crude Tower Feed间添加Exchanger 3，如图3-275所示，将Exchanger 3的热端放在燃料油进口和Exchanger 4之间。输入Exchanger 3的信息，如图3-276所示。

Heat Exchanger		Cold Stream	Cold T in [C]	Tied	Cold Tout [C]	Tied	Hot Stream	Hot T in [C]	Tied	Hot T out [C]	Tied	Load [MW]
Exchanger 6	◇	Desalter Feed	15.6	☑	121.0	☐	Light Naphtha	168.0	☑	107.9	☑	31.92
Exchanger 10	◇	Desalter Feed	15.6	☑	121.0	☐	Fuel Oil	167.6	☐	120.0	☑	7.980
Air Cooler	◇	Air	30.0	☐	35.0	☐	Light Naphtha	107.9	☑	71.0	☑	11.18
CW1	◇	Cooling Water	24.1	☐	25.0	☐	Fuel Oil	120.0	☑	90.0	☑	5.026
Exchanger9	◇	Pre-Flash Feed	120.0	☑	121.0	☐	Heavy Naphtha	235.0	☑	181.0	☑	0.4000
CW2	◇	Cooling Water	23.9	☐	24.1	☐	Heavy Naphtha	181.0	☑	38.0	☑	1.000
Exchanger7	◇	Pre-Flash Feed	121.0	☑	163.0	☐	Kerosene	268.0	☑	132.2	☑	8.850
Exchanger8	◇	Pre-Flash Feed	121.0	☑	163.0	☐	Reflux	251.0	☑	166.3	☑	8.850
CW3	◇	Cooling Water	22.5	☐	23.9	☐	Reflux	166.3	☑	77.0	☑	8.150
CW4	◇	Cooling Water	21.6	☐	22.5	☐	Kerosene	132.2	☑	38.0	☑	5.050
Exchanger5	◇	Pre-Flash Feed	163.0	☑	186.0	☑	Gas Oil	341.0	☑	210.0	☑	13.80
BFW Heating1	◇	LP Steam Generation	124.0	☐	125.0	☐	Gas Oil	210.0	☑	172.0	☑	3.600
CW5	◇	Cooling Water	20.0	☐	21.6	☐	Gas Oil	172.0	☑	65.0	☑	8.800
Exchanger4	◇	Pre-Flash Feed	186.0	☑	194.0	☑	Fuel Oil	243.0	☐	213.5	☐	5.800

Grid Diagram **Work Sheet** Notes

图3-274 添加Exchanger 4后的工作表

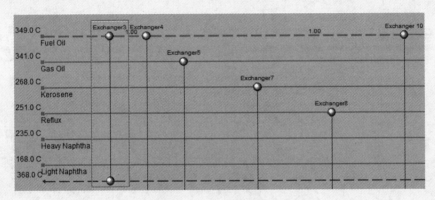

图3-275 添加Exchanger 3

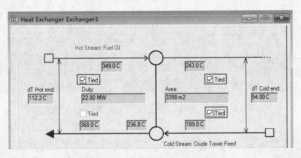

图3-276 设置Exchanger 3

在Exchanger 4和Exchanger 10之间的物流Fuel Oil和LP Steam Generation间添加BFW Heating 2；在Exchanger 3下游物流Crude Tower Feed和Fired Heat（1000）间添加Furnace 1；在Furnace 1下游添加Furnace 2，与Furnace 1匹配物流相同。输入三台换热器信息，如图3-277所示。

换热网络匹配完成后，栅格图上的状态栏显示为绿色，表示物流和换热器信息完整。此时，换热网络栅格图及工作表分别如图3-278和图3-279所示。

本例根据现有原油蒸馏系统流程创建的换热网络存在跨越夹点传热现象，若读者感兴趣，还可按照本章前面介绍的内容进行换热网络改造，以降低公用工程能耗。

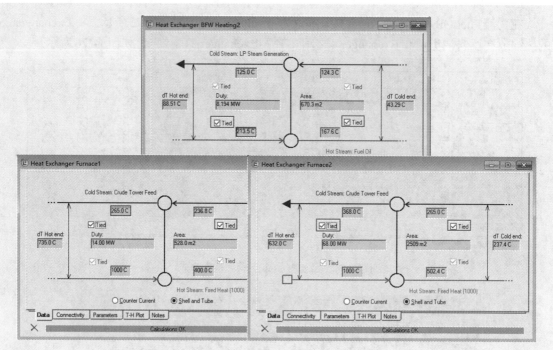

图3-277　设置BFW Heating 2、Furnace 1和Furnace 2

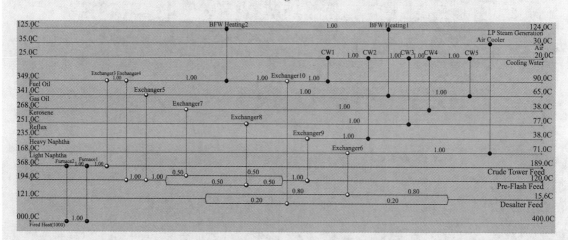

图3-278　完成匹配后的换热网络栅格图

Heat Exchanger	Cold Stream	Cold T in [C]	Tied	Cold T out [C]	Tied	Hot Stream	Hot T in [C]	Tied	Hot T out [C]	Tied	Load [MW]	Area [m2]	Fouling [C·h·m2/kJ]	dT Min Hot [C]	dT Min Cold [C]
Exchanger 6	Desalter Feed	15.6		121.0		Light Naphtha	168.0		107.9		31.92	5684.8	0.0000	47.00	92.33
Exchanger 10	Desalter Feed	15.6	☑	121.0		Fuel Oil	167.6		120.0	☑	7.980	1346.9	0.0000	46.59	104.4
Air Cooler	Air	30.0		35.0		Light Naphtha	107.9		71.0	☑	11.18	2854.2	0.0000	72.93	41.00
CW1	Cooling Water	24.1		25.0		Fuel Oil	120.0		90.0	☑	5.026	332.9	0.0000	95.00	65.90
Exchanger9	Pre-Flash Feed	120.0	☑	121.0		Heavy Naphtha	235.0	☑	181.0	☑	0.4000	47.3	0.0000	114.0	61.00
CW2	Cooling Water	23.9		24.1		Heavy Naphtha	181.0		38.0	☑	1.000	87.3	0.0000	156.9	14.08
Exchanger7	Pre-Flash Feed	121.0	☑	163.0		Kerosene	268.0	☑	132.2	☑	8.850	2438.2	0.0000	105.0	11.20
Exchanger8	Pre-Flash Feed	121.0	☑	163.0		Reflux	251.0	☑	166.3	☑	8.850	1654.6	0.0000	88.00	45.26
CW3	Cooling Water	22.5		23.9		Reflux	166.3		77.0	☑	8.150	470.3	0.0000	142.3	54.53
CW4	Cooling Water	21.6		22.5		Kerosene	132.2		38.0	☑	5.050	545.2	0.0000	109.7	16.43
Exchanger5	Pre-Flash Feed	163.0	☑	186.0		Gas Oil	341.0	☑	210.0	☑	13.80	1639.4	0.0000	155.0	47.00
BFW Heating1	LP Steam Generation	124.0		124.3		Gas Oil	210.0	☑	172.0	☑	3.600	286.1	0.0000	85.69	48.00
CW5	Cooling Water	20.0		21.6		Gas Oil	172.0	☑	65.0	☑	8.890	522.2	0.0000	150.4	45.00
Exchanger4	Pre-Flash Feed	186.0	☑	194.0	☑	Fuel Oil	243.0	☑	213.5	☑	5.800	1605.5	0.0000	49.00	27.51
Exchanger3	Crude Tower Feed	189.0	☑	236.8	☑	Fuel Oil	349.0	☑	243.0	☑	22.80	3398.0	0.0000	112.2	54.00
BFW Heating2	LP Steam Generation	124.3		125.0		Fuel Oil	213.5	☑	167.6	☑	8.194	670.3	0.0000	88.51	43.29
Furnace1	Crude Tower Feed	236.8	☑	265.0	☑	Fired Heat (1000)	502.4		400.0		14.00	1003.0	0.0000	237.4	163.2
Furnace2	Crude Tower Feed	265.0	☑	368.0	☑	Fired Heat (1000)	1000.0		502.4		68.00	2509.0	0.0000	632.0	237.4

图3-279　完成匹配后的工作表

缩略语

BCCs	Balanced Composite Curves	平衡组合曲线
CC	Capital Cost	投资费用
CCs	Composite Curves	组合曲线
CUP	Cheapest Utility Principle	公用工程费用最少原则
CW	Cooling Water	冷却水
GCC	Grand Composite Curve	总组合曲线
HP	High Pressure	高压
HTC	Heat Transfer Coefficient	传热系数
LP	Low Pressure	低压
MER	Minimum Energy Requirement	最小能量需求
MP	Medium Pressure	中压
OC	Operating Cost	操作费用
SBCCs	Shifted Balanced Composite Curves	位移平衡组合曲线
SCCs	Shifted Composite Curves	位移组合曲线
TAC	Total Annualized Cost	年总费用
UCC	Utility Composite Curve	公用工程组合曲线
VHP	Very High Pressure	超高压

符号说明

a	换热单元安装费用，元		TAC	年总费用，元/a
A	传热面积，m^2		U	换热单元数
b	换热单元的购买费用系数		UA	热容流率，$kJ/(℃·s)$
c	换热单元的购买费用指数		X	转移热负荷，kW 或 MW
CC	投资费用，元		ΔT	温差，℃
c_p	比热容，$kJ/(kg·℃)$			
H	焓，kW，或 MW，或 kJ/s		**下角标**	
K	传热系数，$kW/(m^2·℃)$			
m	平均		c	冷物流
M	质量流量，kg/s		h	热物流
n	物流分支数		i	进口
N	物流数		j	第 j 分支物流
OC	操作费用，元/a		MER	最小能量需求
Q	热负荷，kW		min	最小
r	投资回报率		o	出口
t	设备寿命或设备运行周期，a		1, 2, … A, B, … $i, j, n, …$	计数
T	温度，℃			

参考文献

［1］Aspen Energy Analyzer V9. 0 Help. MA：Aspen Technology，2016.

［2］Aspen Energy Analyzer V8. 8 Reference Guide. MA：Aspen Technology，2015.

［3］Aspen Energy Analyzer V8. 8 User Guide. MA：Aspen Technology，2015.

［4］Aspen Energy Analyzer V8. 8 Interface Guide. MA：Aspen Technology，2015.

［5］Aspen Energy Analyzer V8. 8 Tutorial Guide. MA：Aspen Technology，2015.

［6］Seider W D，Seader J D，Lewin D R，et al. Product and Process Design Principles Synthesis，Analysis and Evaluation［M］. 4nd ed. New York：John Wiley & Sons，2017.

［7］Foo D C Y，Chemmangattuvalappil N，Ng D K S，et al. Chemical Engineering Process Simulation［M］. Amsterdam：Elsevier，2017.

［8］Klemeš J，Friedler F，Bulatov I，et al. Sustainability in the Process Industry：Integration and Optimization［M］. New York：McGraw-Hill，2011.

［9］Li B H，Chang C T. Retrofitting Heat Exchanger Networks Based on Simple Pinch Analysis［J］. Industrial & Engineering Chemistry Research，2010，49（8）：3967-3971.

第4章

夹点技术应用案例

程序源文件

4.1 甲烷三重整制甲醇装置换热网络优化设计 ‹

4.1.1 背景简介

甲烷三重整（Tri-Reforming of Methane，TRM）是将甲烷水蒸气重整、甲烷二氧化碳重整和甲烷部分氧化重整三个反应耦合成一个反应的过程。该反应以甲烷、二氧化碳、水和氧气为主要原料反应制得合成气，在电厂烟道气、煤层气、天然气的综合利用方面具有良好的应用前景。同时，所制合成气的比例可根据需要灵活调节，通常合成气中氢气与一氧化碳的摩尔比为 1.5～2，该比例也非常适合于甲醇、二甲醚等下游产品的生产[1]。

4.1.2 工艺流程说明

甲烷三重整制甲醇工艺以回收利用烟道气（CO_2、H_2O、O_2、N_2）中的 CO_2 为目的，烟道气与甲烷混合加热后，送入三重整反应器制得合成气。合成气经冷却、压缩、再预热后进入甲醇合成反应器，反应产物经部分冷凝和二级闪蒸后，大部分气相被循环利用，少部分废气排出，液相经甲醇精馏塔分离提纯得到物质的量浓度大于 99.5% 的高纯甲醇，工艺流程如图 4-1 所示。该过程涉及多股物流的加热和冷却，公用工程消耗量非常大。为了提高能量利用率，应优先考虑内部物流换热，以实现能量最大限度回收。现使用 Aspen Energy Analyzer 对甲烷三重整制甲醇工艺进行换热网络设计，寻求最佳节能方案，并根据换热网络分析结果，优化工艺流程。

4.1.3 换热网络设计

4.1.3.1 数据提取

打开本书配套文件 Tri-reforming of Methane.bkp。单击 **Energy** 控制面板，进入 **Energy**

Analysis | Configuration 页面，单击 Utilities Type 列下三角按钮，为物流选择公用工程，单击 **Analyze Energy Savings** 按钮完成能量分析，如图4-2所示。

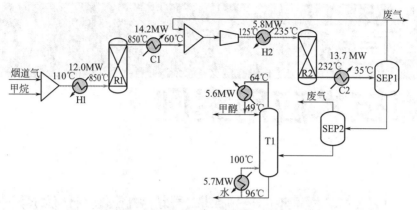

图4-1　甲烷三重整制甲醇工艺流程

图4-2　选择公用工程

进入 Energy Analysis 环境，单击 **Details** 按钮，弹出 **Energy Analysis** 对话框，单击 **Yes** 按钮，将物流数据导入 Aspen Energy Analyzer，如图4-3所示。

进入 Aspen Energy Analyzer 软件界面，将文件另存为 Example4.1-Tri-reforming of Methane. hch。进入 **Scenario 1 | Data** 页面，查看工艺物流数据及公用工程数据，由于反应器需要特定的供热方式维持反应温度，所以不与其他工艺物流换热。删除代表反应器热负荷的能流 R1_heat 和 R2_heat，以及3000℃的超高温热公用工程物流，如图4-4所示。

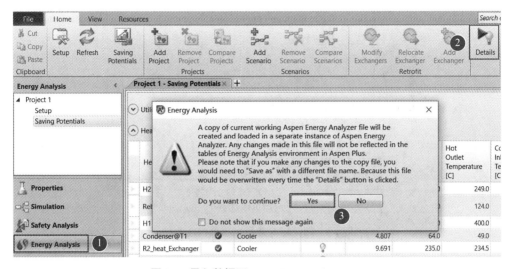

图4-3 导入数据至Aspen Energy Analyzer

图4-4 删除反应器能流及超高温公用工程物流

复制Scenario 1，重命名为Scenario 2。在Scenario 1中删除再沸器与冷凝器两股物流后绘制背景过程总组合曲线，精馏塔与背景过程总组合曲线的关系如图4-5所示，从中可以看出，代表精馏塔的四边形与背景过程总组合曲线相交，说明再沸器所需热量大于背景过程所能提供的热量，仅交点左侧部分热量（1.62MW）可与工艺物流进行换热。若交点右侧部分热量也与工艺物流进行热集成，则可能导致高温位的热公用工程消耗量增加。

为避免交点右侧部分热量与背景过程集成，可以手动将物流To Reboiler@T1_TO_Reboiler Outlet@T1进行复制并分流，使物流流量分别为2.000×10^4kg/h（该分支物流焓值小于1.62MW）和7.118×10^4kg/h，并将物流2-To Reboiler@T1_TO_Reboiler Outlet@T1设置为禁止匹配，如图4-6所示。

进入**Targets | Summary**页面，保持最小传热温差为默认值10.00℃，查看能量目标，如图4-7所示，热公用工程需求量为4.684MW，冷公用工程需求量为14.59MW。

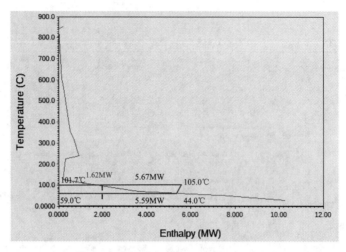

图4-5 精馏塔与背景过程总组合曲线

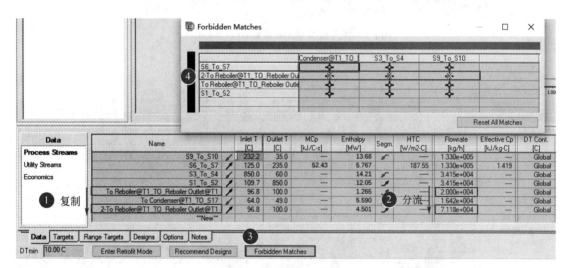

图4-6 复制并分流物流

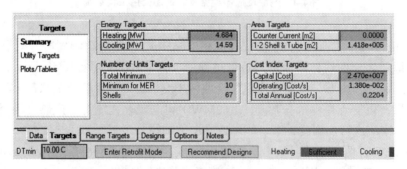

图4-7 能量目标

4.1.3.2 推荐设计

当工艺流程涉及物流较多时，手动设计换热网络将会非常困难，这种情况就可以使用 Aspen Energy Analyzer 的推荐设计功能，该功能可以在较短时间内提供多个换热网络设计方案。本例使用推荐设计功能为工艺流程提供初始换热网络设计方案。

单击**Recommend Designs**按钮，弹出**Recommend Near-optimal Designs**窗口，为了避免推荐设计的方案过于复杂，将各物流Max Split Branches（最大物流分支数）均设为2，单击Solve按钮，进行推荐设计，得到3个设计方案，如图4-8所示。

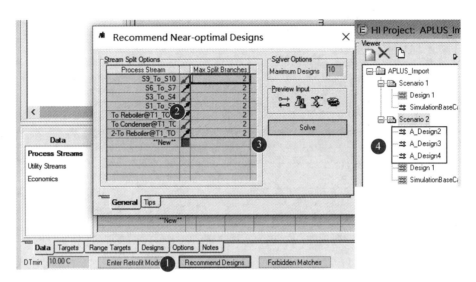

图4-8 生成推荐设计方案

进入**Scenario 2 | Designs**页面，Aspen Energy Analyzer以表格形式列出了每一种推荐设计方案的详细信息，该表格将所有设计方案按年总费用（Total Cost Index）降序排列，通常来说，年总费用最低的方案最优，因为它综合考虑了设备费用和操作费用，但这需要输入精确的设备价格参数及公用工程价格参数。本例中相关参数均为默认值，并不能很好地反映不同时期、不同地区装置的实际情况，因此年总费用参考价值较小。本例选择热公用工程消耗最小的方案A_Design2作为初步设计方案，如图4-9所示。

Design	Total Cost Index [Cost/s]	Area [m2]	Units	Shells	Cap. Cost Index [Cost]	Heating [MW]	Cooling [MW]	Op. Cost Index [Cost/s]
A_Design3	0.1514	4.321e+00	11	99	1.030e+007	9.886	19.79	4.621e-002
A_Design4	0.1118	1.440e+00	11	34	3.514e+006	16.55	26.45	7.594e-002
A_Design2	0.1027	2.593e+00	11	58	6.200e+006	8.347	18.25	3.934e-002
Targets	0.2204	1.418e+00	10	67	2.470e+007	4.684	14.59	1.380e-002

图4-9 选择初步设计方案

在Scenario 2方案列表中，右击**A_Design2**，执行Clone Design命令，弹出**Clone Design**窗口，将方案重命名为M_Design2，如图4-10所示。

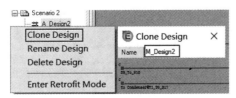

图4-10 复制方案

初步设计方案如图4-11所示。

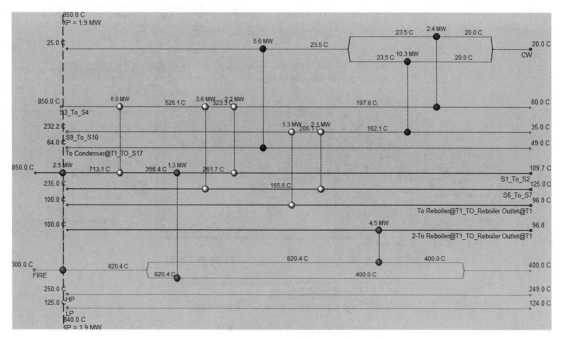

图4-11　初步设计方案

4.1.3.3　手动调优

由于初步设计方案为软件自动设计，存在一些不合理之处，所以需要进行手动调优。

（1）换热网络夹点之下存在加热器，如图4-12所示。在夹点之下使用加热器会使冷热公用工程用量均增加，因此删除换热器E-108。

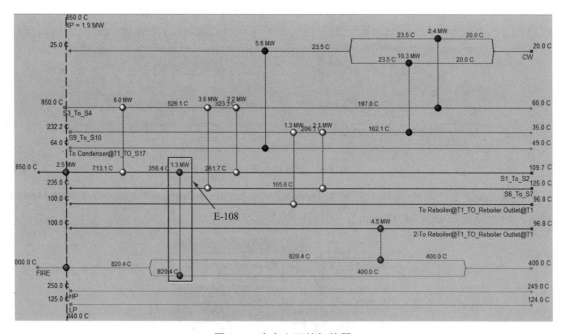

图4-12　夹点之下的加热器

（2）换热网络中E-104跨越夹点传热，如图4-13所示。为了消除换热器E-104跨越夹点传热，删除其热负荷，并调整冷物流入口温度为840℃，调整后换热器E-104热负荷为0.1825 MW，如图4-14所示。

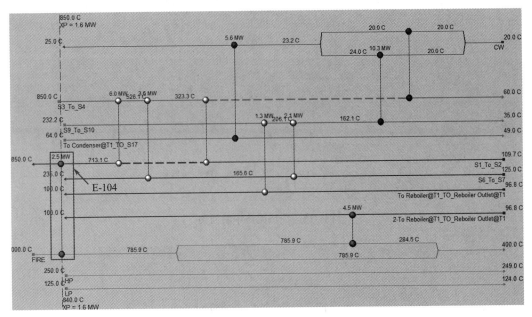

图4-13　换热网络中的跨越夹点传热

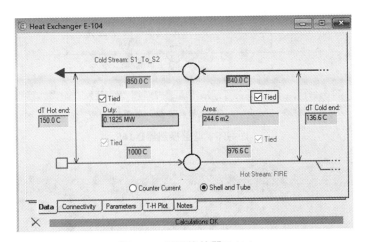

图4-14　设置换热器E-104

（3）换热网络中存在回路，如图4-15所示。消除回路能减少换热器台数，简化换热网络。删除换热器E-111，调整换热器E-105以消除回路，如图4-16所示。

（4）调整换热器E-105后，换热器E-109出现了传热温差过小、传热量不足的情况，如图4-17所示。

由于物流S9_To_S10仍有大量余热可以利用，所以可以将换热器E-109的热物流由物流S3_To_S4调整至物流S9_To_S10，如图4-18所示。

调整E-109后换热网络出现回路，如图4-19所示。将换热器E-112合并至换热器E-109以消除回路，具体操作为删除换热器E-112，重新设置换热器E-109，如图4-20所示。

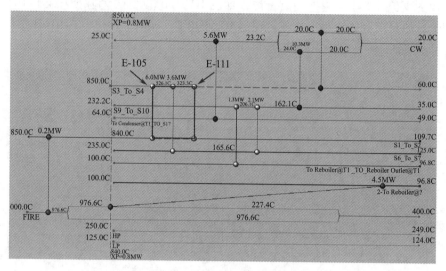

图4-15 换热网络中的回路

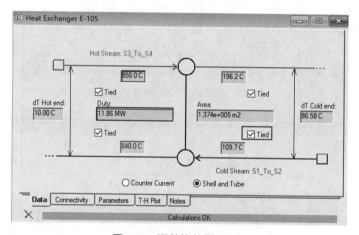

图4-16 调整换热器E-105

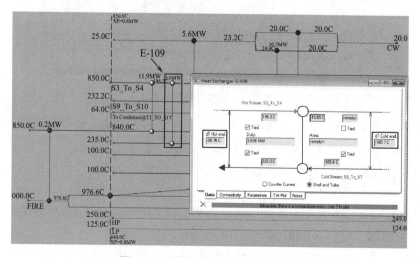

图4-17 查看换热器E-109传热温差

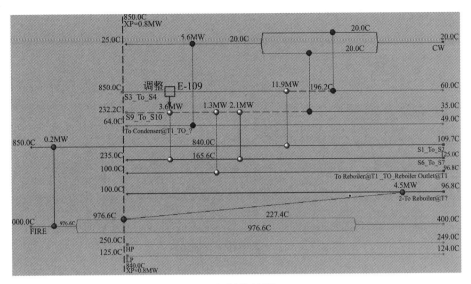

图4-18 调整换热器E-109

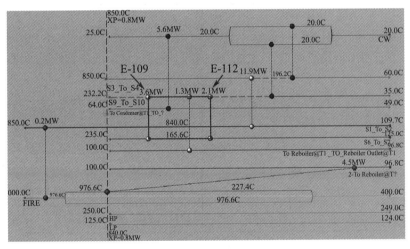

图4-19 换热网络中的回路

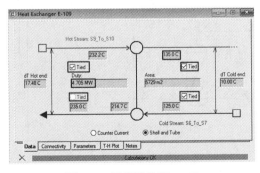

图4-20 重设换热器E-109

（5）使用公用工程补足剩余热量，并将物流2-To Reboiler@T1_TO_Reboiler Outlet@T1 所选热公用工程由FIRE（加热炉）调整为LP（低压蒸汽），如图4-21所示。

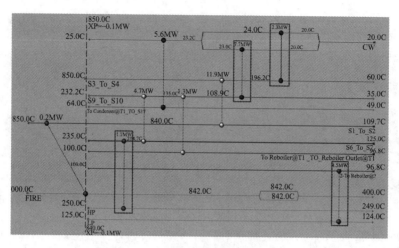

图4-21　补足剩余热量并调整换热器

4.1.4 节能成效

　　各换热网络能耗对比如表4-1所示，与现有设计相比，优化设计中热公用工程用量可节省约75.6%，冷公用工程用量可节省约53.2%。换热网络优化后的工艺流程如图4-22所示。

表4-1　换热网络能耗对比

项目	热公用工程用量/MW	冷公用工程用量/MW	换热器台数
现有设计	23.58	33.48	6
推荐设计	8.34	18.25	11
优化设计	5.74	15.65	9
能量目标	4.68	14.59	—

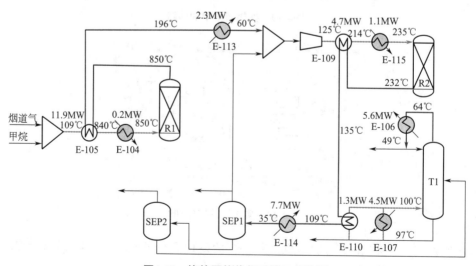

图4-22　换热网络优化后的工艺流程

需要说明的是，换热网络的设计结果与工程设计人员的经验密切相关，不同设计人员设计的换热网络千差万别，因此本例的最终结果不一定为最优换热网络。此外，本例的目的在于介绍 Aspen Energy Analyzer 在具体案例中的应用，以及为手动调优提供一些思路，在设计过程中并未过多考虑具体设备的可行性。

4.2 变压精馏分离异丙醇-异丙醚工艺热集成 <

4.2.1 背景简介

异丙醇（Isopropanol，IPA）在化学、化工、医药等领域有着十分重要的应用，可通过丙烯水合生成，同时生产过程会发生副反应生成异丙醚（Isopropyl Ether，IPE），而 IPE 是重要的化工溶剂和汽油添加剂，由于 IPA 和 IPE 会形成二元共沸物，常规精馏方法难以对其进行有效分离，所以需采用特殊精馏或者其他分离手段。特殊精馏方式有共沸精馏、萃取精馏、减压精馏以及变压精馏等。寻找一种合适的工艺从 IPA 产品中精制提纯 IPE，对提高产品附加值和增加异丙醇装置的经济效益具有重要意义[2]。

4.2.2 工艺流程说明

变压精馏（Pressure Swing Distillation，PSD）通过改变操作压力引起共沸物组成发生变化，从而实现精馏分离目的。PSD 的关键是确定两塔的操作压力，为了在塔顶冷凝器中使用冷却水为冷却介质，低压塔（Low Pressure Column，LPC）的操作压力设置为 1 bar（1bar=10^5Pa）。对于高压塔（High Pressure Column，HPC），在适当的压力范围内增加其操作压力应使共沸物组成发生明显变化。IPA-IPE 系统在 1bar 和 4bar 下的 T-x-y 图如图4-23 所示，体系压力由 1bar 变为 4bar 时，共沸物中 IPA 的摩尔分数从 22.57% 变为 38.64%。据此，将 LPC 和 HPC 的操作压力分别设置为 1bar 和 4bar。IPA-IPE 的 PSD 分离工艺流程如图4-24 所示，在 LPC 塔底得到 IPA 产品，在 HPC 塔底得到 IPE 产品。

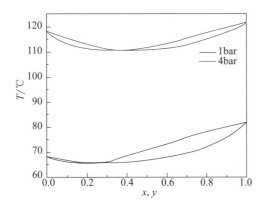

图4-23 IPA-IPE系统在1bar和4bar下的 T-x-y 图

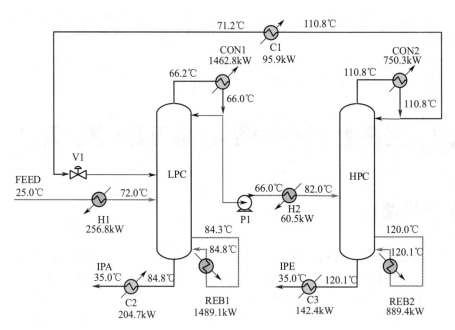

图4-24　IPA-IPE的PSD分离工艺流程图

　　本案例在变压精馏分离IPA-IPE过程的基础上，应用多效精馏原理进行精馏装置热集成；使用Aspen Energy Analyzer对变压精馏流程进行能量分析和换热网络调优，最终得到较优的热集成变压精馏流程，实现了能量最大化回收利用。

4.2.3　用能状况分析

4.2.3.1　数据提取

　　打开本书配套文件Pressure Swing Distillation.bkp，单击**Energy**控制面板，进入**Energy Analysis | Configuration**页面，单击Utilities Type列下三角按钮，为物流选择公用工程，如图4-25所示。

　　综合考虑热回收能量、换热面积、换热网络改造费用和工况操作等因素，该换热网络的分析和优化中取最小传热温差为10℃。单击**Analyze Energy Savings**按钮完成能量分析。

　　进入Energy Analysis环境，单击Home功能区选项卡中**Details**按钮 ▶，弹出**Energy Analysis**对话框，单击**Yes**按钮，将物流数据导入Aspen Energy Analyzer，如图4-26所示。

　　进入Aspen Energy Analyzer软件界面，将文件另存为Example 4.2- Pressure Swing Distillation.hch。进入**Scenario 1 | Data**页面，查看工艺物流数据，如图4-27所示。

4.2.3.2　能量目标

　　进入**Targets | Summary**页面，查看能量目标和夹点温度，如图4-28所示，冷公用工程能量目标为1500kW，热公用工程能量目标为1540kW，冷物流的过程夹点温度为84.8℃，热物流的过程夹点温度为94.8℃。

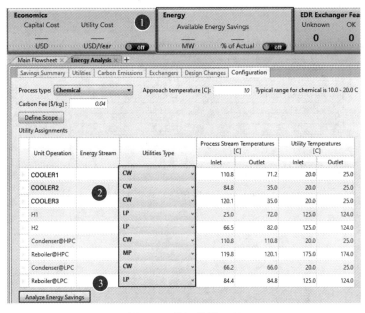

图4-25　选择公用工程

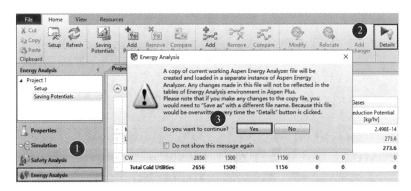

图4-26　导入数据至Aspen Energy Analyzer

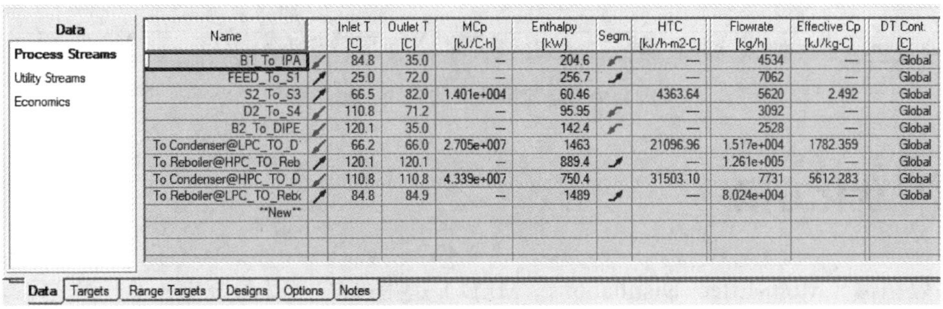

图4-27　工艺物流数据

冷热物流组合曲线如图4-29所示。热组合曲线中有一段水平的线条（图中方框内线条，To Condenser@HPC_TO_D2Duplicate），表明HPC塔顶蒸汽有较多的冷凝潜热可回收利用。

进入**Scenario 1 | SimulationBaseCase | Performance | Summary**页面，查看当前换热网络公用工程用量，如图4-30所示，热公用工程用量为2696kW，冷公用工程用量为2656kW，两者用量均较大。过程中可回收的热量为1156kW，因此可通过热集成提高变压精馏系统的

经济性。

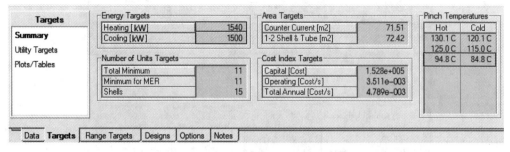

图4-28　能量目标和夹点温度

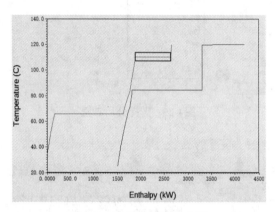

图4-29　冷热物流组合曲线

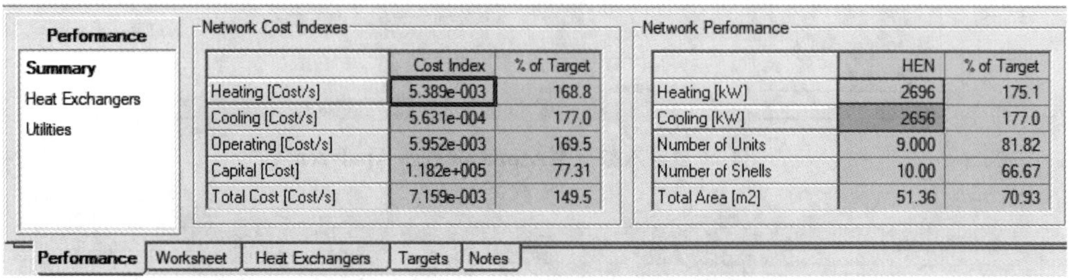

图4-30　当前换热网络公用工程用量

4.2.4　优化方案

多效精馏（Multi-Effect Distillations，MED）是指多塔分离系统中，高压塔塔顶蒸汽向低压塔再沸器供热，同时高压塔塔顶蒸汽也被冷凝，其中每一个精馏塔称为一级，是一种重要的过程能量集成方法。这样，可同时节省低压精馏塔塔底再沸器所需的外部热源和高压精馏塔塔顶冷凝器所需的外部冷源，从而充分利用不同温位的能量，实现节能目标。

应用MED回收HPC塔顶蒸汽（To Condenser@HPC_TO_D2Duplicate）的潜热，将HPC的塔顶高温蒸汽作为LPC的塔底再沸器热源，得到热集成变压精馏（Heat Integration Pressure Swing Distillation，HIPSD）流程，如图4-31所示。

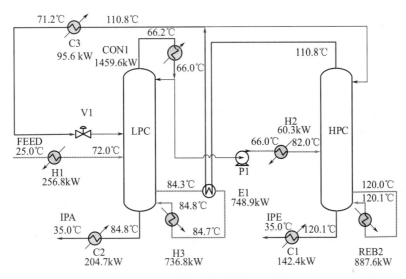

图4-31 热集成变压精馏流程图

对热集成后的HIPSD过程进行能量分析，进一步寻找节能空间。打开本书配套文件Heat Integration Pressure Swing Distillation.bkp，进入Energy Analysis环境，单击Home功能区选项卡中**Details**按钮，弹出**Energy Analysis**对话框，单击**Yes**按钮，将物流数据导入Aspen Energy Analyzer。将文件另存为Example 4.2-Heat Integration Pressure Swing Distillation.hch。

进行换热网络分析和优化前，设计人员应确保Aspen Energy Analyzer中的换热网络结构与现有装置的换热结构匹配，因此需要对导入的换热网络结构和物流数据进行检查、修改。进入**Scenario 1 | Data**页面，查看工艺物流数据，如图4-32所示。其中，热物流D2_To_S7的热负荷为1.198×10^{-2}kW，显然不符合现有装置的换热结构。双击该物流，删除MCp，如图4-33所示。修改后换热网络结构与HIPSD流程的换热结构一致，可进一步分析与优化。

Data	Name	Inlet T [C]	Outlet T [C]	MCp [kJ/C-h]	Enthalpy [kW]	Segm.	HTC [W/m2-C]	Flowrate [kg/h]	Effective Cp [kJ/kg-C]	DT Cont. [C]
Process Streams	S11_To_IPA	84.8	35.0	—	204.6		—	4534	—	Global
Utility Streams	B1_To_S9	84.3	84.8	—	1486		—	1.262e+004	—	Global
Economics	FEED_To_S1	25.0	72.0	—	256.7		—	7062	—	Global
	S2_To_S3	66.5	82.0	1.398e+004	60.32		4363.77	5608	2.492	Global
	D2_To_S7	110.8	110.8	5.392e+006	1.198e-002		720.00	7719	43658715.f	Global
	S13_To_S4	110.8	71.2	—	95.44		—	3081	—	Global
	B2_To_IPE	120.0	35.0	—	142.3		—	2527	—	Global
	To Condenser@LPC_TO_D	66.2	66.0	2.699e+007	1460		21099.10	1.514e+004	1782.745	Global
	To Reboiler@HPC_TO_Reb	120.0	120.1	—	887.6		—	1.256e+005	—	Global
	New									

Data | Targets | Range Targets | Designs | Options | Notes

图4-32 工艺物流数据

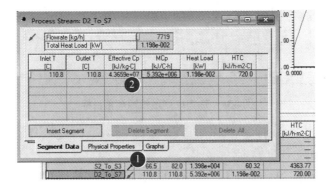

图4-33 修改物流参数

进入Aspen Energy Analyzer软件的操作模式页面，在导航窗格中，进入 **Scenario 1 | SimulationBaseCase** 页面，查看当前换热网络栅格图，如图4-34所示。进入 **Performance| Summary** 页面，查看当前冷热公用工程用量，如图4-35所示，热公用工程用量为1942kW，冷公用工程用量为1902kW。

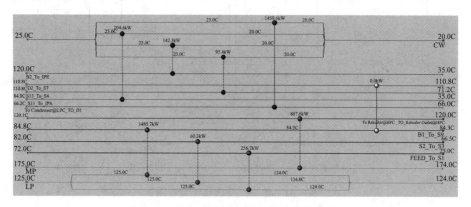

图4-34　热集成变压精馏换热网络栅格图

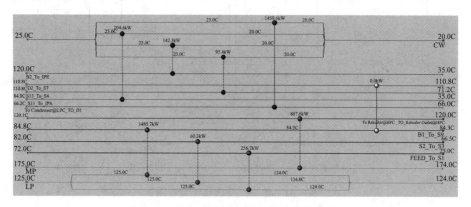

Performance	Network Cost Indexes		
Summary		Cost Index	% of Target
Heat Exchangers	Heating [Cost/s]	3.955e-003	124.3
Utilities	Cooling [Cost/s]	4.032e-004	127.2
	Operating [Cost/s]	4.358e-003	124.6
	Capital [$]	1.577e+005	74.31
	Total Cost [Cost/s]	5.969e-003	113.2

Network Performance		
	HEN	% of Target
Heating [kW]	1942	126.5
Cooling [kW]	1902	127.2
Number of Units	9.000	81.82
Number of Shells	10.00	66.67
Total Area [m2]	191.2	88.98

Performance | Worksheet | Heat Exchangers | Targets | Notes

图4-35　热集成变压精馏公用工程用量

进入 **Targets | Summary** 页面，查看能量目标，冷热公用工程目标分别为1495kW和1534kW，热物流过程夹点温度为94.3℃，冷物流过程夹点温度为84.3℃，如图4-36所示。HIPSD过程的组合曲线如图4-37所示，热集成后，回收了HPC塔顶蒸汽（To Condenser@HPC_TO_D2Duplicate）748.9kW热量，使得当前热公用工程使用量减至1942kW，与能量目标1534kW相比，还可回收408kW热量。

Targets	Energy Targets		Area Targets		Pinch Temperatures	
	Heating [kW]	1534	Counter Current [m2]	213.9	Hot	Cold
Summary	Cooling [kW]	1495	1-2 Shell & Tube [m2]	214.9	130.0 C	120.0 C
Utility Targets	Number of Units Targets		Cost Index Targets		125.0 C	115.0 C
Plots/Tables	Total Minimum	11	Capital [$]	2.123e+005	94.3 C	84.3 C
	Minimum for MER	11	Operating [Cost/s]	3.499e-003		
	Shells	15	Total Annual [Cost/s]	5.274e-003		

Data | Targets | Range Targets | Designs | Options | Notes

图4-36　热集成变压精馏能量目标

从图4-34可以看出，当前换热网络中可应用夹点设计，将冷热物流匹配以回收热量。据此，在原有流程基础上，建立新的换热网络。

在导航窗格中，右击 **Scenario 1**，选择 Add Design 添加新设计，并命名为 Design 1，如图4-38所示。

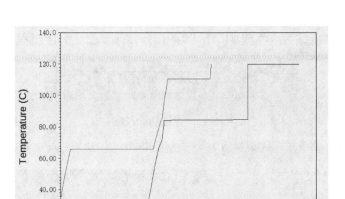

图4-37　HIPSD过程的组合曲线

单击 ⬩ 按钮，弹出 **HEN Design Cross Pinch** 窗口，单击窗口左上角 ⬩ 按钮，只显示过程夹点，如图4-39所示。单击 ⬩ 按钮，在栅格图中显示夹点线，如图4-40所示。

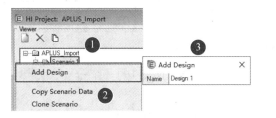

图4-38　添加新设计

图4-39　设置过程夹点

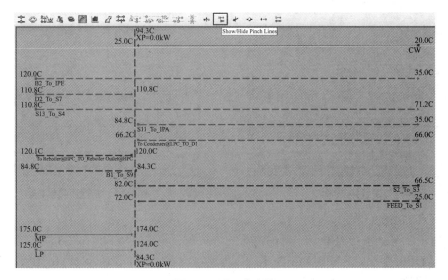

图4-40　显示夹点线

（1）夹点之上的匹配

夹点之上，有两股冷工艺物流、三股热工艺物流，不满足物流数目准则，因此将冷物流B1_To_S9分流，如图4-41所示。为满足最大热负荷准则，每次匹配应换完两股物流中的一股，根据夹点之上物流热负荷，D2_To_S7、S13_To_S4、B2_To_DIPE与B1_To_S9匹配，三股热物流热负荷均被换完。冷物流B1_To_S9剩余所需热量由热公用工程LP提供。

图4-41　将B1_To_S9分流

添加换热器E1，连接热物流D2_To_S7与冷物流B1_To_S9上游，如图4-42所示。

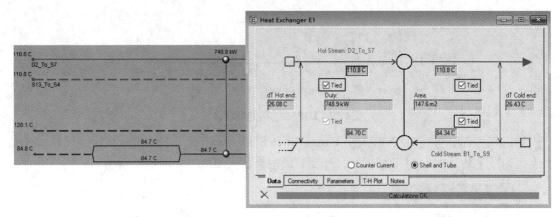

图4-42　添加并设置换热器E1

添加换热器E2，连接热物流B2_To_DIPE与冷物流B1_To_S9的一个分支，将热物流过程夹点温度复制到热物流出口温度，如图4-43所示。

添加换热器E3，连接热物流S13_To_S4与冷物流B1_To_S9的另一分支，将热物流过程夹点温度复制到热物流出口温度，如图4-44所示。

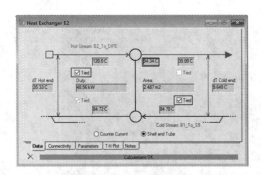

图4-43　设置换热器E2

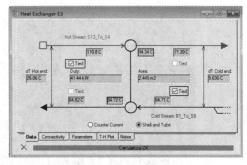

图4-44　设置换热器E3

（2）夹点之下的匹配

夹点之下满足物流数目准则，考虑物流的热负荷，将冷物流S2_To_S3与热物流S13_To_S4、B2_To_DIPE匹配，冷物流FEED_To_S1与热物流B2_To_DIPE、S11_To_IPA匹配，热物流S11_To_IPA剩余冷量由冷公用工程CW提供。

添加换热器E4，连接热物流S13_To_S4与冷物流S2_To_S3，如图4-45所示。

添加换热器E5，连接热物流B2_To_DIPE与冷物流S2_To_S3，如图4-46所示。

添加换热器E6，连接热物流B2_To_DIPE与冷物流FEED_To_S1，如图4-47所示。

添加换热器E7，连接热物流S11_To_IPA与冷物流FEED_To_S1，如图4-48所示。

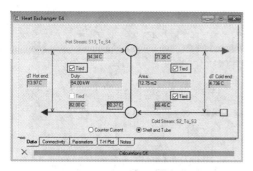

图4-45 设置换热器E4

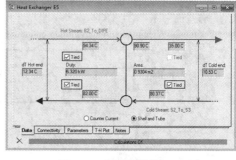

图4-46 设置换热器E5

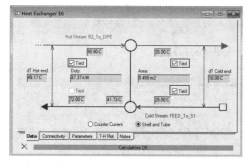

图4-47 设置换热器E6

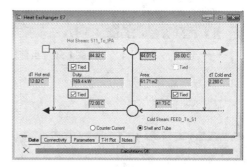

图4-48 设置换热器E7

将其余物流分别与冷热公用工程连接，至此完成换热网络匹配。

在应用夹点设计原则设计换热网络的过程中，可能造成单元数冗余。实际上，减少换热器的数量比增加换热器的面积更能显著节省费用。下面按照2.7.3节中回路断开及路径转移能量的原则对现有换热网络进行调优。

在导航窗格中，复制Design 1，并重命名为Design 2。在Design 2换热网络栅格图中右击，如图4-49所示，执行Show Loops命令，可显示当前换热网络中存在的回路；执行Show Paths命令，可显示当前换热网络中存在的路径。当前换热网络栅格图中存在的回路如图4-50所示。

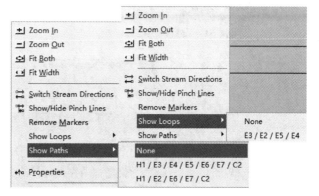

图4-49 显示回路和路径

当前回路含四台换热器，根据2.7.3节回路断开的方法，应消除热负荷较小的换热器E4来断开回路。但是考虑到冷物流B1_To_S9位于LPC塔底，需要经过再沸器返回LPC，因此该物流的匹配应更加简单以便于工业操作。据此，本案例选择消除换热器E2来断开换热单元E3—E2—E5—E4热负荷回路。

复制加热器H1冷物流入口温度后，删除分流，添加换热器E3，将加热器H1冷物流入口温度复制给E3冷物流出口温度，如图4-51所示。

删除换热器E4热物流入口温度，并重新设置E4，如图4-52所示。

删除换热器E5热物流入口温度，并重新设置E5，如图4-53所示。

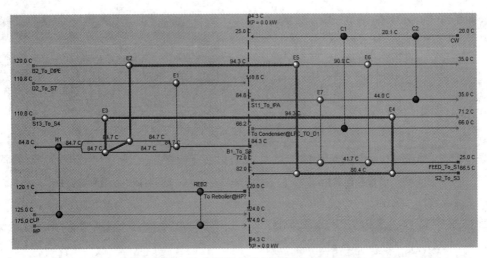

图4-50　当前换热网络栅格图中的回路

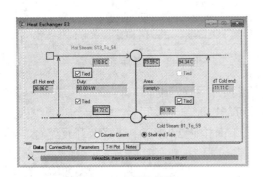

图4-51　设置换热器E3

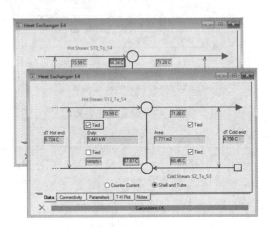

图4-52　设置换热器E4

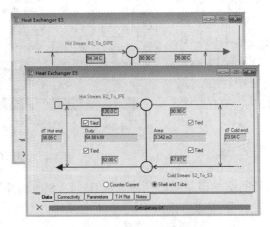

图4-53　设置换热器E5

　　断开回路后，若换热器出现温度交叉，则可沿当前换热网络中的路径进行能量松弛，如图4-54所示。其中换热器E3存在温度交叉，考虑到冷物流B1_To_S9为LPC塔底物流，换热结构应尽可能简单，因此将换热器E3热负荷沿路径转移，消除换热器E3；换热器E4热负荷较小（5.4 kW），因此将换热器E4热负荷沿图中路径转移，进一步调优。

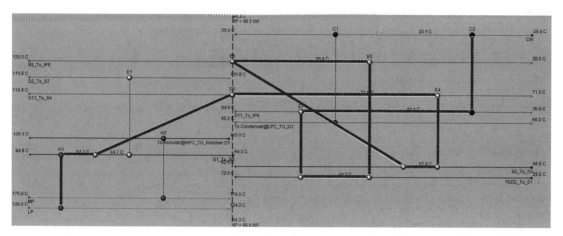

图4-54 当前换热网络栅格图中的路径

在导航窗格中，复制Design 2并重命名为Design 3。删除换热器E3、E4。删除加热器H1冷物流入口温度并重新设置，如图4-55所示。

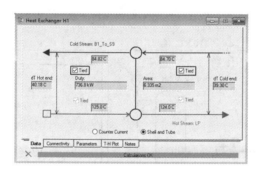

图4-55 设置加热器H1

重新设置换热器E5，如图4-56所示。

添加冷却器C3，将冷公用工程与热物流S13_To_S4连接，如图4-57所示。

至此，换热网络已完成调优。需要说明的是，基于夹点技术的换热网络设计依赖于设计人员的经验，一般只能得到接近最优的换热网络，故本例优化后换热网络可能有不足之处。本例作为诸多可行设计方案中的一种，仅供参考。

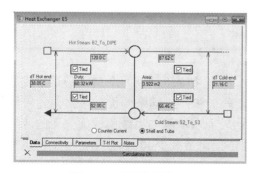

图4-56 设置换热器E5

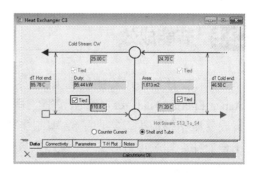

图4-57 设置冷却器C3

最终换热网络栅格图如图4-58所示。由此得出的较优热集成变压精馏流程图如图4-59所示。

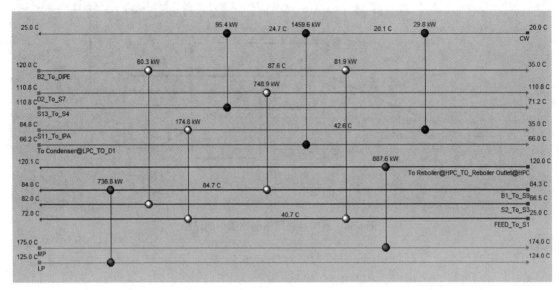

图4-58   热集成变压精馏换热网络栅格图

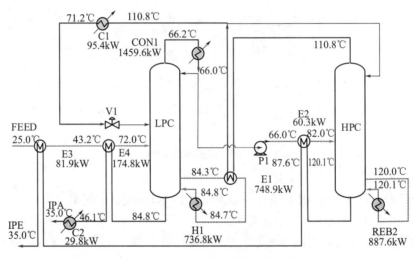

图4-59   热集成变压精馏流程图

4.2.5 节能成效

本例在变压精馏过程的基础上，应用多效精馏原理将变压精馏两个精馏塔热集成；使用Aspen Energy Analyzer对变压精馏流程进行能量分析和换热网络调优，最终得到较优的热集成变压精馏流程，实现了能量的回收利用。比较原有流程与系统集成优化后的冷热公用工程能耗，如表4-2所示，经过热集成，冷公用工程用量减少40.3%，热公用工程用量减少39.8%。

表4-2 变压精馏过程热集成前后能耗对比

项目	原有流程	集成优化	节能
冷公用工程用量/kW	2656	1585	40.3%
热公用工程用量/kW	2696	1624	39.8%

4.3 分隔壁反应精馏塔热集成

4.3.1 背景简介

自热回收技术（Self-Heat Recuperation Technology）是指通过热泵系统提升精馏塔塔顶蒸汽温位，从而实现塔顶蒸汽与塔底物流、进料物流的换热，促进潜热和显热的循环利用，使得过程不需要或仅需要少量外部热量。自热回收技术已成功应用于多种精馏过程，并取得了显著的节能效果。

分隔壁精馏塔（Dividing Wall Column，DWC）是多组分混合物分离过程中典型的强化构型，具有降低过程能耗、减少设备投资的优势。反应精馏（Reactive Distillation，RD）是将化学反应与精馏过程集成在一台设备中，能够打破可逆反应平衡限制、降低设备投资。分隔壁反应精馏塔（Reactive Dividing Wall Column，RDWC）则是将分隔壁精馏塔与反应精馏耦合，兼具分隔壁精馏塔与反应精馏的优势，使得工艺流程更简化，节能降耗优势更加明显。

本例将自热回收技术应用于分隔壁反应精馏塔，形成自热回收分隔壁反应精馏塔（Self-Heat Recuperative Reactive Dividing Wall Column，SHR-RDWC），可进一步实现节能的目的[3]。

4.3.2 工艺流程说明

乙酸甲酯是一种重要的化工原料，通常由乙酸和甲醇的酯化反应生成，反应方程式如下

$$CH_3COOH+CH_3OH \Longrightarrow CH_3COOCH_3+H_2O \tag{4-1}$$

乙酸甲酯分隔壁反应精馏塔流程如图4-60（a）所示，其热力学等效构型如图4-60（b）所示。在该等效构型中，包含反应精馏塔REA和只有冷凝器而没有再沸器的侧线精馏塔REC，两塔通过内部气液物流连接。乙酸从反应段上部进入反应精馏塔REA，新鲜甲醇经原料-产物换热器FEHE、进料预热器PHE1预热变为饱和蒸气后，与循环甲醇蒸气混合，从反应段下部进入反应精馏塔REA，两者在反应段生成乙酸甲酯和水。反应混合物经过分离在塔顶得到产物乙酸甲酯，塔底得到副产物水。过量的甲醇进入侧线精馏塔REC进一步提纯、循环，与新鲜甲醇进料混合后返回塔内。乙酸甲酯、水和循环甲醇的质量分数分别为0.98、0.99和0.99。本例基于自热回收技术设计分隔壁反应精馏塔的节能方案，采用Aspen Energy Analyzer软件设计自热回收分隔壁反应精馏塔换热网络，并在Aspen Plus中实施节能方案。

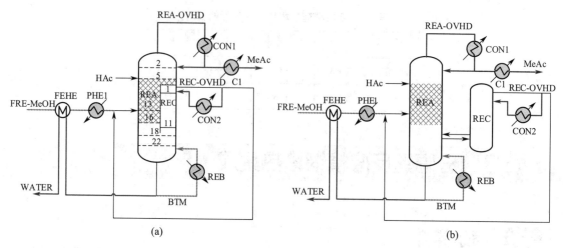

图4-60　乙酸甲酯分隔壁反应精馏塔（a）及其热力学等效构型（b）

4.3.3 用能状况分析

4.3.3.1 数据提取

打开本书配套文件Reactive Dividing Wall Column.apwz，单击**Energy**控制面板，进入**Energy Analysis | Configuration**页面，在Utility Assignments表中，单击Utilities Type列的下三角按钮，为物流选择公用工程，如图4-61所示。

Unit Operation	Energy Stream	Utilities Type	Process Stream Temperatures [C] Inlet	Process Stream Temperatures [C] Outlet	Utility Temperatures [C] Inlet	Utility Temperatures [C] Outlet
C1		CW	56.4	35.0	20.0	25.0
CON2		CW	65.3	64.9	20.0	25.0
PHE1		LP	66.6	66.6	125.0	124.0
Condenser@REA		CW	56.8	56.4	20.0	25.0
Reboiler@REA		LP	101.5	103.5	125.0	124.0
Condenser@REC		CW	66.0	65.3	20.0	25.0
Reboiler@REC			77.2	78.6		

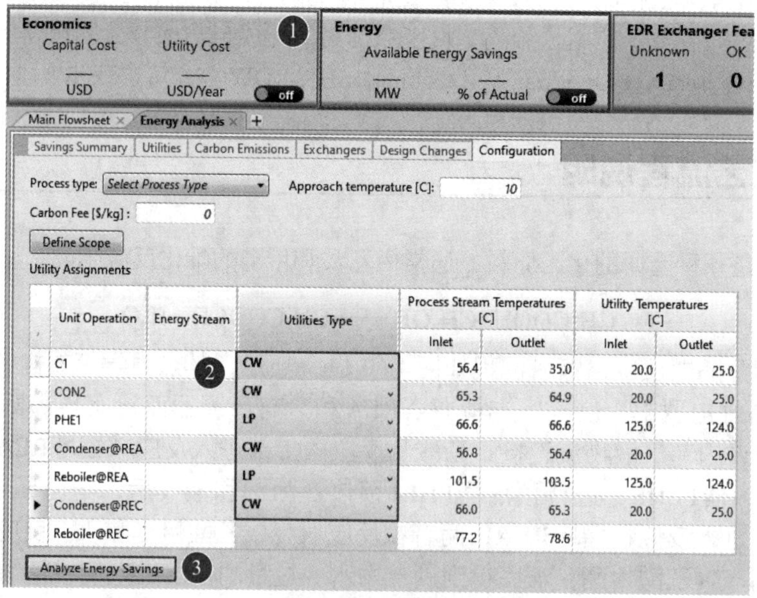

图4-61　选择公用工程

单击**Analyze Energy Savings**按钮完成能量分析。进入Energy Analysis环境，单击Home功能区选项卡中**Details**按钮，弹出**Energy Analysis**对话框，单击**Yes**按钮，将物流数据导入Aspen Energy Analyzer，如图4-62所示。

图4-62 导入数据至Aspen Energy Analyzer

将文件另存为Example4.3-Reactive Dividing Wall Column.hch。进入Aspen Energy Analyzer软件的操作模式页面，查看工艺物流数据，如图4-63所示。具体的工艺物流数据如表4-3所示。

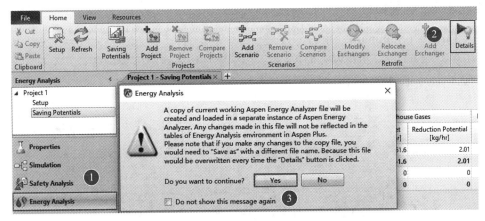

图4-63 工艺物流数据

表4-3 提取的工艺物流数据

物流名称	类型	温度/℃		热容流率/（kW/℃）	物流名称	类型	温度/℃		热容流率/（kW/℃）
		进口	出口				进口	出口	
S4_To_MEAC（MeAc）	热	56.4	35.0	2.07	S5_To_WATER（WATER）	热	103.5	35.0	0.98
FRE-MEOH_To_S2（FRE-MeOH）	冷	30.0	45.7	1.21	To Reboiler@REA_TO_S5Duplicate（BTM）	冷	101.5	102.1	109.19
		45.7	66.6	1.31			102.1	102.7	197.01
		66.6	66.6	9905.22			102.7	103.2	406.16
S8_To_S9（REC-OVHD）	热	65.3	65.2	146.16			103.2	103.5	780.94
		65.2	65.1	222.49	To Condenser@REA_TO_S4Duplicate（REA-OVHD）	热	56.8	56.7	1305.18
		65.1	65.1	306.44			56.7	56.7	2774.04
		65.1	64.9	400.05			56.7	56.4	3204.83

4.3.3.2　能量目标

进入 **Targets | Summary** 页面，修改最小传热温差为5℃，查看能量目标和夹点温度，冷热公用工程目标分别为1202kW和1105kW，热工艺物流夹点温度为65.3℃，冷工艺物流夹点温度为60.3℃，如图4-64所示。

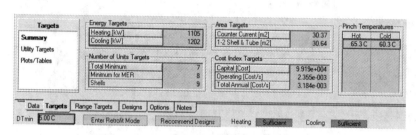

图4-64　能量目标和夹点温度

原有流程的组合曲线如图4-65所示。在热组合曲线中，水平的线条表明物流有较多的冷凝潜热。从图4-65可以看出，反应精馏塔REA塔顶蒸汽（To Condenser@REA_TO_S4 Duplicate）和侧线精馏塔REC塔顶蒸汽（S8_To_S9）含有较多的潜热。

原有流程的总组合曲线如图4-66所示。在较小的温度范围内，由于物流发生相变，热物流含有大量潜热可为冷物流提供热量，所以可以使用热泵将热量从夹点之下的热量过剩区域转移到夹点之上的热量不足区域。初步的热泵添加方案为：反应精馏塔REA塔顶蒸汽（BC段）经过热泵升温升压以提高蒸汽的温位，利用冷凝潜热放出的热量加热反应精馏塔REA塔底物流（HI段），同时剩余热量可预热原料（FG段）；侧线精馏塔REC塔顶蒸汽（DE段）也可添加热泵，通过压缩机提高蒸汽的温位，预热原料（FG段）。

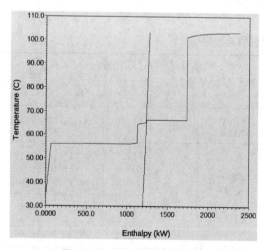

图4-65　原有流程的组合曲线

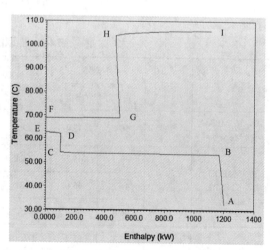

图4-66　原有流程的总组合曲线

在导航窗格中，进入 **Scenario 1 | SimulationBaseCase** 页面，查看原有流程的换热网络，如图4-67所示。在原有流程的换热网络中，过程可回收的热量非常少，热公用工程用量为1113.8kW，冷公用工程用量为1210.0kW，两者用量均较大。因此，可设计自热回收方案，使用热泵提升热物流温位，并对换热网络进行设计。

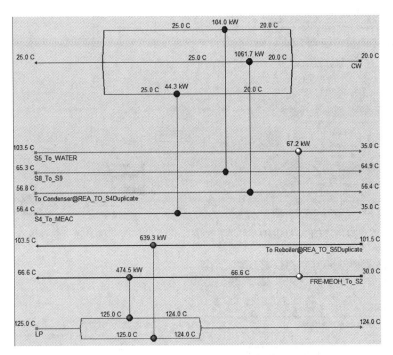

图4-67　原有流程的换热网络栅格图

4.3.4　自热回收方案

4.3.4.1　节能方案一

反应精馏塔REA塔顶蒸汽（To Condenser@REA_TO_S4Duplicate）含有较多的潜热，因此，在节能方案一中考虑在反应精馏塔REA塔顶添加热泵系统，提升塔顶蒸汽的温位，并进行换热网络设计。

为了设计换热网络，需要提取经压缩机升温升压后的热物流数据。添加一股虚拟物流REA-OVHD至反应精馏塔REA，进入 **Blocks | REA | Specifications | Setup | Streams** 页面，选择第2块塔板气相物流为虚拟物流，如图4-68所示。

建立如图4-69所示的流程用于提取热物流数据。进入 **Blocks | COMP1 | Setup | Specifications** 页面，输入压缩机COMP1参数[3]，如图4-70所示。

进入 **Blocks | B2 | Setup | Specifications** 页面，输入冷却器B2参数，冷却器B2的出口温度等于冷凝器CON1的出口温度，如图4-71所示。

进入 **Blocks | B2 | HCurves** 页面，单击 **New** 按钮，弹出 **Create New ID** 对话框，单击 **OK** 按钮创建HCurves（温焓曲线）；进入 **B2 | HCurves | 1 | Setup** 页面，设置温焓曲线的点数为35，如图4-72所示。运行模拟，完成能量分析并将物流数据导入Aspen Energy Analyzer。

将文件另存为Example4.3-SHR-RDWC-1.hch。进入Aspen Energy Analyzer软件的操作页面，塔顶蒸汽经过压缩机升温升压后，物流数据发生变化，因此需要删除物流To Condenser@REA_TO_S4Duplicate。经压缩机升温升压后的热物流为S12_To_S13，其工艺物流数据见表4-4。

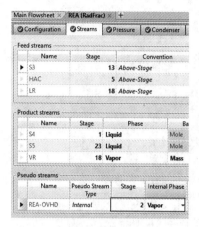

图4-68　设置虚拟物流REA-OVHD

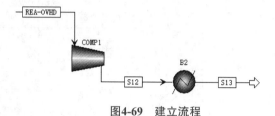

图4-69　建立流程

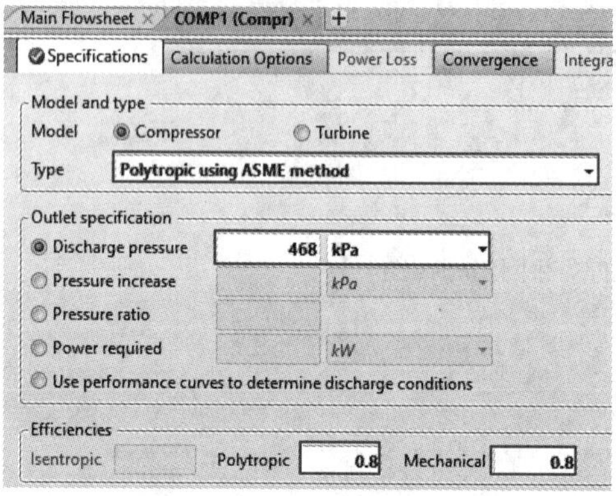

图4-70　输入压缩机COMP1参数

图4-71　输入冷却器B2参数

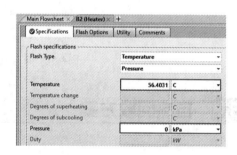

图4-72　创建并设置温焓曲线

表4-4　新增的工艺物流数据

物流名称	类型	温度/℃		热容流率/（kW/℃）
		进口	出口	
S12_To_S13（REA-OVHD）	热	120.3	108.5	3.59
		108.5	107.9	1523.88
		107.9	90.7	5.23
		90.7	56.4	5.00

进入**Targets | Summary**页面，设置最小传热温差为5℃，查看能量目标，冷热公用工程目标分别为281.5kW和0kW，为不需要热公用工程的阈值问题，如图4-73所示。

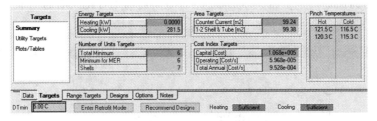

图4-73 节能方案一能量目标

节能方案一的组合曲线和总组合曲线如图4-74和图4-75所示。反应精馏塔REA塔顶蒸汽经压缩机压缩后，其温度和压力升高，使得热组合曲线高度提升，从压缩机排出的热物流可与冷物流进行潜热与显热交换。

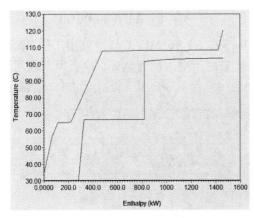

图4-74 节能方案一组合曲线

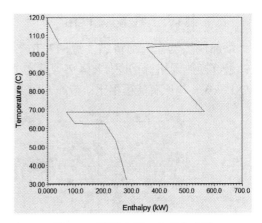

图4-75 节能方案一总组合曲线

右击**Scenario 1**，执行Add Design（添加设计）命令，将换热网络设计命名为SHR-RDWC-1。对于阈值问题，虽然有设计余地，但也要避免物流出现温度交叉。从无需公用工程的一端开始设计换热网络，按照经验规则，每次匹配应换完两股物流中热负荷较小者以最小化换热单元数目。添加换热器REB，连接热物流S12_To_S13与冷物流To Reboiler@REA_TO_S5Duplicate，使冷物流To Reboiler@REA_TO_S5Duplicate被加热到目标温度103.5℃，如图4-76所示。

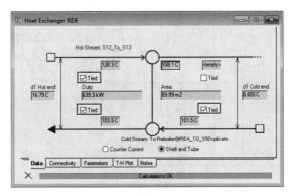

图4-76 设置换热器REB

添加换热器FEHE，连接热物流S5_To_WATER与冷物流FRE-MEOH_To_S2，使热物流 S5_To_WATER被冷却到目标温度35.00℃，如图4-77所示。

添加换热器PHE1，连接热物流S12_To_S13与冷物流FRE-MEOH_To_S2，使冷物流 FRE-MEOH_To_S2被加热到目标温度66.62℃，如图4-78所示。

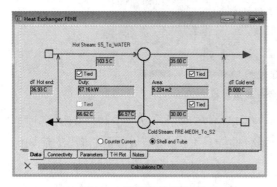

图4-77　设置换热器FEHE

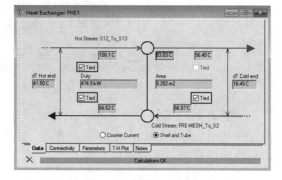

图4-78　设置换热器PHE1

添加换热器，分别将热物流S12_To_S13、S8_To_S9、S4_To_MEAC与冷公用工程CW连接，最终换热网络栅格图如图4-79所示。换热网络热公用工程用量为0kW，冷公用工程用量为281.5kW，与原有流程相比，节能方案一不需要热公用工程，冷公用工程用量减少76.7%。

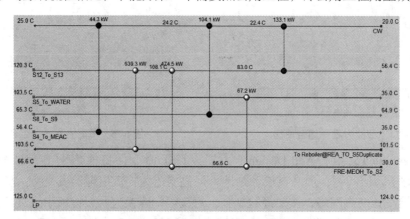

图4-79　节能方案一换热网络栅格图

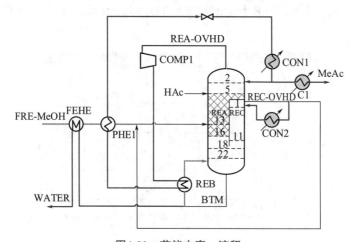

图4-80　节能方案一流程

进入Aspen Plus界面，实施节能方案。打开文件Reactive Dividing Wall Column.apwz，将文件另存为Example4.3-SHR-RDWC-1.apwz，建立如图4-80所示的流程并运行模拟。模拟结果表明，在节能方案一中，压缩机耗电量为232.4kW，假设电热转换系数为3，则压缩机消耗的等量热负荷为697.2kW，与原有流程相比，节能方案一能耗降低了 $[1-697.2/(639.3+474.5)] \times 100\% = 37.4\%$。

4.3.4.2 节能方案二

在节能方案一中，虽然通过自热回收技术节省了热公用工程，但同时需要消耗电能。压缩机的耗电量与压缩比以及蒸汽流量直接相关，其中，压缩比直接影响换热器的最小传热温差，不能作为优化对象，因此，可通过调节蒸汽流量进一步优化压缩机耗电量。一方面，可对进入压缩机COMP1的热物流REA-OVHD进行分流，使其一部分进入压缩机压缩，另一部分直接进入冷凝器；另一方面，可在侧线精馏塔REC塔顶添加热泵系统，以较小的压缩比压缩塔顶蒸汽REC-OVHD，提升物流温度用于预热原料，从而间接降低进入压缩机COMP1的物流量。

打开文件Example4.3-SHR-RDWC-1.apwz，将文件另存为Example4.3-SHR-RDWC-2.apwz，建立如图4-81所示的流程，其中进入压缩机COMP1蒸汽的分流比为0.86，压缩机COMP2的出口压力为131.5kPa，压缩机分流比和出口压力的确定参见参考文献 [3]。运行模拟，完成能量分析并将物流数据导入Aspen Energy Analyzer，将文件另存为Example4.3-SHR-RDWC-2.hch。

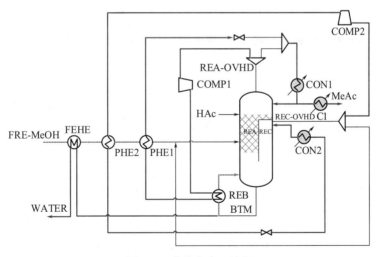

图4-81 节能方案二流程

在Aspen Energy Analyzer操作界面，进入**Targets | Summary**页面，设置最小传热温差为5℃，查看能量目标，冷热公用工程目标分别为259.0kW和0kW，如图4-82所示。

节能方案二的组合曲线和总组合曲线分别如图4-83和图4-84所示，从中可以看出，由于塔顶蒸汽分流，热物流总焓值减少，冷组合曲线沿着x轴向左平移，可观察到在54℃附近出现一个近夹点。

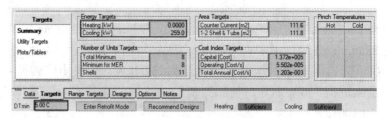

图4-82　节能方案二能量目标

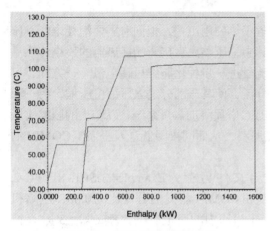

图4-83　节能方案二组合曲线

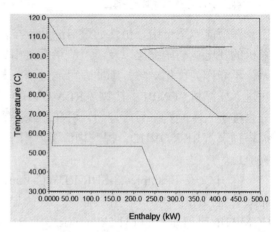

图4-84　节能方案二总组合曲线

　　节能方案二的换热网络如图4-85所示。换热网络热公用工程用量为0kW，冷公用工程用量为259.0kW，与节能方案一相比，节能方案二进一步减少8%冷公用工程用量。

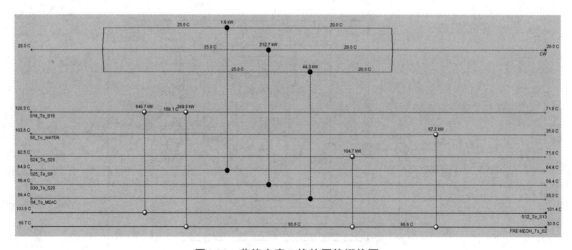

图4-85　节能方案二换热网络栅格图

4.3.5　节能成效

　　原有流程、节能方案一与节能方案二的公用工程用量及耗电量对比见表4-5。与节能方案一相比，节能方案二能耗降低了（1−203.3kW/232.4kW）×100% = 12.5%，表明通过对塔顶蒸汽分流以及热泵系统的重新配置，总压缩机功率降低，从而进一步节省了能量。节能方案二中的压缩机总耗电量为203.3kW，假设电热转换系数为3，则压缩机消耗的等量热负荷为609.9kW，与原有流程相比，节能方案二能耗降低了［1−609.9kW/（639.3+474.5）kW］× 100%=45.2%。上述结果表明，通过自热回收技术改进后的流程，过程的潜热和显热均得到了有效利用，仅需消耗少量电能便可实现节能目的。

表4-5 三种流程能耗对比

名称	热公用工程用量/kW	冷公用工程用量/kW	耗电量/kW
原有流程	1113.8	1210.0	0
节能方案一	0	281.5	232.4
节能方案二	0	259.0	203.3

4.4 生物柴油装置能量系统集成优化

4.4.1 背景简介

通常以油料水生植物、动物脂肪油及废弃食用油等为原料，与低分子量的醇进行酯交换和酯化反应制得生物柴油。生物柴油的性质与矿物柴油非常接近，是一种可再生的清洁燃料。目前生物柴油的制备主要采用传统的均相催化工艺，以液体酸、碱为催化剂，反应速度快，转化率高，但设备腐蚀严重，且产物需进行中和洗涤，产生大量工业废水，污染环境。相对于均相催化，以固体酸、碱为催化剂的非均相催化技术具有反应条件温和、对设备腐蚀性小、对环境无污染和易于自动化连续生产等优点，是一条绿色的生物柴油生产路线。

通过反应精馏法进行酯交换工艺制备生物柴油是一种新的发展方向，反应和精馏过程同时进行，通过及时移走反应产物，可克服可逆反应化学平衡转化率的限制，提高串联或平行反应的选择性。与常规流程相比，反应精馏技术能够明显降低生物柴油制备过程的能耗。

本例以大豆油为原料，使用Aspen Plus模拟非均相催化反应精馏合成生物柴油的过程，通过分析塔总组合曲线（CGCC）优化塔负荷，并对工艺物流进行热集成，以最小化公用工程消耗[4]。

4.4.2 工艺流程说明

模拟中以三油酸甘油酯（$C_{57}H_{104}O_6$）代替甘油三酯（又称三酰甘油），以油酸甲酯（$C_{19}H_{36}O_2$）代替生物柴油，催化剂采用CaO/Al_2O_3，反应方程式为

$$C_{57}H_{104}O_6+3CH_4O \Longrightarrow 3C_{19}H_{36}O_2+C_3H_8O_3 \qquad (4-2)$$

非均相催化反应精馏合成生物柴油的工艺流程如图4-86所示，常温常压下甘油三酯和甲

醇经泵P1和泵P2分别加压到3.2atm和3.7atm，进入反应精馏塔RD。两种原料在反应精馏塔中进行酯交换反应生成生物柴油和甘油。经反应精馏塔反应分离后，未反应完的甲醇从塔顶馏出，经泵P3循环利用，与进料甲醇混合后进入反应精馏塔。塔底物流的压力和温度经节流阀V1和冷却器C1降至1atm和35℃，最后经分相器D1分相得到较纯的生物柴油和副产物甘油。流程中循环甲醇、生物柴油和甘油的质量分数均为99%。

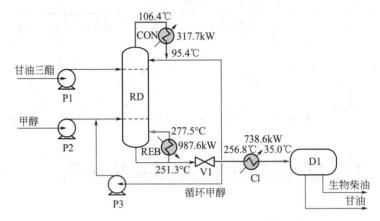

图4-86   非均相催化反应精馏合成生物柴油工艺流程

4.4.3 反应精馏塔优化

精馏塔的优化一般采用热力学分析完成，塔热力学分析有助于确定能量目标（冷凝器和再沸器最小热负荷），并根据需要对塔的工艺设计进行修改以节省能量。可优化参数包括进料位置、回流比、进料热状态、是否添加中间再沸器或冷凝器等，相关内容详见2.6.2节。

精馏塔热力学分析基于最小热力学条件（Practical Near Minimum Thermodynamic Condition，PNMTC）。最小热力学条件是指精馏塔在最小回流比、无穷理论塔板数条件下操作，每块塔板上设置具有适当热负荷的加热器和冷却器，即冷凝器和再沸器的热负荷被分布到各个塔板上。精馏塔的塔板-焓值（S-H）和温焓（T-H）曲线表示在满足分离要求的条件下，精馏塔各塔板上所需最小加热负荷和最小冷却负荷，这两条曲线称为精馏塔的总组合曲线（CGCC）。Aspen Plus中热力学分析生成的CGCC是基于PNMTC的理想曲线（Ideal Profile）。在S-H曲线上，如果进料位置和回流比不合理会导致能量需求过多，需要进行参数调整[5]。

打开本书配套文件Biodiesel Reactive Distillation Process.bkp，另存为Example4.4-Biodiesel Production Process.bkp，流程中反应精馏塔RD再沸器热负荷为987.56kW，冷凝器热负荷为317.74kW，下面进行热力学分析以优化塔负荷。

进入**Blocks|RD|Analysis|Analysis Options**页面，选择对精馏塔进行热力学分析，关键组分选取保持默认设置，运行模拟，在Column Design功能区选项卡Plot组下选择相应的曲线即可得到T-H或S-H曲线。

T-H曲线上夹点与纵坐标轴的水平距离表示回流比可减少的范围。回流比降低，T-H曲线会向纵坐标轴靠近，可同时减少再沸器和冷凝器的热负荷。图4-87为反应精馏塔RD的T-H曲线，可以看出夹点与纵坐标轴的水平距离很小，表明回流比设置较合理，无需进行优化。

根据S-H或T-H总组合曲线两侧焓值变化的剧烈程度来调整进料热状态。如果再沸器一侧焓值变化幅度较大，说明进料需要被加热；同理，冷凝器一侧焓值变化幅度较大，说明进料需要被冷却。

反应精馏塔RD的S-H曲线如图4-88所示，从中可以看出，进料位置6附近发生明显焓变，进料位置2附近焓变较小，此现象源于进料温度过冷。为了消除这种现象，需要对进料预热。通过灵敏度分析可知，将甲醇预热到105℃能够显著降低再沸器热负荷。

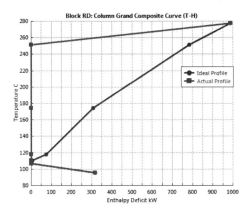

图4-87　反应精馏塔RD的T-H曲线

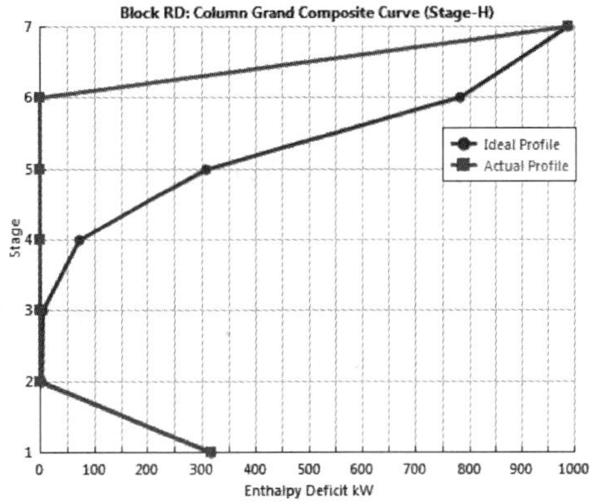

图4-88　反应精馏塔RD的S-H曲线

在流程中添加两台加热器H1和H2，将进入反应精馏塔RD的甘油三酯与甲醇分别预热到75℃和105℃，运行模拟。此时反应精馏塔RD的再沸器热负荷降低到608.60kW，减少的热负荷转移至两台进料预热器，而冷凝器的热负荷小幅度地增加到321.67kW。

进料预热后反应精馏塔RD的T-H曲线如图4-89所示，从中可以看出，再沸器热负荷仍较大，考虑添加中间再沸器以减少塔底再沸器热负荷，同时降低热公用工程的温位。

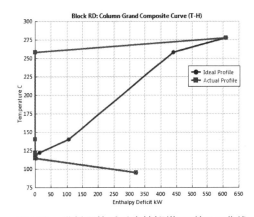

图4-89　进料预热后反应精馏塔RD的T-H曲线

进入**Blocks | RD | Configuration | Heaters and Coolers | Side Duties** 页面，在第五块板设置中间再沸器热负荷，如图4-90所示。

运行模拟，添加中间再沸器后反应精馏塔RD的T-H曲线如图4-91所示，此时反应精馏塔RD的再沸器热负荷降低到458.65kW，减少的热负荷转移至中间再沸器，冷凝器热负荷增加到321.68kW。

进入**Blocks | RD | Configuration | Heaters and Coolers | Side Duties** 页面，删除图4-90中的数据。在流程中添加泵P4，出口压力为3.5atm；添加加热器H3模拟中间再沸器，热负荷为150kW。从反应精馏塔RD第四块板引出的液相经过中间再沸器部分汽化后返回塔内，设置物流连接如图4-92所示。

反应精馏塔RD优化前后相关参数对比如表4-6所示。与优化前的原有流程相比，采用进料预热及添加中间再沸器等措施，再沸器热负荷大幅度减小，降低了高温位公用工程用量，节能效果显著。

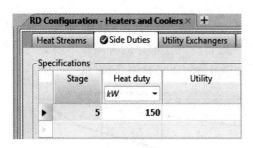

图4-90　设置中间再沸器热负荷

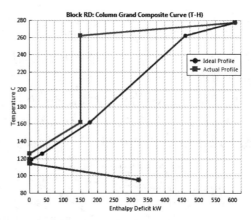

图4-91　添加中间再沸器后反应精馏塔RD的*T-H*曲线

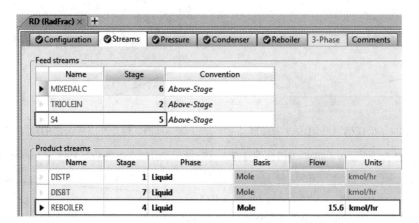

图4-92　设置反应精馏塔RD物流连接

表4-6　反应精馏塔RD优化前后参数对比

参数	原有流程	进料预热	中间再沸器
塔板数		7	
进料位置		2 / 6	
进料温度/℃	25.48 / 63.40	75.00 / 105.00	75.00 / 105.00
回流比		1.50	
塔顶采出量/（kmol/h）		13.61	
冷凝器压力/atm		3.00	
冷凝器温度/℃	95.36	95.38	95.38
冷凝器热负荷/kW	317.74	321.67	321.69
塔底馏出量/（kmol/h）		18.18	
再沸器压力/atm		3.60	
再沸器温度/℃	277.50	277.54	277.55
再沸器热负荷/kW	987.56	608.60	458.60

优化后的生物柴油工艺流程如图4-93所示，两股物流在进入反应精馏塔RD之前分别预热到75℃和105℃，并添加了中间再沸器，热负荷为150kW。通过优化，反应精馏塔RD再沸器热负荷降低到458.60kW，减少了53.6%，冷凝器热负荷增加到321.69kW，增加了1.2%。

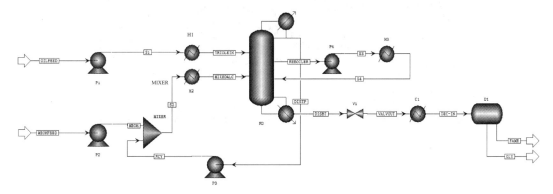

图4-93 优化后的生物柴油工艺流程

4.4.4 系统集成优化

4.4.4.1 数据提取

单击**Energy**控制面板，进入**Energy Analysis|Configuration**页面，在Process type下拉列表框选择Chemical选项；单击**Define Scope**按钮，弹出**Energy Analysis Scope**窗口，首先对除分离系统外的背景过程进行能量分析，取消选择RD，单击**OK**按钮；单击Utilities Type列的下三角按钮，为物流选择公用工程，单击**Analyze Energy Savings**按钮完成能量分析，如图4-94所示。

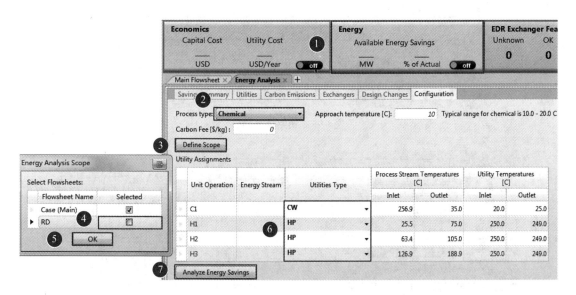

图4-94 设置能量分析

能量分析完成后，控制面板出现警告，进入 **Energy Analysis|Exchangers** 页面，如图 4-95 所示，可以看出分相器 D1 数据未提取，本例热集成不考虑 D1，忽略该警告。

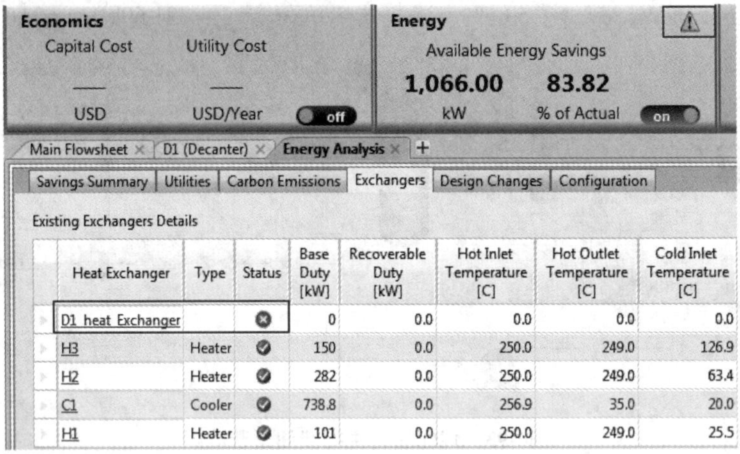

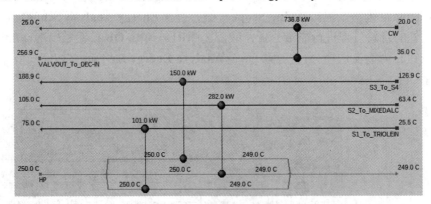

图4-95　查看换热器状态

进入 Energy Analysis 环境，单击 Home 功能区选项卡下 **Details** 按钮，弹出 **Energy Analysis** 对话框，单击 **Yes** 按钮，将物流数据导入 Aspen Energy Analyzer。

进入 Aspen Energy Analyzer 软件界面，将文件另存为 Example4.4- Biodiesel Production Process.hch，初始换热网络如图 4-96 所示。进入 **Scenario 1 | Data** 页面，查看物流数据及公用工程数据，如图 4-97 所示。经济参数使用 Aspen Energy Analyzer 默认值。

图4-96　初始换热网络

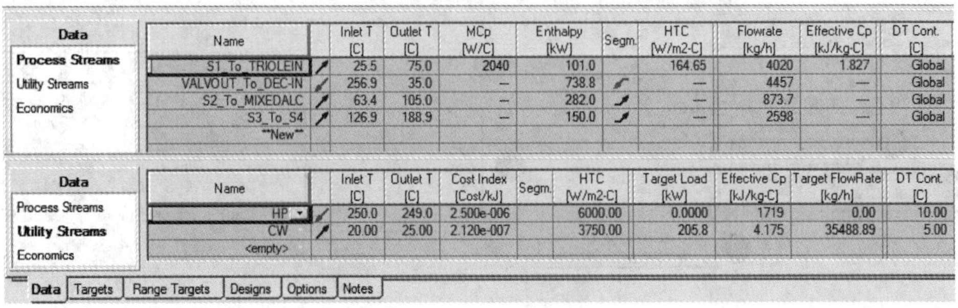

图4-97　物流数据和公用工程数据

4.4.4.2　能量目标

最小传热温差使用默认值10℃，冷热物流组合曲线如图4-98所示，总组合曲线如图4-99所示。根据总组合曲线可判断精馏塔能否与背景过程集成，详见2.6.2.4小节。将冷凝器和再沸器用简单箱型表示，绘制在图4-99中，结果如图4-100所示，可以看出精馏塔跨越夹点放置，无法与背景过程集成，整个系统的能量目标为背景过程与分离系统的能量加和，故接下来的换热网络设计将不考虑冷凝器和再沸器物流。

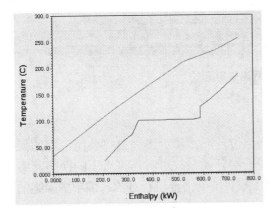

图4-98　组合曲线

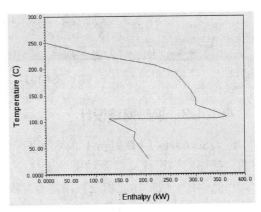

图4-99　总组合曲线

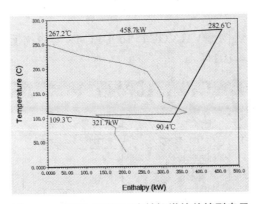

图4-100　背景过程与反应精馏塔简单箱型表示

进入 **Targets | Summary** 页面，查看能量目标，如图4-101所示，热公用工程需求为0kW，冷公用工程需求为205.8kW，本例为只需要冷公用工程的阈值问题。

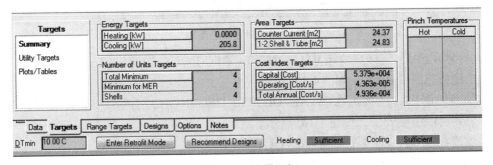

图4-101　能量目标

进入 **SimulationBaseCase | Performance | Utilities** 页面，查看公用工程当前用量，如图 4-102 所示，热公用工程消耗为 533.0kW，冷公用工程消耗为 738.8kW。相对于能量目标，背景过程通过换热网络设计可节省大量能量，其中热公用工程用量可节省 100%，冷公用工程用量可节省 72.1%。

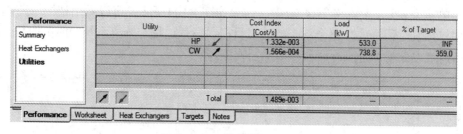

图4-102　公用工程当前用量

4.4.4.3　换热网络设计

进入 **Scenario 1 | Design 1** 页面，进行换热网络设计。本例为不需要热公用工程的阈值问题，换热网络设计从最受约束的无热公用工程一端开始，故可看作夹点下的换热网络设计。当前存在一股热物流和三股冷物流，根据物流数目准则需要进行分流，但考虑网络的可操作性，通常情况下应避免物流分流，以降低操作难度。考虑不需要热公用工程，且热物流 VALVOUT_To_DEC-IN 可满足所有冷物流热负荷，为避免高能低用，可根据各冷物流温位进行换热匹配。

添加换热器 E1，连接热物流 VALVOUT_To_DEC-IN 与冷物流 S3_To_S4，将冷物流加热到目标温度 188.9℃，如图 4-103 所示。

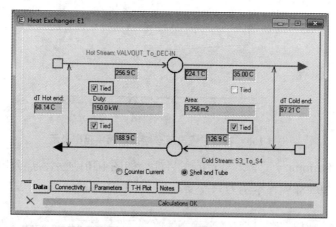

图4-103　设置换热器E1

添加换热器 E2，连接热物流 VALVOUT_To_DEC-IN 与冷物流 S2_To_MIXEDALC，将冷物流加热到目标温度 105℃，如图 4-104 所示。

添加换热器 E3，连接热物流 VALVOUT_To_DEC-IN 与冷物流 S1_To_TRIOLEIN，将冷物流加热到目标温度 75℃，如图 4-105 所示。

添加冷却器 C1，连接热物流 VALVOUT_To_DEC-IN 与冷却水 CW，将热物流冷却到目标温度 35℃，如图 4-106 所示。优化设计后换热网络如图 4-107 所示，冷公用工程达到了最小能量目标 205.8kW。

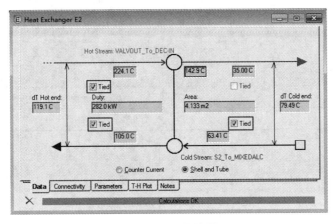

图4-104 设置换热器E2

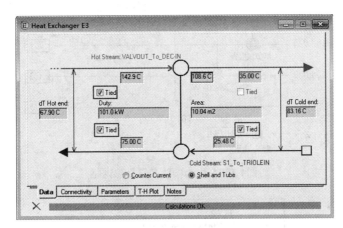

图4-105 设置换热器E3

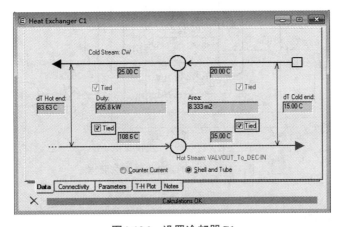

图4-106 设置冷却器C1

　　生物柴油装置换热网络如图4-108所示，冷凝器和再沸器热负荷由公用工程提供，对应的工艺流程如图4-109所示。

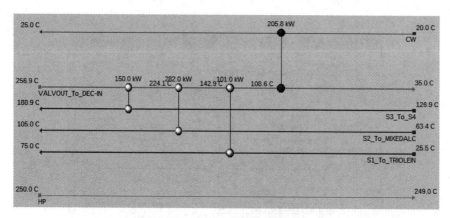

图4-107　优化设计后的换热网络

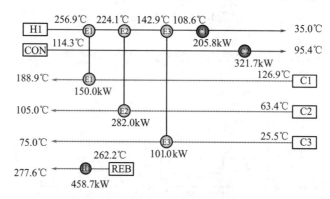

图4-108　生物柴油装置换热网络

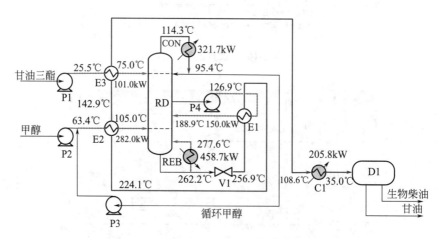

图4-109　生物柴油装置工艺流程

4.4.5　节能成效

本例首先对反应精馏塔进行优化，添加了进料预热与中间再沸器，虽然不改变整体公用工程能耗，但将再沸器热负荷转移，降低了分离系统整体能耗及高温位公用工程消耗（53.7%），最后进行系统热集成以减少整体能耗。比较原有流程与系统集成优化后的冷热公用工程能耗，结果如表4-7所示，经过塔优化与系统热集成，冷公用工程能耗降低了50.1%，热公用工程能耗降低了53.6%。

表4-7 生物柴油装置集成优化前后能耗对比

项目	原有流程/kW	集成优化/kW	节能/%
冷公用工程用量	1056.3	527.5	50.1
热公用工程用量	987.6	458.7	53.6

4.5 丙烯腈装置精制系统塔系热集成

4.5.1 背景简介

丙烯腈（Acrylonitrile）是一种重要的化工原料，主要用于生产聚丙烯腈纤维（腈纶）、ABS/SAN树脂、丙烯酰胺、己二腈、碳纤维和苯乙烯，在合成纤维、合成树脂等高分子材料的生产中占有重要地位，应用前景广阔。丙烯氨氧化法生产丙烯腈的工艺过程中，总有少量丙烯醛、乙醛等副产物生成，因此丙烯腈装置精制系统是以含有氢氰酸、丙烯醛、乙腈的粗丙烯腈为原料，在一定条件下，经过丙烯醛转化、脱氢氰酸、分离乙腈和丙烯腈、丙烯腈精馏等过程，最终得到高纯度丙烯腈。

近年来，丙烯腈装置迅速增多，市场竞争也越来越激烈，为了能在竞争中取得优势，各丙烯腈生产单位不断采取措施，以便更好地降低丙烯腈行业的能耗，获得最大效益。对于丙烯腈装置精制系统，精馏塔系热集成是降低分离过程能耗的重要方法。

本例使用Aspen Plus模拟丙烯腈装置精制系统工艺流程，并对该流程进行塔系热集成，以节省能量[6]。

4.5.2 工艺流程说明

从粗丙烯腈原料中分离丙烯腈的流程如图4-110所示。首先在塔C1-A中移除粗丙烯腈中的轻组分杂质氢氰酸和丙烯醛，氢氰酸的分离较容易，但丙烯醛的分离很困难。本例通过丙烯醛和氢氰酸加成，生成高沸点丙烯醛氰醇，脱除丙烯醛氰醇以达到脱醛目的，反应方程式见式（4-3）。由于在塔C1-A中分离氢氰酸必然伴随一部分丙烯腈的损失，所以需在塔C1-B底部回收丙烯腈。

$$CH_2CHCHO+HCN \longrightarrow CH_2CHCHCNOH \qquad (4-3)$$

塔C1-A和塔C1-B的塔底采出物混合后进入塔C2，塔C2用于分离丙烯腈和乙腈。丙烯腈沸点（77℃）和乙腈沸点（81℃）相差仅4℃，相对挥发度接近1（为1.09），用普通精馏很难分离，而水可以增大二者的相对挥发度，故以水为溶剂进行萃取精馏分离丙烯腈和乙腈。C2塔底采出丙烯醛氰醇和水。乙腈从塔C2侧线抽出进入塔C3，塔C3顶部采出粗乙腈，其进一步精制可通过变压精馏实现（本例对此部分流程不做介绍），塔C3底部采出含有重组分杂质的水。丙烯腈-水共沸物从塔C2顶部蒸出，经冷凝、分相后，上层的丙烯腈进入塔C4进一步提纯，C4塔底采出符合要求的丙烯腈产品。

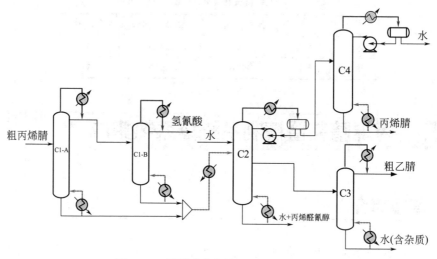

图4-110　丙烯腈装置精制系统原有流程

4.5.3　塔系热集成

4.5.3.1　塔系热集成分析

传统的塔系热集成方法包括直接热集成和调压热集成。如果精馏塔A塔顶的物流（热流）温度高于精馏塔B塔底需要被加热物流（冷流）的温度，且二者之间的温差足够大，该热流就可以作为热源直接加热精馏塔B塔底冷流，实现两个精馏塔的直接热集成；如果精馏塔A塔顶物流（热流）温度低于或接近于精馏塔B塔底需要被加热物流（冷流）的温度，则可以尝试调节塔的操作压力来改变两者或两者之一的温度，从而实现两塔间的调压热集成。

精馏塔系热集成传统方法步骤如下[7]：

① 提取流程模拟中精馏塔系数据，并列成表格。

② 将表格中各塔冷凝器和再沸器按温位排序。可以借助精馏塔系温焓图，直观推断出两塔之间直接热集成或调压热集成的可行性方案，塔系温焓图的相关内容见2.6.2.3小节。

③ 分析调压热集成方案的分离效果。通过流程模拟软件逐步调节塔压的同时，检验塔的操作条件是否合理、产品是否满足要求。

④ 筛选出可行且有效的热集成方案。有些情况下，某个塔的冷凝器可与多个塔的再沸器匹配换热，此时可运用以下三条规则筛选出可行且有效的热集成方案：a.优先考虑直接热集成；b.换热量大的匹配优先进行；c.尽可能避免使用热公用工程，即选择热物流的焓值高于冷物流的方案。

打开本书配套文件Acrylonitrile Refining.bkp，运行模拟，提取模拟结果中各塔冷凝器和再沸器的温度和热负荷，见表4-8，提取时假设沸腾和冷凝过程均在恒温下进行。基于表4-8中的数据，以焓值H（焓差为热负荷）为横坐标，温度T为纵坐标，绘制5个塔的温焓图[8]，为了便于找出塔之间的温位及能量大小关系，将所有塔的温焓图均向左平移至 y 轴，如图4-111所示。图中红色线条表示冷凝器的温度和热负荷，灰色线条表示再沸器的温度和热负荷。

表4-8 冷凝器和再沸器参数汇总

名称	冷凝器		再沸器	
	温度/℃	热负荷/kW	温度/℃	热负荷/kW
C1-A	47.0	3810.24	86.3	4300.57
C1-B	25.7	1472.90	75.4	1480.60
C2	93.8	4274.75	124.8	7761.62
C3	83.3	1500.05	108.4	1364.36
C4	70.7	4748.97	91.8	4438.88

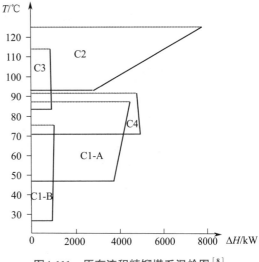

图4-111 原有流程精馏塔系温焓图[8]

4.5.3.2 塔系热集成方案

根据图4-111，按照温度高低及热负荷大小情况，可以考虑各塔之间的热集成。

（1）直接热集成

C1-B塔底再沸器温度为75.4℃，热负荷为1480.60kW；C2塔顶冷凝器温度为93.8℃，热负荷为4274.75kW。两者之间可以实现直接热集成，由C2塔顶冷凝器为C1-B塔底再沸器供热。

将模拟文件Acrylonitrile Refining.bkp另存为Example4.5-Direct Heat Integration.bkp，建立直接热集成模拟流程，如图4-112所示。运行模拟，查看换热器E1结果，如图4-113所示，C2塔顶冷凝器与C1-B塔底再沸器换热量为1469.21kW，因此冷热公用工程各减少1469.21kW。冷热公用工程使用量的变化为：冷却水减少62.61t/h，0.3MPa蒸汽减少1.94t/h。

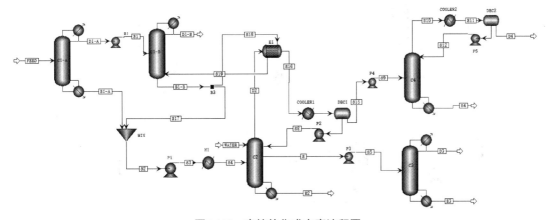

图4-112 直接热集成方案流程图

Main Flowsheet ×　E1 (HeatX) - Thermal Results ×　+

| Summary | Balance | Exchanger Details | Pres Drop/Velocities | Zones | Utility Usage | ⊘ Status |

Heatx results

Calculation Model	Shortcut		
	Inlet		Outlet
Hot stream:	D2		S16
Temperature	93.7623	C	91.3808 C
Pressure	2.0265	bar	2.0265 bar
Vapor fraction	1		0.638818
1st liquid / Total liquid	1		1
Cold stream	S18		S19
Temperature	75.2061	C	75.5048 C
Pressure	1.20592	bar	1.20592 bar
Vapor fraction	0		1
1st liquid / Total liquid	1		1
Heat duty	1469.21	kW	

图4-113　换热器E1热负荷

（2）调压热集成

实施直接热集成方案后，塔C2冷凝器热负荷剩余2805.54kW，可以考虑调压热集成，在可行情况下充分利用塔C2冷凝器热负荷。可能的调压热集成方案如下：

① 降低塔C1-A操作压力，由C2为其供热；

② 降低塔C4操作压力，由C2为其供热。

C2冷凝器温度为91.4℃，C1-A再沸器温度为86.3℃，C4再沸器温度为91.8℃，C1-A与C4都可以通过调压与C2进行热集成。在Aspen Plus模拟中，将C1-A的压力由1.3bar降至1.1bar，塔底温度下降至81.9℃，仍能满足分离要求（丙烯腈物质的量浓度99%以上），但降低C4塔压不能满足分离要求，因此选择方案①。

将模拟文件Example4.5-Direct Heat Integration.bkp另存为Example4.5-Heat Integration with Pressure Adjustment.bkp，建立调压热集成模拟流程，如图4-114所示。运行模拟，查看换热

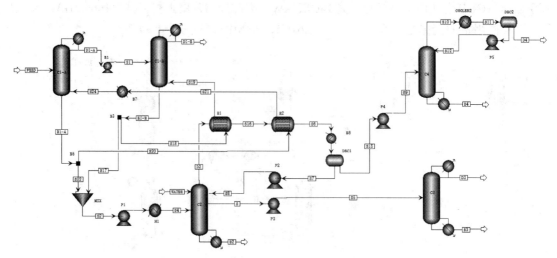

图4-114　调压热集成方案流程图

器E2结果，如图4-115所示，C2塔顶冷凝器与C1-A塔底再沸器换热量为2702.06kW，因此冷热公用工程各减少2702.06kW。冷热公用工程使用量的变化为：冷却水减少115.15t/h，0.3 MPa蒸汽减少3.57t/h。

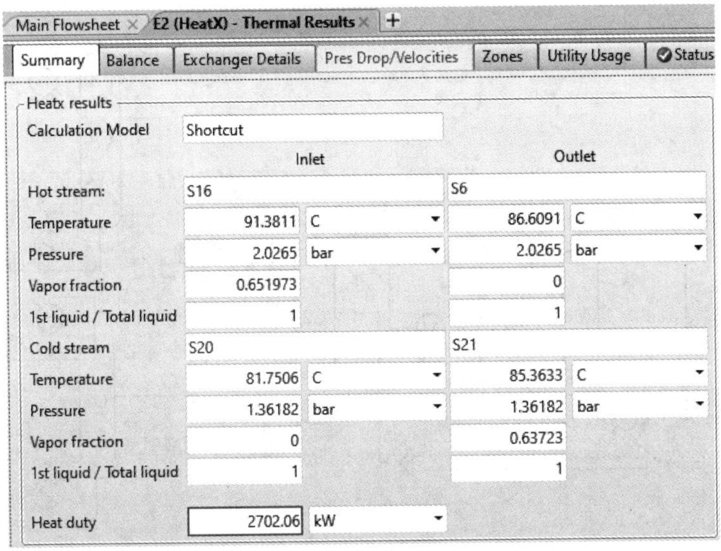

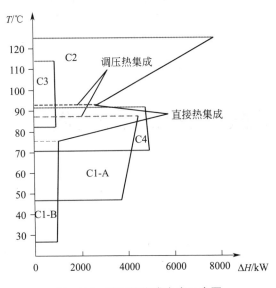

图4-115　换热器E2热负荷

最终丙烯腈装置精制系统塔系热集成方案如图4-116所示。

图4-116　塔系热集成方案示意图

4.5.4　节能成效

　　塔系热集成可以充分挖掘塔系本身的节能潜力，做到能量的多次梯级利用，减少公用工程用量，提高能量的利用率。本例在丙烯腈装置精制系统中考虑直接热集成和调压热集成，热集成后的工艺流程如图4-117所示。比较塔系热集成前后的冷热公用工程能耗，结果见表4-9，经过塔系热集成，冷公用工程能耗降低了26.4%，热公用工程能耗降低了21.6%。冷热公用工程使用量的变化为：冷却水减少177.76t/h，0.3MPa蒸汽减少5.51t/h。

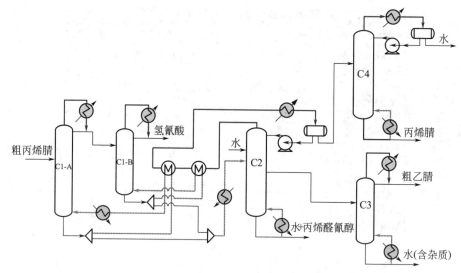

图4-117 丙烯腈装置精制系统塔系热集成工艺流程

表4-9 塔系热集成前后能耗对比

项目	原有流程/kW	塔系热集成/kW	节能/%
冷公用工程用量	15806.91	11635.64	26.4
热公用工程用量	19346.03	15174.76	21.6

程序源文件

4.6 催化重整装置换热网络优化

4.6.1 背景简介

作为石油炼制的二次加工过程之一，催化重整工艺过程是在一定温度、压力以及临氢和催化剂存在的条件下，将石脑油转变成富含芳烃的重整生成油，并且副产氢气的工业生产过程。生产高辛烷值的汽油或者芳烃产品是催化重整工艺过程的主要目的，催化重整汽油是炼油厂的主要汽油调和组分之一，催化重整生产的苯、甲苯和二甲苯是石油化工工业的基本原料，副产的氢气也是炼油厂加氢装置氢气使用的重要来源之一。

催化重整反应在热力学上为强吸热反应，中间产物需要多次加热，吸热量越大，燃料消耗量越大。催化重整装置一般包括原料预处理、重整反应、催化剂再生及产品分馏等工艺部分，所副产的氢气需要压缩机增压，这些过程均需要消耗大量的能量，且催化重整装置能耗随反应苛刻度的提高而增加。由于重整反应的化学特征及其加工流程特点，催化重整装置的能耗在全厂总能耗中占有较大的比例，所以催化重整装置的用能优化对于炼厂的节能降耗具有重要意义。

本例基于200万吨/年催化重整装置提取的数据进行能量分析，并结合夹点技术确定最小传热温差及能量目标，对装置换热网络存在的问题进行分析，提出节能改造方案，优化换热网络，降低加热炉热负荷，从而节省燃料，降低装置能耗[9-11]。

4.6.2 工艺流程说明

简化的催化重整装置工艺流程如图4-118所示，该工艺包括三个部分：具有催化剂再生功能的重整反应部分、再接触部分和产品分离部分。石脑油进料和循环氢混合，经换热、加热后进入重整反应器。重整反应是强吸热反应，反应时温度下降，为了维持较高的反应温度，重整反应器由四个反应器串联，反应器之间设有加热炉将物流加热到所需反应温度。重整反应物经冷却后进入重整分离罐，罐顶含氢气体经增压机升压送入再接触部分，罐底重整生成油经泵升压后送入再接触部分。在再接触部分中，重整反应产生的含氢气体与重整生成油进行再接触，分离重整产物中的氢气，从而达到提高氢纯度和增加产品液收率的目的。分离出的重整油进入稳定塔，塔顶分出液态烃，塔底产品为重整油。该工艺的产品包括重整油、液化石油气、重整轻烃等。

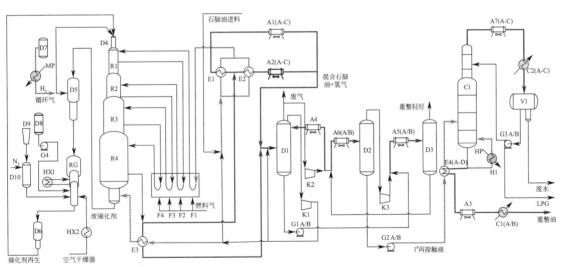

图4-118 催化重整装置工艺流程

4.6.3 现有系统用能状况分析

4.6.3.1 数据提取

对催化重整装置操作参数和工艺流程进行分析，提取到7股热物流和5股冷物流，如表4-10所示。催化重整装置现有换热器操作参数见表4-11和表4-12。

表4-10 工艺物流数据

物流编号	物流名称	供应温度/℃	目标温度/℃	热负荷/（GJ/h）
H1	重整反应吹扫产物	525	153	0.46
H2	重整反应产物	525	55	438.88
H3	脱C4塔底油	212	49	70.34
H4	一级增压机出口回流冷凝	136	55	1.87
H5	2#再接触冷却	92	55	23.62
H6	1#再接触冷却	80	55	20.95
H7	脱C4塔顶冷凝	66	48	28.48
C1	混合石脑油+H_2	117	530	588.71
C2	循环氢	111	510	0.46
C3	脱C4塔底再沸	212	242	11.60
C4	1#再接触液	47	162	55.12
C5	循环氢加热	35	150	2.53

表4-11 催化重整装置换热器操作参数

换热器编号	物流名称	进口温度/℃	出口温度/℃	热负荷/（GJ/h）
E1	H2	525.0	169.1	166.14
	C1	117.0	350.1	
E2	H2	525.0	169.1	166.14
	C1	117.0	350.1	
E3	H1	525.0	153.0	0.46
	C2	111.0	510.0	
E4	H3	212.0	84.3	55.12
	C4	47.0	162.0	

表4-12 催化重整装置加热器和冷却器操作参数

换热器编号	物流名称	进口温度/℃	出口温度/℃	热负荷/（GJ/h）
F1	C1	350.1	530.0	256.43
H1	C3	212.0	242.0	11.60
H2	C5	35.0	150.0	2.53
A1	H2	169.1	55.0	53.30
A2	H2	169.1	55.0	53.30
A3	H3	84.3	60.0	10.47
A4	H4	136.0	55.0	1.87

续表

换热器编号	物流名称	进口温度/℃	出口温度/℃	热负荷/（GJ/h）
A5	H5	92.0	55.0	23.62
A6	H6	80.0	55.0	20.95
A7	H7	66.0	60.0	9.49
C1	H3	60.0	49.0	4.75
C2	H7	60.0	48.0	18.99

注：F1为加热炉；H1热源为高压蒸汽，H2热源为中压蒸汽；A1～A7为空冷器；C1、C2为水冷器。

打开Aspen Energy Analyzer，新建模拟，文件命名为Example4.6-Continuous Catalytic Reformer Process.hch。添加HI Project，进入**Data | Process Streams**页面，输入工艺物流数据，如图4-119所示。

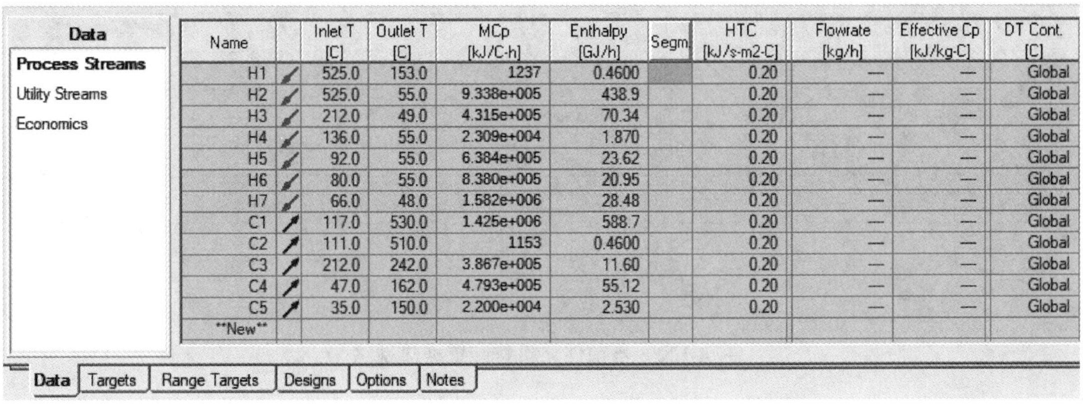

Name		Inlet T [C]	Outlet T [C]	MCp [kJ/C-h]	Enthalpy [GJ/h]	Segm.	HTC [kJ/s-m2-C]	Flowrate [kg/h]	Effective Cp [kJ/kg-C]	DT Cont. [C]
H1		525.0	153.0	1237	0.4600		0.20	—	—	Global
H2		525.0	55.0	9.338e+005	438.9		0.20	—	—	Global
H3		212.0	49.0	4.315e+005	70.34		0.20	—	—	Global
H4		136.0	55.0	2.309e+004	1.870		0.20	—	—	Global
H5		92.0	55.0	6.384e+005	23.62		0.20	—	—	Global
H6		80.0	55.0	8.380e+005	20.95		0.20	—	—	Global
H7		66.0	48.0	1.582e+006	28.48		0.20	—	—	Global
C1		117.0	530.0	1.425e+006	588.7		0.20	—	—	Global
C2		111.0	510.0	1153	0.4600		0.20	—	—	Global
C3		212.0	242.0	3.867e+005	11.60		0.20	—	—	Global
C4		47.0	162.0	4.793e+005	55.12		0.20	—	—	Global
C5		35.0	150.0	2.200e+004	2.530		0.20	—	—	Global
New										

图4-119　输入工艺物流数据

公用工程包括热公用工程（加热炉、高压蒸汽和中压蒸汽）和冷公用工程（冷却水、空气）。冷却水温度范围修改为30～40℃，设置冷却水与工艺物流最小传热温差为15℃，设置冷却水最小传热温差为10℃。其余公用工程保持默认设置，各公用工程的传热系数及费用指数采用默认值。进入**Data | Utility Streams**页面，输入公用工程的物流数据，如图4-120所示。

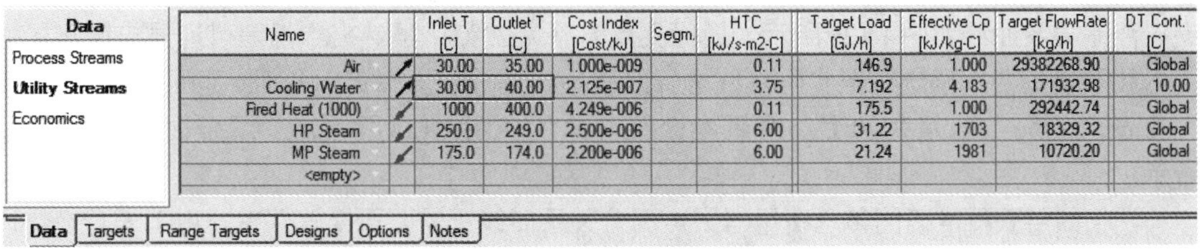

Name		Inlet T [C]	Outlet T [C]	Cost Index [Cost/kJ]	Segm.	HTC [kJ/s-m2-C]	Target Load [GJ/h]	Effective Cp [kJ/kg-C]	Target FlowRate [kg/h]	DT Cont. [C]
Air		30.00	35.00	1.000e-009		0.11	146.9	1.000	29382268.90	Global
Cooling Water		30.00	40.00	2.125e-007		3.75	7.192	4.183	171932.98	10.00
Fired Heat (1000)		1000	400.0	4.249e-006		0.11	175.5	1.000	292442.74	Global
HP Steam		250.0	249.0	2.500e-006		6.00	31.22	1703	18329.32	Global
MP Steam		175.0	174.0	2.200e-006		6.00	21.24	1981	10720.20	Global
<empty>										

图4-120　输入公用工程数据

进入**Data | Economics**页面，将装置年运行时间改为8400 h，其他参数保持默认设置，如图4-121所示。

按表4-11和表4-12将换热网络相关参数输入到Aspen Energy Analyzer中，当前催化重整装置换热网络如图4-122所示。

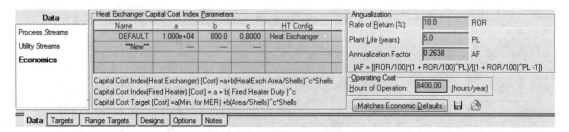

图4-121　修改装置年运行时间

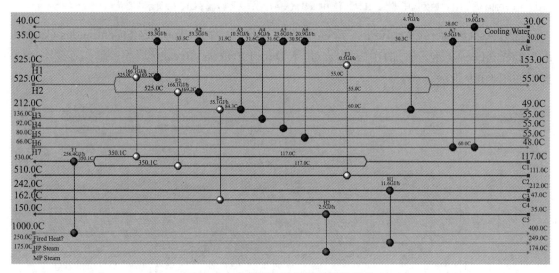

图4-122　当前催化重整装置换热网络

4.6.3.2　能量目标

现有催化重整装置夹点温差为48℃，温差偏大，需重新确定最优夹点温差，增大热回收以增加节能机会。根据年总费用与夹点温差关系曲线，可以确定具有最低年总费用的最优夹点温差。

进入 **Scenario1 | Range Targets | Plots** 页面，单击页面下方 **Calculate Range Targets** 按钮，计算各夹点温差下的年总费用，调整横坐标的显示范围；当前经济参数下年总费用与夹点温差关系曲线如图4-123所示，最优夹点温差为22℃。虽然夹点温差可通过权衡年操作费用和年投资费用确定，但实际往往选择经验值。炼油装置 ΔT_{min} 的经验范围为20～40℃，本文选取的夹点温差为20℃。冷热物流组合曲线如图4-124所示，总组合曲线如图4-125所示。

注：如要获得准确的年总费用与夹点温差关系曲线，需要更换软件中公用工程及换热设备经济参数。

进入 **Targets | Summary** 页面，查看能量目标，如图4-126所示。夹点温差为20℃时，热公用工程需求为227.9GJ/h，冷公用工程需求为154.1GJ/h。过程夹点为127.0℃，热物流过程夹点为137.0℃，冷物流过程夹点为117.0℃。因选用多级公用工程，系统中还存在多个公用工程夹点。

Total Cost Index Target (Cost/s)
DeltaTmin (C)

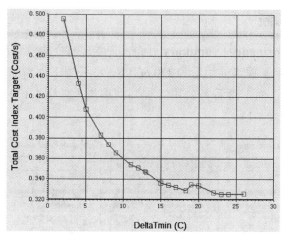

图4-123 年总费用与夹点温差关系曲线

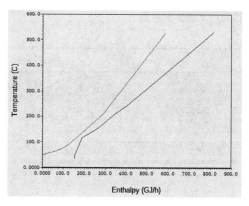

Temperature (C)
Enthalpy (GJ/h)

图4-124 组合曲线

Temperature (C)
Enthalpy (GJ/h)

图4-125 总组合曲线

Targets
Summary
Utility Targets
Plots/Tables
Energy Targets
Heating [GJ/h] 227.9
Cooling [GJ/h] 154.1
Area Targets
Counter Current [m2] 5.361e+004
1-2 Shell & Tube [m2] 5.995e+004
Pinch Temperatures
Hot Cold
250.0 C 230.0 C
175.0 C 155.0 C
137.0 C 117.0 C
50.0 C 30.0 C
Number of Units Targets
Total Minimum 16
Minimum for MER 31
Shells 55
Cost Index Targets
Capital [Cost] 1.215e+007
Operating [Cost/year] 7.325e+006
Total Annual [Cost/year] 1.053e+007
Data Targets Range Targets Designs Options Notes
DTmin 20.00 C
Enter Retrofit Mode
Recommend Designs
Heating Sufficient
Cooling Sufficient

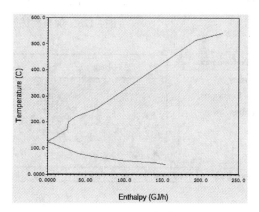

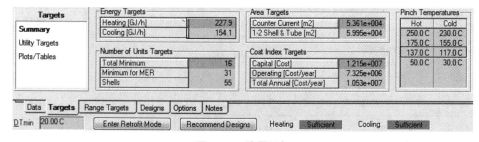

图4-126 能量目标

进入**Targets | Utility Targets**页面，查看各公用工程目标用量，如图4-127所示。

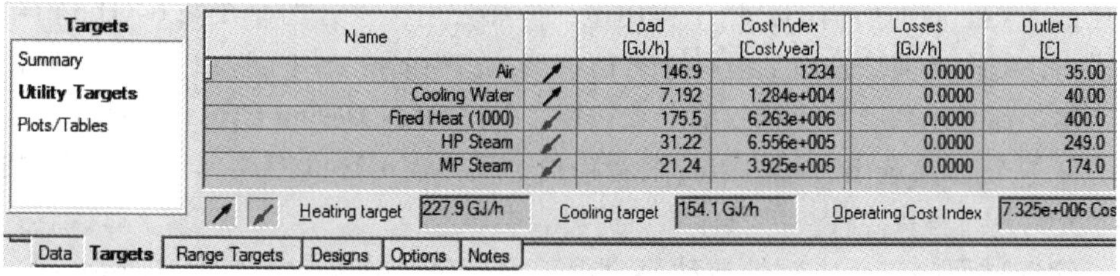

Targets
Summary
Utility Targets
Plots/Tables
Name | Load [GJ/h] | Cost Index [Cost/year] | Losses [GJ/h] | Outlet T [C]
Air | 146.9 | 1234 | 0.0000 | 35.00
Cooling Water | 7.192 | 1.284e+004 | 0.0000 | 40.00
Fired Heat (1000) | 175.5 | 6.263e+006 | 0.0000 | 400.0
HP Steam | 31.22 | 6.556e+005 | 0.0000 | 249.0
MP Steam | 21.24 | 3.925e+005 | 0.0000 | 174.0
Heating target 227.9 GJ/h
Cooling target 154.1 GJ/h
Operating Cost Index 7.325e+006 Cos
Data Targets Range Targets Designs Options Notes

图4-127 各公用工程目标用量

4.6.3.3　用能诊断

进入 **Design1 | Performance | Summary** 页面，查看现有换热网络冷热公用工程当前用量，如图 4-128 所示，热公用工程当前用量为 270.6GJ/h，冷公用工程当前用量为 196.7GJ/h。进入 **Performance | Utilities** 页面，查看各公用工程当前用量，如图 4-129 所示。各公用工程当前用量与目标用量对比见表 4-13。

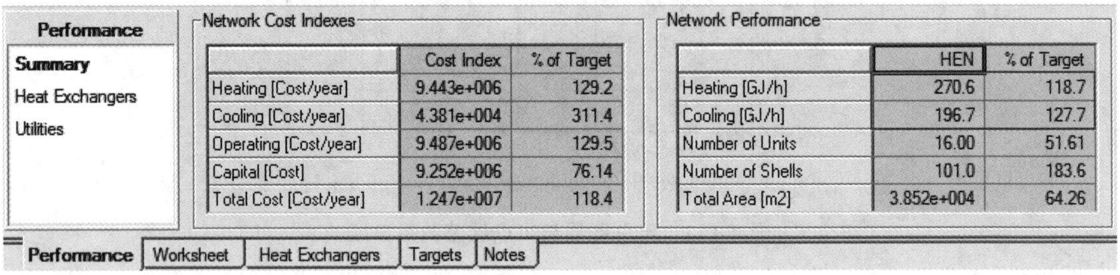

图4-128　现有换热网络冷热公用工程当前用量

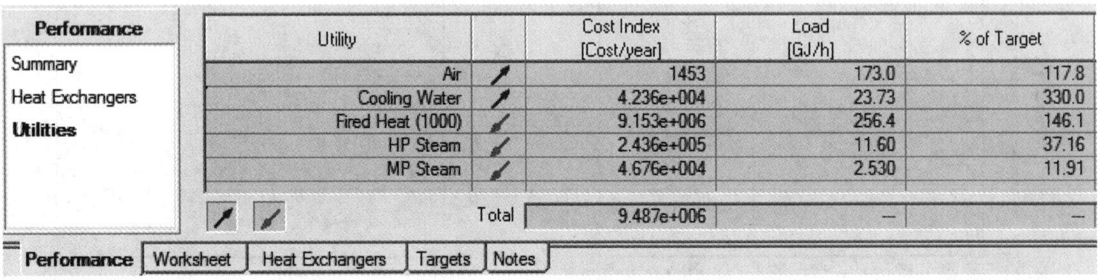

图4-129　各公用工程当前用量

表4-13　各公用工程当前用量与目标用量对比

公用工程		当前用量/（GJ/h）	目标用量/（GJ/h）	节能潜力/（GJ/h）
热公用工程	加热炉燃料	256.4	175.5	42.57
	高压蒸汽	11.60	31.22	
	中压蒸汽	2.530	21.24	
冷公用工程	空气	173.0	146.9	42.64
	冷却水	23.73	7.190	

对比最大热回收时所需的公用工程用量，冷热公用工程分别存在 42.64GJ/h 和 42.57GJ/h 的节能潜力，约占当前热公用工程用量的 15.73%，占当前冷公用工程用量的 21.67%。

单击 按钮显示所有夹点线；单击 按钮，弹出 **HEN Design Cross Pinch** 窗口，单击窗口左上角 按钮，筛选出过程夹点并查看跨越过程夹点传热的换热单元，如图 4-130 所示。各换热单元跨越过程夹点传热的具体热负荷见表 4-14。

注：筛选过程夹点后，软件自动将公用工程热负荷分配方法变为 User Supplied Utility Load，需进入 **Scenario1 | Options** 页面，重新选择 GCC Based。

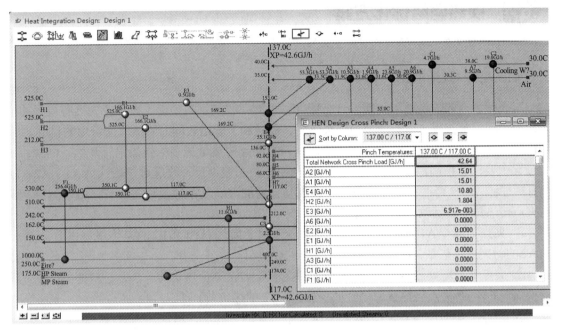

图4-130 跨越过程夹点传热的换热单元

表4-14 各换热单元跨越过程夹点传热的热负荷

换热器编号	热物流	冷物流	传热负荷/（GJ/h）
A2	H2	Air	15.01
A1	H2	Air	15.01
E4	H3	C4	10.80
H2	MP	C5	1.80
E3	H1	C2	6.92×10^{-3}
合计	—	—	42.64

现有换热网络存在5组跨越夹点传热的换热单元，违背夹点设计三原则的换热器、冷却器和加热器如下：

① 编号为A1和A2的空冷器，在夹点之上冷却物流，违背了夹点之上不能设置冷公用工程的原则，违背原则的冷却负荷各为15.01GJ/h，各占跨越夹点传热总量的35.20%，需重点消除。

② 编号为E4和E3的换热器，存在跨越夹点的换热，违背原则的换热负荷分别为10.80GJ/h和6.92×10^{-3}GJ/h。

③ 编号为H2的加热器，在夹点之下加热物流，违背了夹点之下不能设置热公用工程的原则，违背原则的加热负荷为1.80GJ/h。

跨越夹点传热会导致加热炉热负荷增加，额外的热量排入冷公用工程，需根据夹点技术进行消除，增加能量回收。

4.6.4 换热网络优化方案

4.6.4.1 改造思路

对现行装置的改造不同于新设计，应在尽可能回收热量的前提下充分考虑已有装置的结构，少改动已有流程，尽量使用当前换热器，以达到节能增效同时降低改造费用的目的。

从节能角度考虑，换热网络的改造应从跨越夹点传热量最多的换热单元开始，同时，改造过程中要注意中高温位热源的多次合理利用。根据表4-14，改造顺序依次为A1、A2、E4和H2，换热器E3跨越夹点传热量较小，改动会增加网络复杂性及设备投资，故可忽略其跨越夹点传热量。本例改造思路如下：

① 夹点下减少A1和A2的换热量，夹点上增大换热器E1和E2的换热量。由此消除A1和A2的跨夹点传热量，同时减少加热炉F1的热负荷。

② 夹点下新增换热器N1，夹点上新增换热器N2，剩余热负荷与混合进料匹配。由此消除换热器E4的跨夹点传热量，同时减少加热炉F1的热负荷。

③ 夹点下新增换热器N3，匹配使用公用工程的热物流，增加热回收量。由此消除加热器H2的跨夹点传热量。

最后可进一步对换热网络进行优化，移除较小换热单元，简化换热网络结构。

4.6.4.2 改造步骤

针对换热网络中违背夹点设计原则的换热单元，按照改造思路通过以下步骤对换热网络进行改造。

（1）消除空冷器A1和A2的跨越夹点传热

当前换热网络中，夹点上使用空冷器A1和A2将热物流H2的两分支物流从169.2℃冷却到热物流夹点温度137.0℃，造成夹点上使用冷公用工程。现减少空冷器A1和A2的换热量，空冷器热物流进口温度均匹配到夹点温度137℃，消除跨越夹点传热，空冷器A1和A2的设置如图4-131所示。

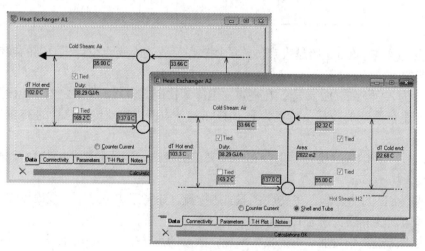

图4-131　设置空冷器A1和A2

夹点之上，热物流H2仍与冷物流C1经换热器E1和E2换热，温度从夹点温度加热到目标温度，换热器E1和E2的设置如图4-132所示。消除空冷器A1和A2跨越夹点传热后的换热网络如图4-133所示。改造后加热炉进口温度由350.1℃提升到371.2℃。

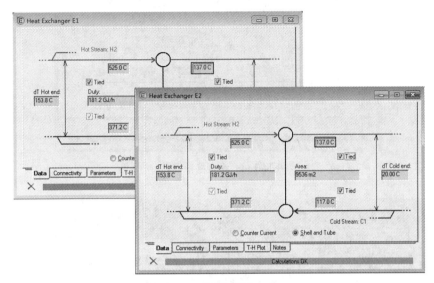

图4-132　设置换热器E1和E2

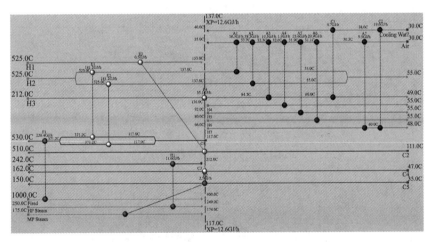

图4-133　消除空冷器A1和A2跨越夹点传热后的换热网络

（2）消除换热器E4的跨越夹点传热

当前热物流H3通过换热器E4将冷物流C4由47℃加热到目标温度162℃，造成换热器E4跨越夹点传热。现通过换热器E4将冷物流C4由冷物流夹点温度117℃加热到目标温度，消除换热器E4跨越夹点传热，换热器E4设置如图4-134所示。

在夹点下新增换热器N1，将冷物流C4由供应温度加热到夹点温度117℃，换热器N1设置如图4-135所示。此时空冷器A3热物流进口温度为59.25℃，低于热物流出口温度60℃，热负荷为负值。删除空冷器A3，用冷却水将热物流H3冷却到目标温度47℃。

热物流H3夹点上剩余热负荷通过新增换热器N2与冷物流C1匹配来满足，换热器N2添加及设置如图4-136所示。改造后加热炉进口温度由371.2℃提升到378.7℃，进一步减少了加热炉热负荷及其燃料用量。

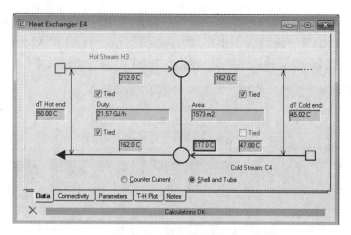

图4-134 设置换热器E4

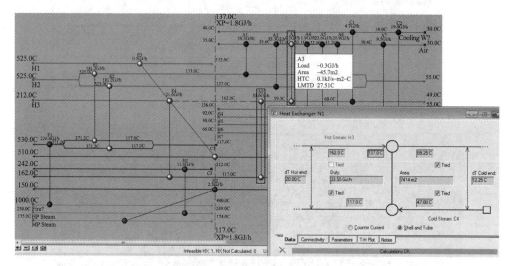

图4-135 添加并设置换热器N1

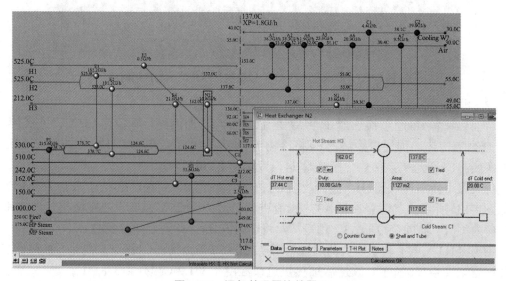

图4-136 添加并设置换热器N2

（3）消除加热器H2跨越夹点传热

当前冷物流C5夹点上下均由中压蒸汽加热，造成夹点下使用热公用工程。现夹点下新增换热器N3，并寻找其他热物流将冷物流C5加热到夹点温度117℃，冷物流C5夹点上仍由中压蒸汽加热到目标温度。

在夹点之下且靠近夹点处，为满足夹点匹配原则，热物流的热容流率应大于冷物流的热容流率，经分析能与冷物流C5匹配的只有热物流H4。同时，热物流H4从136℃直接由空气冷却到55℃，造成能量的浪费，与冷物流C5匹配换热后可合理利用较高热源的余热。换热器N3的添加及设置如图4-137所示。改造后消除加热器H2的跨越夹点传热，加热器H2热负荷由2.53GJ/h降低到0.73GJ/h，减少了热公用工程用量。

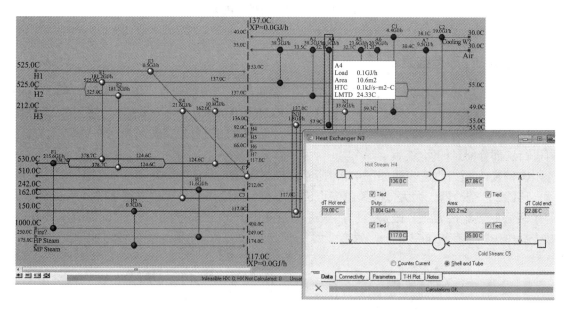

图4-137 添加并设置换热器N3

最后优化网络，通过删除热负荷或面积较小的换热器来简化网络结构。空冷器A4热负荷仅为0.1GJ/h，为热负荷最小的换热器，可将其移除，热负荷沿路径H2—N3—A4进行转移。换热器N3设置如图4-138所示，热物流H4完全由冷物流C5冷却。最终优化后的换热网络如图4-139所示。

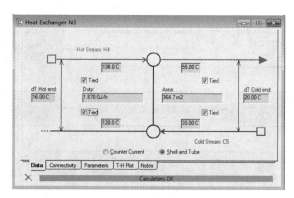

图4-138 设置换热器N3

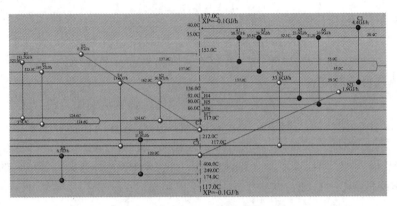

图4-139　最终优化后的换热网络

4.6.4.3　改造结果

改造后，换热单元A1、A2、E4和H2不再有跨越夹点传热现象，但是换热单元E3和N3仍存在部分跨越夹点传热现象，分别有0.0069GJ/h和0.066GJ/h的热量穿越了夹点。若回收这少部分热量一方面会增加换热器数量，另一方面会增加设备投资费用和网络复杂度，故不再进行这部分能量的回收。

本例换热网络改造步骤如图4-140所示，通过新增3组换热单元和增加2组换热单元壳体，移除2台空冷器，大大减少跨越夹点传热现象，对冷热公用工程进行了热回收，最终获得了较好的热集成效果。改造后加热炉进口温度由350.1℃提高到378.7℃，提高了28.6℃，减少加热炉热负荷40.8GJ/h。

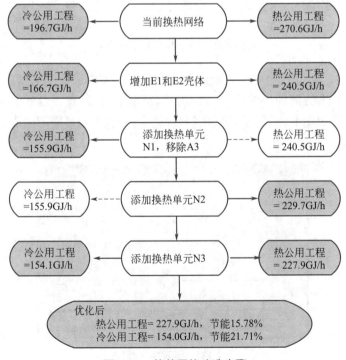

图4-140　换热网络改造步骤

改造后的催化重整装置工艺流程如图4-141所示，改造需调整的换热器如表4-15所示。

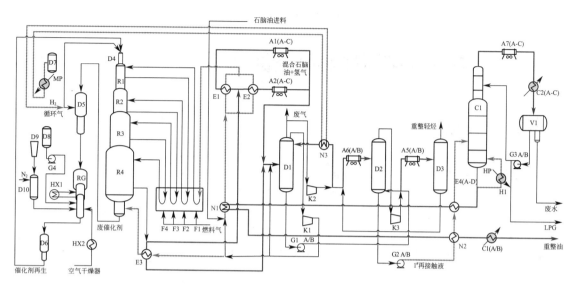

图4-141　改造后的催化重整装置工艺流程

表4-15　改造需调整的换热器

换热器编号	变化	改造前热负荷/（GJ/h）	改造后热负荷/（GJ/h）
E1	增加壳体	166.14	181.15
E2	增加壳体	166.14	181.15
N1	新增	—	33.55
N2	新增	—	10.80
N3	新增	—	1.87
A3	移除	10.47	—
A4	移除	1.87	—

4.6.5　经济效益分析

进入 **Performance | Summary** 页面，查看改造后的换热网络性能，如图4-142所示。冷热公用工程用量分别为154.0GJ/h和227.9GJ/h，冷公用工程能耗降低了21.71%，热公用工程

Performance		Design	Base Case	Target
Summary	Heating Cost Index [Cost/year]	7.951e+006	9.443e+006	7.311e+006
	Heating Load [GJ/h]	227.9	270.6	227.9
Heat Exchangers	Cooling Cost Index [Cost/year]	4.288e+004	4.381e+004	1.407e+004
Utilities	Cooling Load [GJ/h]	154.0	196.7	154.1
	Area [m2]	5.457e+004	3.852e+004	5.995e+004
	New Area [m2]	2.112e+004	—	—
	Shell	137	101	55
	New Shell	47	—	—

New Area Cost Index 4.956e+006 Cost

Payback 3.323 years

Operating Savings 1.493e+006 Cost/yea

☐ Relative Values
◉ To Base Case
○ To Target

DTmin 20.00 C

Performance | Worksheet | Heat Exchangers | Targets | Notes

图4-142　改造后的换热网络性能

能耗降低了15.78%，达到了改造预期。在当前经济参数下，新增面积费用为495万元，年节省操作费用为149万元，投资回收期为3.323年。

例题讲解

程序源文件

4.7 常减压装置换热网络优化

4.7.1 背景简介

常减压装置是原油常压蒸馏和减压蒸馏两个装置的总称，因为两个装置通常在一起，故称为常减压装置。常减压装置作为石油加工行业的"龙头"装置，在炼油加工总流程中具有重要作用，其生产操作的稳定性、管理技术的先进性、控制手段的可靠性，对炼油厂的产品质量、技术经济指标以及企业的经济效益都有很大影响。同时，常减压装置也是炼油企业的用能大户，其能耗约占全厂总能耗的20%，具体取决于原油性质和产品方案等。近年来，随着技术发展，常减压装置的综合能耗有所降低，但在炼油综合能耗中所占的比例仍然不小，因此迫切需要节能优化提高效益。

换热网络优化是过程工业能量回收的重要组成部分，对降低装置能耗极为重要。本例使用Aspen HYSYS软件模拟常减压蒸馏过程，采用夹点技术对装置的换热网络进行分析，解决现有系统中存在的问题，为换热网络的节能改造提供方案[12]。

4.7.2 工艺流程说明

某厂800万吨/年常减压蒸馏装置主要由一次换热（未脱盐原油预热流程）、脱盐、二次换热（脱盐原油预热流程）、闪蒸、三次换热（闪底原油预热流程）、加热炉、常压蒸馏及减压蒸馏等几部分组成，如图4-143所示。原油在罐区沉降和脱水后，由泵送入常减压装置进

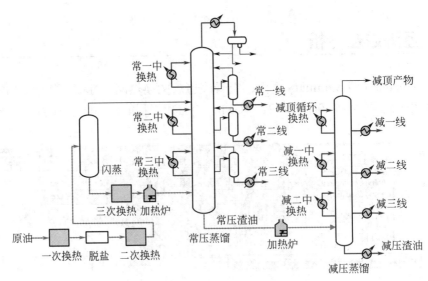

图4-143 常减压蒸馏装置工艺流程图

行蒸馏。原油首先经过换热、脱盐脱水和闪蒸，进入常压蒸馏装置进行分馏，然后进入减压蒸馏装置分离来自常压蒸馏装置的常压渣油。常压蒸馏塔带有中段循环回流和侧线汽提塔，减压蒸馏塔带有中段循环回流。

打开本书配套文件Crude Distillation Unit.hsc，常减压装置Aspen HYSYS模拟流程如图4-144所示，图中各主要物流代号说明见表4-16。

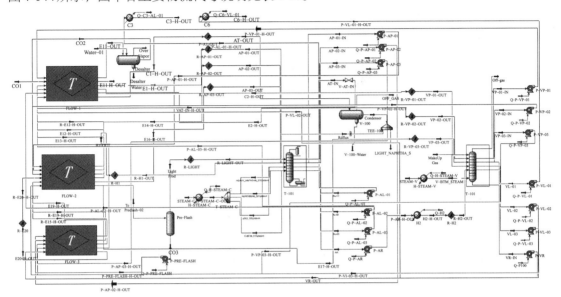

图4-144 常减压装置工艺流程模拟

表4-16 物流代号及其名称

物流代号	物流名称	物流代号	物流名称
CO1	未脱盐原油	AL-03	常三线
CO2	脱盐原油	AR	常压渣油
CO3	闪底原油	VP-01	减顶循环
AT	常顶油气	VP-02	减一中
AP-01	常一中	VP-03	减二中
AP-02	常二中	VL-01	减一线
AP-03	常三中	VL-02	减二线
AL-01	常一线	VL-03	减三线
AL-02	常二线	VR	减压渣油

改造前未脱盐原油预热流程如图4-145所示。进料原油分为四路进行预热，此预热为低温位物流间的换热。未脱盐原油一路经常一中换热单元（E1）、减一中换热单元（E2）预热，二路经常顶油气换热单元（E3）、常一中换热单元（E4）、减二线换热单元（E5）预热，三路经常顶油气换热单元（E6）、常一中换热单元（E7）、常二线换热单元（E8）预热，四路经减顶循环换热单元（E9）、常三线换热单元（E10）预热。四路原油换热后混合，然后经减压渣油换热单元（E11）升温后进入脱盐罐。

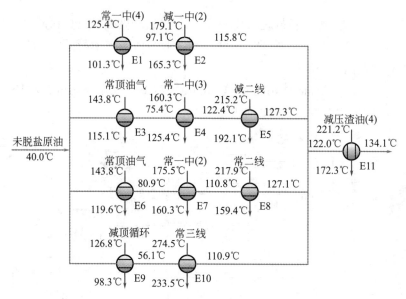

图4-145　改造前未脱盐原油预热流程

改造前脱盐原油预热流程如图4-146所示。脱盐原油分两路进行预热，此预热为中温位物流间的换热。脱盐原油一路经常一中换热单元（E12）、减一中换热单元（E13）、常二中换热单元（E14）、减压渣油换热单元（E15）预热，二路经常三中换热单元（E16）、减二中换热单元（E17）预热。两路原油混合后经减三线换热单元（E18）升温后进入闪蒸塔。

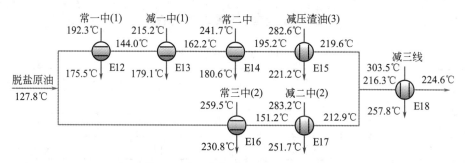

图4-146　改造前脱盐原油预热流程

改造前闪底原油预热流程如图4-147所示。闪蒸后，气相直接进入常压塔，液相分两路进行预热。闪底原油一路经常三中换热单元（E19）、减压渣油换热单元（E20）预热，二路经减二中换热单元（E21）、减压渣油换热单元（E22）预热。两路原油混合后经加热炉（H1）升温后进入常压塔。

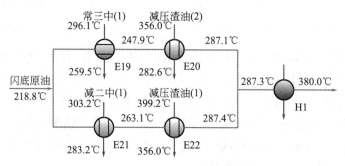

图4-147　改造前闪底原油预热流程

常顶油气经换热单元E3和E6预热进料原油后，再经冷却单元C1进入回流罐；常一中物流经换热单元E12、E7、E4和E1冷却后回流至常压塔；常二中物流经换热单元E14冷却后回流至常压塔；常三中物流经换热单元E19、E16冷却后回流至常压塔；减顶循环物流经换热单元E9，再经冷却单元C2回流至减压塔；减一中物流经换热单元E13、E2冷却后回流至减压塔；减二中物流经换热单元E21、E17冷却后回流至减压塔。常一线物流经冷却单元C3进入罐区；常二线物流经换热单元E8冷却后，再经冷却单元C4进入罐区；常三线物流经换热单元E10冷却后，通过换热单元C8自产蒸汽，然后经冷却单元C5进入罐区；常压渣油经加热炉（H2）加热后进入减压塔；减一线物流经冷却单元C6进入罐区；减二线物流经换热单元E5冷却后，再经冷却单元C7进入罐区；减三线物流经换热单元E18冷却后，通过换热单元C9自产蒸汽，然后送入其他处理单元；减压渣油经换热单元E22、E20、E15和E11冷却后送入其他处理单元。

常减压装置主要的换热单元有33个，其中物流间换热单元22个，加热炉2个，冷却水换热单元7个，蒸汽发生器2个。物流间换热单元的换热器具体型号见表4-17。

表4-17　物流间换热单元的换热器具体型号

换热器	换热器型号	壳程介质	管程介质	壳体数
E1	BES-1100-2.5-336-6/25-2 I	未脱盐原油	常一中	2
E2	BES-800-2.5-160-6/25-2 I	未脱盐原油	减一中	1
E3	BES-1100-2.5-339-6/25-2 I	未脱盐原油	常顶油气	2
E4	BES-1200-2.5-402-6/25-2 I	未脱盐原油	常一中	2
E5	BES-600-2.5-83-6/25-2 I	未脱盐原油	减二线	1
E6	BES-1100-2.5-343-6/25-2 I	未脱盐原油	常顶油气	2
E7	BES-900-2.5-213-6/25-2 I	未脱盐原油	常一中	1
E8	BES-800-2.5-155-6/25-2 I	未脱盐原油	常二线	1
E9	BES-800-2.5-168-6/25-2 I	未脱盐原油	减顶循环	1
E10	BES-700-2.5-129-6/25-2 I	未脱盐原油	常三线	1
E11	BES-1300-2.5-474-6/25-2 I	减压渣油	未脱盐原油	2
E12	BES-1000-2.5-261-6/25-2 I	脱盐原油	常一中	1
E13	BES-1600-2.5-715-6/25-6 I	脱盐原油	减一中	2
E14	BES-1500-2.5-367-6/25-6 I	脱盐原油	常二中	4
E15	BES-1500-2.5-638-6/25-2 I	减压渣油	脱盐原油	3
E16	BES-900-2.5-203-6/25-2 I	脱盐原油	常三中	1
E17	BES-1400-2.5-541-6/25-4 I	减二中	脱盐原油	3
E18	BES-1200-2.5-394-6/25-2 I	减三线	脱盐原油	2
E19	BES-1200-2.5-397-6/25-2 I	闪底原油	常三中	2
E20	BES-1500-2.5-630-6/25-2 I	减压渣油	闪底原油	3
E21	BES-1300-2.5-283-6/25-2 I	减二中	闪底原油	4
E22	BES-1400-2.5-523-6/25-4 I	减压渣油	闪底原油	1

4.7.3　现有系统用能状况分析

4.7.3.1　数据提取

在过程模拟软件Aspen HYSYS中，子流程的存在会打断物流，减少换热网络改造灵活性，因此在进行换热网络分析前，用户需将子流程中的物流和单元模型移至主流程。单击**Energy**控制面板，进入**Energy Analysis | Configuration**页面，选择公用工程类型，如图4-148所示。进入Aspen HYSYS激活的能量分析（Energy Analysis）环境，单击Home功能区选项卡中**Details**按钮，将数据导入Aspen Energy Analyzer，并将Aspen Energy Analyzer文件另存为Example 4.7–Crude Distillation Unit.hch。进入软件操作模式页面，查看导入后的换热网络栅格图，如图4-149所示。

Unit Operation	Energy Stream	Utilities Type	Process Stream Temperatures [C]		Utility Temperatures [C]	
			Inlet	Outlet	Inlet	Outlet
C2@Main	Q-C2-VP-01@Main	**Cooling Water**	98.4	62.2	20.0	25.0
C1@Main	Q-C1-AT@Main	**Cooling Water**	117.0	60.0	20.0	25.0
C7@Main	Q-C7-VL-02@Main	**Cooling Water**	192.7	60.0	20.0	25.0
C4@Main	Q-C4-AL-02@Main	**Cooling Water**	159.8	60.0	20.0	25.0
C6@Main	Q-C6-VL-01@Main	**Cooling Water**	126.8	60.1	20.0	25.0
C3@Main	Q-C3-AL-01@Main	**Cooling Water**	169.6	60.0	20.0	25.0
H-STEAM-V@Main	Q-H-STEAM-V@Main	**Fired Heat (1000)**	175.0	400.0	1000.0	400.0
H-STEAM-C@Main	Q-H-STEAM-C@Main	**Fired Heat (1000)**	175.0	400.0	1000.0	400.0
H1@Main	Q-H1@Main	**Fired Heat (1000)**	288.4	380.0	1000.0	400.0
H2@Main	Q-H2@Main	**Fired Heat (1000)**	363.8	411.0	1000.0	400.0
C5@Main	Q-C5-AL-03@Main	**Cooling Water**	190.0	60.0	20.0	25.0
C8@Main	Q-C8-MP-01@Main	**MP Steam Generation**	234.4	190.0	174.0	175.0
C9@Main	Q-C9-MP-02@Main	**MP Steam Generation**	258.0	190.0	174.0	175.0

图4-148　选择公用工程类型

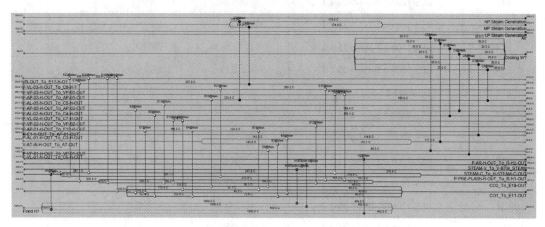

图4-149　导入后的换热网络栅格图

进行换热网络分析和优化前，设计人员应确保Aspen Energy Analyzer中的换热网络结构与现有装置的换热网络结构一致，因此需要对导入的换热网络结构和物流数据进行检查与修改：①如果一股物流因循环器容差过大而被分成几股物流，就需手动合为一股物流，以增加换热网络改造的灵活性；②在常减压装置中，用于汽提的蒸汽是由低温位蒸汽经蒸汽过热器加热后得到的，由于蒸汽过热部分所需能耗较低，故在此不进行考虑，删除常压塔和减压塔蒸汽过热器相关换热单元和物流；③在导入的换热网络结构中，物流与公用工程的各分支换热，而实际过程中物流是与单独的公用工程换热，因此需要修改；④删除与换热无关的物流，修改公用工程的进出口温度。修改后的换热网络结构如图4-150所示。

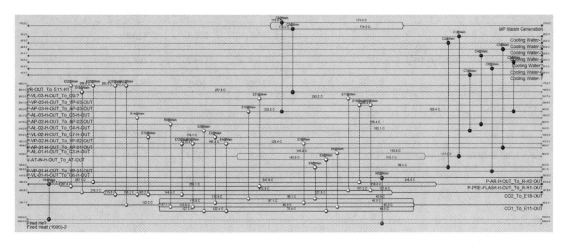

图4-150　修改后的换热网络栅格图

　　进入**Data | Process Streams**页面，查看工艺物流数据，如图4-151所示，其中各工艺物流的传热系数采用模拟文件中各换热器总传热系数加和的平均值。具体的工艺物流数据见表4-18。

Name	Inlet T [C]	Outlet T [C]	MCp [kJ/C-s]	Enthalpy [kW]	Segm.	HTC [W/m2-C]	Flowrate [kg/h]	Effective Cp [kJ/kg-C]	DT Cont. [C]
P-AR-H-OUT_To_R-H2-OUT	363.8	411.0	—	2.989e+004		—	4.575e+005	—	Global
VR-OUT_To_E11-H-OUT	399.2	172.3	—	3.403e+004		—	1.994e+005	—	Global
P-AL-03-H-OUT_To_C5-H-O	274.5	60.0	—	2.324e+004		—	1.618e+005	—	Global
P-VP-03-H-OUT_To_VP-03-	303.2	251.7	642.9	3.309e+004		350.00	8.406e+005	2.753	Global
P-VL-03-H-OUT_To_C9-H-O	303.5	190.0	—	1.563e+004		—	1.873e+005	—	Global
CO2_To_E18-OUT	127.8	224.6	—	6.302e+004		—	8.763e+005	—	Global
P-AP-02-H-OUT_To_AP-02-	241.7	180.6	174.2	1.064e+004		350.00	2.350e+005	2.669	Global
P-AL-02-H-OUT_To_C4-H-O	217.9	60.0	—	5764		—	5.554e+004	—	Global
P-AP-01-H-OUT_To_AP-01-	192.3	101.3	—	2.334e+004		—	3.761e+005	—	Global
P-AL-01-H-OUT_To_C3-H-O	169.6	60.0	—	2711		—	3.837e+004	—	Global
CO1_To_E11-OUT	40.0	134.1	—	4.839e+004		—	8.750e+005	—	Global
P-VP-01-H-OUT_To_VP-01-	126.8	62.2	—	2996		—	7.857e+004	—	Global
P-VL-01-H-OUT_To_C6-H-O	126.8	60.1	—	7576		—	—	—	Global
V-AT-IN-H-OUT_To_AT-OU	143.8	60.0	—	4.924e+004		—	2.914e+005	—	Global
P-VP-02-H-OUT_To_VP-02-	215.2	165.5	150.3	7479		350.00	2.198e+005	2.462	Global
P-VL-02-H-OUT_To_C7-H-O	215.2	60.0	—	6083		—	6.236e+004	—	Global
P-AP-03-H-OUT_To_AP-03-	296.1	230.8	231.8	1.514e+004		350.00	2.981e+005	2.799	Global
P-PRE-FLASH-H-OUT_To_F	218.8	380.0	—	1.121e+005		—	7.538e+005	—	Global
New									

图4-151　工艺物流数据

表4-18 提取的工艺物流数据

物流名称	类型	温度/℃		热容流率/（kW/℃）	传热系数/[W/（m²·℃）]
		进口	出口		
P-AR-H-OUT_To_R-H2-OUT（常压渣油）	冷	363.8	385.3	380.38	350
		385.3	402.4	388.29	
		402.4	411.0	1756.76	
VR-OUT_To_E11-H-OUT（减压渣油）	热	399.2	324.1	162.84	350
		324.1	244.9	150.11	
		244.9	172.3	136.44	
P-AL-03-H-OUT_To_C5-H-OUT（常三线）	热	274.5	202.4	120.83	350
		202.4	134.5	108.55	
		134.5	60.0	96.12	
P-VP-03-H-OUT_To_VP-03-OUT（减二中）	热	303.2	251.7	642.88	350
P-VL-03-H-OUT_To_C9-H-OUT（减三线）	热	303.6	266.5	144.44	350
		266.5	227.9	137.83	
		227.9	190.0	130.88	
CO2_To_E18-OUT（脱盐原油）	冷	127.8	153.2	569.69	350
		153.2	179.6	619.36	
		179.6	207.8	672.88	
		207.8	224.6	787.31	
P-AP-02-H-OUT_To_AP-02-OUT（常二中）	热	241.7	180.6	174.20	350
P-AL-02-H-OUT_To_C4-H-OUT（常二线）	热	217.9	165.3	39.66	350
		165.3	116.5	36.60	
		116.5	60.0	33.50	
P-AP-01-H-OUT_To_AP-01-OUT（常一中）	热	192.3	175.5	273.82	350
		175.5	151.1	263.81	
		151.1	128.8	252.79	
		128.8	101.3	241.80	
P-AL-01-H-OUT_To_C3-H-OUT（常一线）	热	169.6	132.0	26.25	350
		132.0	92.0	24.64	
		92.0	60.0	23.09	
CO1_To_E11-OUT（未脱盐原油）	冷	40.0	61.4	476.94	350
		61.4	86.8	501.39	
		86.8	110.9	526.76	
		110.9	134.1	549.12	

续表

物流名称	类型	温度/℃		热容流率/（kW/℃）	传热系数/[W/(m²·℃)]
		进口	出口		
P-VP-01-H-OUT_To_VP-01-OUT（减顶循环）	热	126.8	106.3	48.20	350
		106.3	82.3	46.38	
		82.3	62.2	44.49	
P-VL-01-H-OUT_To_C6-H-OUT（减一线）	热	126.8	103.5	4.65	350
		103.5	79.1	4.45	
		79.1	60.1	4.27	
V-AT-IN-H-OUT_To_AT-OUT（常顶油气）	热	143.8	140.3	166.13	350
		140.3	88.0	468.47	
		88.0	72.3	1101.32	
		72.3	60.0	560.54	
P-VP-02-H-OUT_To_VP-02-OUT（减一中）	热	215.2	165.5	150.32	350
P-VL-02-H-OUT_To_C7-H-OUT（减二线）	热	215.2	159.4	42.48	350
		159.4	111.9	39.11	
		111.9	60.0	35.71	
P-AP-03-H-OUT_To_AP-03-OUT（常三中）	热	296.1	230.8	231.79	350
P-PRE-FLASH-H-OUT_To_R-H1-OUT（闪底原油）	冷	218.8	313.4	581.00	350
		313.4	346.7	705.16	
		346.7	380.0	1009.41	

公用工程冷却水（Cooling Water）、加热炉燃料、中压蒸汽（MP Steam）的费用数据见表4-19。燃料气相关参数为：价格3800元/t，热值39725 kJ/kg，加热炉热效率90%。燃料气费用指数计算见式（4-4）。中压蒸汽相关参数为：价格130元/t，汽化潜热1981 kJ/kg。中压蒸汽费用指数计算见式（4-5）。循环冷却水相关参数为：比热容4.183 kJ/(kg·℃)，价格0.2元/t，平均温升取10℃。循环冷却水费用指数计算见式（4-6）。各公用工程的传热系数采用软件数据库中的默认数据。

表4-19　公用工程费用数据

项目	进口温度/℃	出口温度/℃	费用/（元/kJ）
冷却水	30.0	40.0	4.781e-06
加热炉燃料	1000.0	400.0	1.374e-04
中压蒸汽发生	174.0	175.0	−6.562e-05

$$燃料气费用指数 = \frac{燃料气价格}{燃料气热值 \times 加热炉效率} = \frac{3800/1000}{39725 \times 90\%} 元/kJ = 1.374 \times 10^{-4} 元/kJ \quad （4-4）$$

$$中压蒸汽费用指数 = \frac{中压蒸汽价格}{中压蒸汽汽化热} = \frac{130/1000}{1981} 元/kJ = 6.562 \times 10^{-5} 元/kJ \quad （4-5）$$

$$循环冷却水费用指数 = \frac{循环冷却水价格}{循环冷却水热值} = \frac{循环冷却水价格}{水的比热容 \times 温度升高}$$
$$\quad （4-6）$$

$$= \frac{0.2/1000}{4.183 \times 10} 元/kJ = 4.781 \times 10^{-6} 元/kJ$$

进入 **Data | Utility Streams** 页面，输入公用工程进出口温度和费用数据，如图4-152所示。

Data	Name	Inlet T [C]	Outlet T [C]	Cost Index [Cost/kJ]	Segm.	HTC [W/m2-C]	Target Load [kW]	Effective Cp [kJ/kg-C]	Target FlowRate [kg/h]	DT Cont. [C]
Process Streams	Cooling Water-1	30.00	40.00	4.781e-006		3750.00	0.0000	4.183	0.00	Global
Utility Streams	MP Steam Generation	174.0	175.0	-6.562e-005		6000.00	2.892e+004	1981	52541.69	Global
Economics	Fired Heat (1000)-1	1000	400.0	1.374e-004		111.00	8.622e+004	1.000	517321.30	Global
	Fired Heat (1000)-2	1000	400.0	1.374e-004		111.00	0.0000	1.000	0.00	Global
	Cooling Water-2	30.00	40.00	4.781e-006		3750.00	3.362e+004	4.183	2893627.34	Global
	Cooling Water-3	30.00	40.00	4.781e-006		3750.00	0.0000	4.183	0.00	Global
	Cooling Water-4	30.00	40.00	4.781e-006		3750.00	0.0000	4.183	0.00	Global
	Cooling Water-5	30.00	40.00	4.781e-006		3750.00	0.0000	4.183	0.00	Global
	Cooling Water-6	30.00	40.00	4.781e-006		3750.00	0.0000	4.183	0.00	Global
	Cooling Water-7	30.00	40.00	4.781e-006		3750.00	0.0000	4.183	0.00	Global

Data | Targets | Range Targets | Designs | Options | Notes

DTmin 15.00 C　　Enter Retrofit Mode　　Recommend Designs　　Hot Sufficient　Cold Sufficient

图4-152　输入公用工程进出口温度和费用数据

管壳式换热单元的费用计算见式（2-10），加热炉的费用计算见式（2-9），各换热单元费用公式中的参数见表4-20。进入 **Data | Economics** 页面，输入各经济参数，如图4-153所示，投资回报率为10%，设备寿命为5年，常减压装置年运行时间为8400小时。

表4-20　换热单元费用参数

换热单元类型	a/元	b	c
管壳式	192493	1550	0.98
加热炉	13293100	1300	1.00

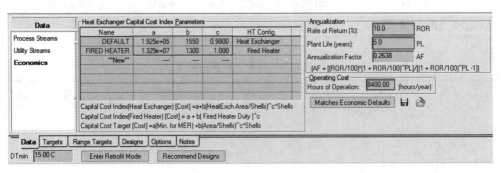

图4-153　输入经济参数

4.7.3.2　能量目标

不同来源常减压装置的最优夹点温差经验值见表4-21。综合各种因素，本例夹点温差选择15℃。冷热物流组合曲线如图4-154所示，总组合曲线如图4-155所示。

表4-21　常减压装置的最优夹点温差经验值

来源	工艺类型	典型温度范围/℃
Linnhoff March [13]	炼油	20 ~ 40
A. P. Rossiter [14]	常压蒸馏装置	28 ~ 39
Aspen Technology，Inc [15]	常压蒸馏装置	10 ~ 25
	减压蒸馏装置	20 ~ 30
张继东等 [16]	常减压蒸馏装置	10
王东生 [17]	常压蒸馏装置	14
曹华民等 [18]	常减压蒸馏装置	20

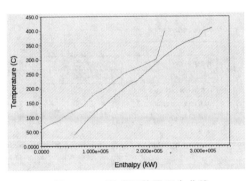

图4-154　常减压装置组合曲线　　　　图4-155　常减压装置总组合曲线

进入**Targets | Summary**页面，查看能量目标和夹点温度，如图4-156所示。热公用工程目标为8.622×10^4kW，冷公用工程目标为6.254×10^4kW；热工艺物流的夹点温度为303.2℃，冷工艺物流的夹点温度为288.2℃。

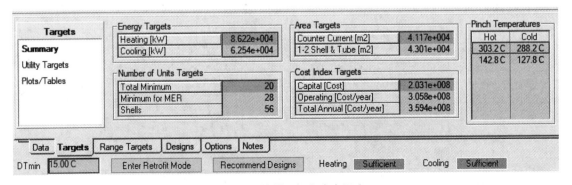

图4-156　能量目标和夹点温度

进入 **Targets | Utility Targets** 页面，查看各公用工程目标用量，如图4-157所示。

Name	Load [kW]	Cost Index [Cost/year]	Losses [kW]	Outlet T [C]
Cooling Water-1	0.0000	0.0000	0.0000	40.00
MP Steam Generation	2.892e+004	-5.739e+007	0.0000	175.0
Fired Heat (1000)-1	8.622e+004	3.583e+008	0.0000	400.0
Fired Heat (1000)-2	0.0000	0.0000	0.0000	400.0
Cooling Water-2	3.362e+004	4.861e+006	0.0000	40.00
Cooling Water-3	0.0000	0.0000	0.0000	40.00
Cooling Water-4	0.0000	0.0000	0.0000	40.00
Cooling Water-5	0.0000	0.0000	0.0000	40.00
Cooling Water-6	0.0000	0.0000	0.0000	40.00
Cooling Water-7	0.0000	0.0000	0.0000	40.00

Heating target 8.622e+004 kW   Cooling target 6.254e+004 kW   Operating Cost Index 3.058e+008 Cost/yr

Data **Targets** Range Targets Designs Options Notes

DTmin 15.00 C   Enter Retrofit Mode   Recommend Designs   Heating Sufficient   Cooling Sufficient

图4-157　各公用工程目标用量

4.7.3.3　用能诊断

进入设计级别的 **Performance | Summary** 页面，比较公用工程实际用量与目标值，如图4-158所示。当前，加热负荷1.022×10^5kW为目标值的118.5%，冷却负荷7.848×10^4kW为目标值的125.5%，这表明现有换热网络存在节能潜力。

Network Cost Indexes

	Cost Index	% of Target
Heating [Cost/year]	4.245e+008	118.5
Cooling [Cost/year]	-1.898e+007	163.9
Operating [Cost/year]	4.056e+008	132.6
Capital [Cost]	1.961e+008	97.48
Total Cost [Cost/year]	4.688e+008	130.6

Network Performance

	HEN	% of Target
Heating [kW]	1.022e+005	118.5
Cooling [kW]	7.848e+004	125.5
Number of Units	33.00	150.0
Number of Shells	76.00	135.7
Total Area [m2]	2.752e+004	63.99

Performance Worksheet Heat Exchangers Targets Notes

Enter Retrofit Mode

图4-158　换热网络性能

进入设计级别的 **Performance | Utilities** 页面，查看各公用工程当前用量，如图4-159所示。公用工程实际用量与目标用量对比见表4-22。

Utility	Cost Index [Cost/year]	Load [kW]	% of Target
Cooling Water-1	5.479e+006	3.790e+004	INF
MP Steam Generation	-2.827e+007	1.425e+004	49.26
Fired Heat (1000)-1	3.003e+008	7.227e+004	83.82
Fired Heat (1000)-2	1.242e+008	2.989e+004	INF
Cooling Water-2	2.368e+005	1638	4.871
Cooling Water-3	3.920e+005	2711	INF
Cooling Water-4	5.010e+005	3465	INF
Cooling Water-5	1.898e+006	1.312e+004	INF
Cooling Water-6	4.314e+004	298.4	INF
Cooling Water-7	7.376e+005	5101	INF
Total	4.056e+008	—	—

Performance Worksheet Heat Exchangers Targets Notes

图4-159　各公用工程当前用量

表4-22 公用工程实际用量与目标用量对比

项目	实际用量/kW	目标用量/kW	节能潜力/kW	节省费用/（万元/a）
总热量需求	1.022×10^5	8.622×10^4	1.598×10^4	
总冷量需求	7.848×10^4	6.254×10^4	1.594×10^4	
加热炉	1.022×10^5	8.622×10^4	1.598×10^4	6623
中压蒸汽发生	1.425×10^4	2.892×10^4	-1.467×10^4	2911
冷却水	6.423×10^4	3.362×10^4	3.061×10^4	443
合计				9977

单击 ⚏ 按钮显示所有夹点线；单击 ↙ 按钮，弹出 **HEN Design Cross Pinch** 窗口，单击窗口左上角 ↙ 按钮，筛选出过程夹点并查看跨越过程夹点传热的换热单元，如图4-160所示。各换热单元跨越过程夹点传热的具体热负荷见表4-23。

注：筛选过程夹点后，软件自动将公用工程热负荷分配方法变为 User Supplied Utility Load，需进入 **Scenario1 | Options** 页面，重新选择 GCC Based。

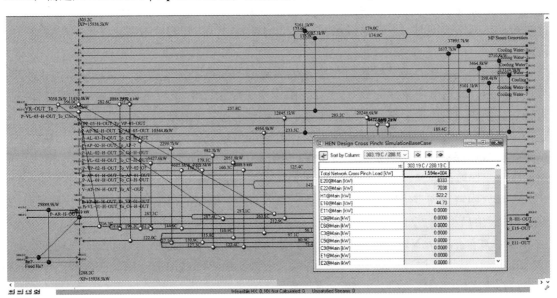

图4-160 跨越过程夹点传热的换热单元

表4-23 跨越过程夹点的热负荷

换热器	热物流	冷物流	传热量/kW
E20	减压渣油	闪底原油	8333
E22	减压渣油	闪底原油	7038
H1	加热炉	闪底原油	522.2
E18	减三线	脱盐原油	44.73
合计			1.594×10^4

　　跨越过程夹点传热会使额外的热量排入冷公用工程，导致加热炉热负荷增加。由于加热炉燃料成本较高，所以优先消除导致加热炉热负荷增加的跨越过程夹点传热现象。为减少当前换热网络的变动，将不再考虑经济价值相对较低的蒸汽生成量。

　　表4-23表明两个减压渣油换热单元跨越过程夹点传热的现象较为严重，E20和E22跨越过程夹点的传热量分别为8333kW和7038kW。跨越夹点传热的原因为高温位热物流未能与高温位冷物流匹配，使得换热匹配不够合理，工艺物流热量未能合理利用。改进方法为增加过程夹点之下热物流预热闪底原油的热量，从而减少加热炉加热原油的热负荷。另外，由于H1和E18跨越过程夹点的传热量非常小，后续改造将不再考虑这两个换热单元。

4.7.4　换热网络优化方案

4.7.4.1　改造思路

　　现有换热网络存在一些严重损耗传热推动力的换热单元，导致热量未充分利用，因此高温位热物流应尽可能预热高温位原油，以减少公用工程消耗。对于换热能力不足的换热单元，可以增加换热器数量，但换热网络物流之间彼此耦合，变动一处可能引起多处变动，因此进行换热网络改造时，应考虑换热网络改造的难易程度，同时考虑现有设备的布置和空间限制。

　　从节能角度考虑，应从跨越过程夹点传热最多的换热单元开始进行换热网络优化改造。根据表4-23，改造顺序依次为E20、E22。由于换热单元E20、E22的冷热物流均跨越过程夹点传热，换热网络改造受夹点设计原则限制，因此改造相对困难。此外，随着改造进行，满足换热网络夹点设计原则的物流越来越少，改造难度越来越大。对换热单元E20和E22的改造可使跨越过程夹点的传热量减少96.4%。进行换热网络改造时常使用三种方法：重排、重新配管和添加换热单元。尽量按照先后顺序使用这三种方法。

　　表4-23中跨越夹点传热的换热单元信息和当前换热单元的物流数据为节能改造提供了思路，可采取的节能措施如下：

　　① 添加换热单元N1，在靠近过程夹点的上方，利用减压渣油预热闪底原油；重排换热单元E21，在靠近过程夹点的下方，利用减二中物流预热闪底原油。由此减少换热单元E20跨越过程夹点传热的热负荷。

　　② 在过程夹点之下，利用节省的冷物流热负荷冷却热物流，从而节省冷公用工程用量。可考虑在减三线物流（热）和脱盐原油（冷）之间添加换热单元N2。

　　③ 重新配管换热单元E22，利用过程夹点之下的减二中物流预热闪底原油；增加换热单元N1的热负荷，在靠近过程夹点的上方，充分利用减压渣油预热闪底原油。由此，减少换热单元E22跨越过程夹点传热的热负荷。

　　④ 继续采用重排或添加换热单元等手段，在过程夹点之下，利用节省的冷物流热负荷冷却热物流，以节省冷公用工程用量。

4.7.4.2　改造方案

（1）减少换热单元E20跨越过程夹点的热负荷

减压渣油和闪底原油之间的换热单元E20跨越过程夹点传热，如图4-161所示。为此，添加换热单元N1，将换热单元E20中减压渣油在过程夹点之上的热量提供给换热单元H1冷端的闪底原油，以减少加热炉热负荷。换热单元E20的热负荷减少，导致闪底原油分支汇合处的温度降低。在过程夹点之下且靠近过程夹点处，为满足夹点匹配原则，热物流的热容流率需要大于冷物流的热容流率，经分析，能与闪底原油分支汇合处的物流进行匹配的只有减二中物流。为此，将换热单元E21的冷物流端移至换热单元N1冷端之前，移动后闪底原油分支汇合处的温度进一步降低。改造后的换热网络如图4-162所示。

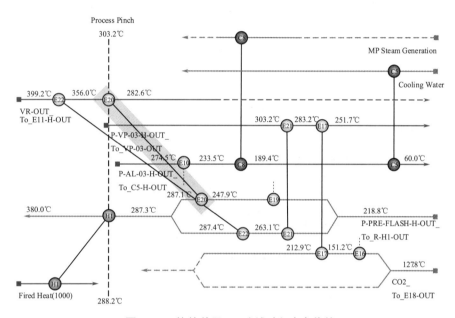

图4-161　换热单元E20跨越过程夹点传热

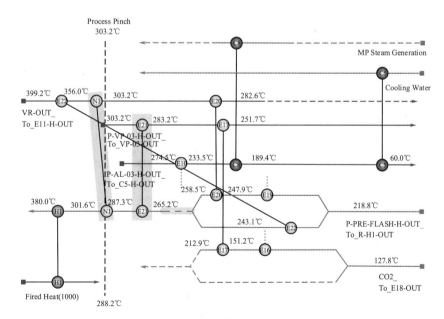

图4-162　添加换热单元N1和重排换热单元E21

（2）减少冷却换热单元C5热负荷

换热单元E21和闪底原油分支汇合处，富余冷量可通过E21—E17—E16转移，此时，原富余冷量被消除，在脱盐原油分支开始处和换热单元E16中脱盐原油冷端产生新的富余冷量。在常三线物流上的冷却单元C8和C5之间添加换热单元N2，可将常三线物流热量提供给富余冷量，同时减少冷却单元C5的冷却负荷，但换热单元N2出现温度交叉。改造后的换热网络如图4-163所示。此时，换热单元E10中常三线物流温位较高，传热推动力过大，因此将常三线换热单元E10重排至换热单元N2冷端，以提高换热单元N2中热物流温位，消除温度交叉。改造后的换热网络如图4-164所示。

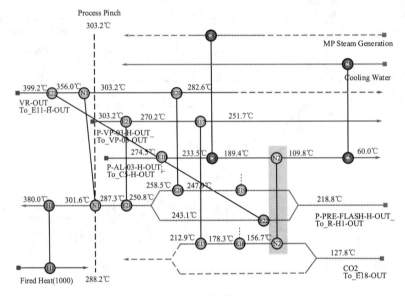

图4-163 添加换热单元N2

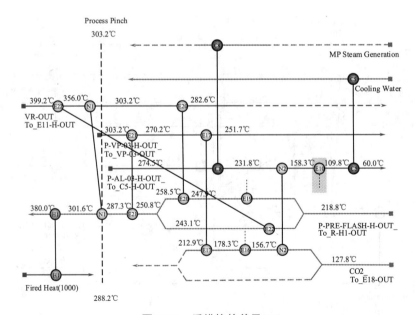

图4-164 重排换热单元E10

（3）减少换热单元E22跨越夹点的热负荷

减压渣油和闪底原油之间的换热单元E22跨越夹点传热，如图4-164所示。通过增大换热单元N1的热负荷，将换热单元E22中减压渣油在过程夹点之上的热量提供给闪底原油，从而减少加热炉热负荷。减二中物流上换热单元E21和E17之间的温位较高，可将换热单元E22的热物流端移至换热单元E21和E17之间，同时换热单元E17的热负荷减少，脱盐原油出现富余冷量。通过E17—E16—N2转移富余冷量，转移后富余冷量处在脱盐原油分支开始处和换热单元N2的脱盐原油冷端之间。改造后的换热网络如图4-165所示。

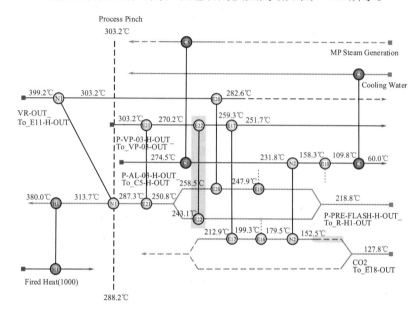

图4-165 重新配管换热单元E22

换热单元N2冷端传热温差较低，通过减少该换热单元热负荷提高冷端传热温差，如图4-166所示。同时，换热单元N2之后的富余冷量热负荷和冷却单元C5热负荷均增加。换热单元E4的热负荷和富余冷量热负荷基本相同且该单元传热推动力较大，因此重新配管换热单元E4冷物流端至换热单元N2冷物流端给富余冷量提供热量。换热单元E4和富余冷量的热负荷差异通过E4—E7—E6—C1进行转移。然而，换热单元E4出现温度交叉。当移走换热单元E4冷物流端时，导致未脱盐原油产生富余冷量，可通过提高换热单元E3中冷物流温位来转移富余冷量，使其位于脱盐原油分支开始处和换热单元E3中未脱盐原油冷端之间。改造后的换热网络如图4-167所示。换热单元E7中常一中物流温位较高，且与未脱盐原油传热推动力较大，可将常一中物流上换热单元E4冷端重排至换热单元E7热端，如图4-168所示。重排后，换热单元E4中减顶循环物流温位升高，温度交叉随之消除。

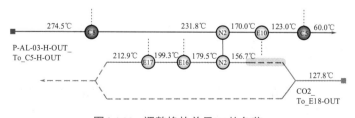

图4-166 调整换热单元N2热负荷

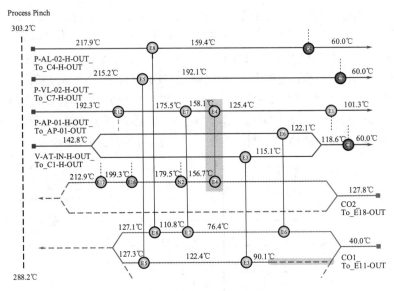

图4-167　重新配管换热单元E4

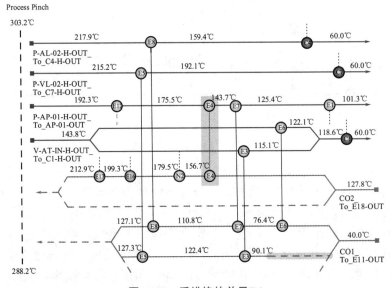

图4-168　重排换热单元E4

（4）减少冷却换热单元C4和C7热负荷

在减二线物流和未脱盐原油之间添加换热单元N3，减少未脱盐原油富余冷量，同时省去冷却单元C7；在常二线物流和未脱盐原油之间添加换热单元N4，再次减少未脱盐原油富余冷量，同时减少冷却单元C4热负荷；增大换热单元E3的热负荷，消除最终剩余的富余冷量，同时减少冷却单元C1热负荷。改造后的换热网络如图4-169所示。

由于流程改造应合理利用高温位热源，以及尽量利用现有设备布置，所以本例特别说明，但不做修改的方案是：

① 在未脱盐原油预热流程中，换热单元E5的热负荷为982kW，利用效率较低，可将其取消，为其他热源留出位置。将E5热负荷转移给N3，使用一次热物流减二线，其温度从215.2℃降为60.0℃。

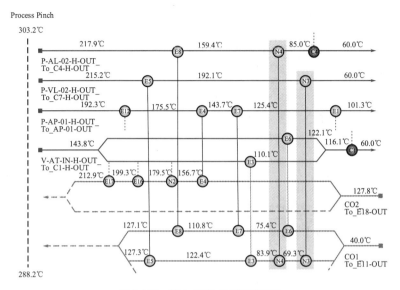

图4-169 添加换热单元N3和N4

② 在脱盐原油预热流程中，换热单元E18热物流温度偏高，热量利用不太合理。若对其进行修改，需要将减三线物流预热闪底原油后再预热脱盐原油。可考虑在闪底原油预热流程中添加一个新的换热单元，此换热单元采用减三线预热，然后减三线再次作为热物流进入换热单元E18预热脱盐原油。

4.7.4.3 改造结果

改造后的未脱盐原油预热流程如图4-170所示，改造后的脱盐原油预热流程如图4-171所示，改造后的闪底原油预热流程如图4-172所示，图中带红色填充的换热单元表示新增换热单元，无填充的换热单元表示需要新增面积以适应当前热负荷。

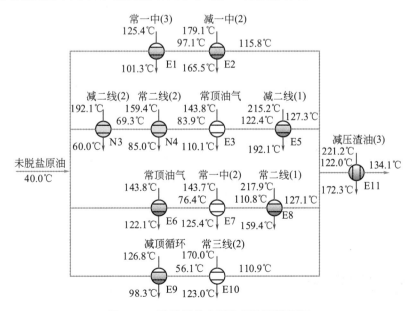

图4-170 改造后的未脱盐原油预热流程

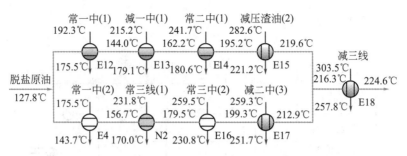

图4-171　改造后的脱盐原油预热流程

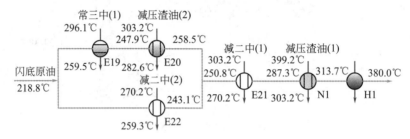

图4-172　改造后的闪底原油预热流程

本例通过重排、重新配管和添加换热单元对换热网络进行了改造，减少了换热单元跨越过程夹点的传热量，如图4-173所示。改造后，加热炉进口温度由287.3℃提高到313.7℃，节省加热炉热负荷1.537×10^4kW。热公用工程用量为8.679×10^4kW，减少了现有系统热公用工程用量的15.1%，冷公用工程用量为6.311×10^4kW，减少了现有系统冷公用工程用量的19.6%。

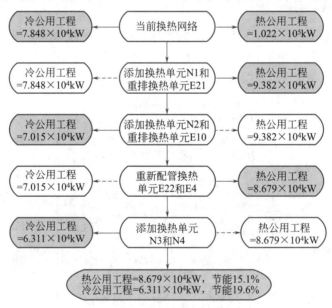

图4-173　换热网络改造步骤

4.7.5 经济效益分析

进入 **Performance | Summary** 页面，查看改造后的换热网络性能，如图4-174所示。改造投资费用为2544万元，每年节省操作费用6610万元，投资回收期为0.3852年。

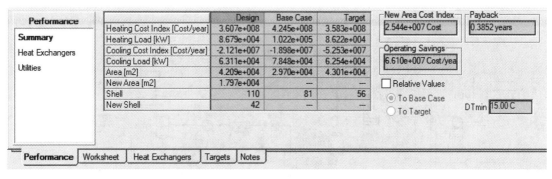

图4-174 改造后的换热网络性能

4.8 柴油加氢精制装置换热网络优化

4.8.1 背景简介

加氢技术是指在一定温度、氢压和催化剂作用下，使原料油与氢气进行反应，进而提高油品质量或者得到目标产品的工艺技术，该技术具有原料适应性强、目的产物选择性高以及生产方案灵活的特点，受到了国内外炼油和石化行业的广泛关注。全世界加氢过程的生产能力占原油加工能力的比例已超过50%，某些国家已达80%，居炼油工艺之首。同时，加氢装置也是炼油企业的用能大户，其能耗约占炼油厂总能耗的30%。因此，对该类装置进行能耗分析和节能优化，可以显著降低炼油企业的生产成本，对提高企业经济效益具有重要意义。柴油加氢精制装置就是该类装置中的一种，用于柴油的精制，可提高柴油的安定性和十六烷值，有效地提高产品质量。

本例使用Aspen HYSYS软件对某炼厂80万吨/年柴油加氢精制装置进行工艺流程模拟，并结合夹点技术对装置换热网络进行分析，提出节能改造方案，从而节省燃料，降低装置能耗[19]。

4.8.2 工艺流程说明

柴油加氢精制装置工艺过程可分为反应部分和分馏部分，工艺流程如图4-175所示。

（1）反应部分

原料直馏柴油SRGO、催化柴油LCO和焦化柴油LCGO在原料油缓冲罐D101中混合，经加氢进料泵P101加压，在换热器E101A/B中与精制柴油换热后，与新鲜氢和循环氢混合。混合进料依次进入反应产物/混氢油换热器E102A-D和进料加热炉F101中被加热，达到所需温度后送入加氢反应器R101。由反应器出来的反应产物经E102A-D换热后进入分馏部分。

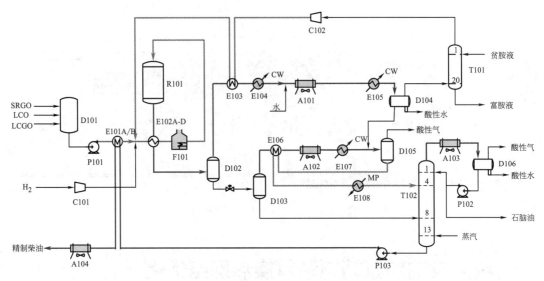

图4-175　柴油加氢精制装置工艺流程

（2）分馏部分

反应部分来的物流进入热高压分离器D102，分离出的热高分气依次经热高分气/混合氢换热器E103、水冷器E104、空冷器A101和水冷器E105冷却后，送入冷高压分离器D104进行油、气、水三相分离。为防止反应产物在冷却过程中析出铵盐堵塞管道和设备，需在空冷器A101前注水。D104底部分离出酸性水并送去回收，顶部出来的气体先经循环氢脱硫塔T101脱除硫化氢，再进入循环氢压缩机。

从D102分离出的热高分油进入热低压分离器D103，然后热低分油直接进入汽提塔T102。热低分气经热低分气/冷低分油换热器E106与冷低分油换热，再经过空冷器A102及水冷器E107冷却后，与冷高分油混合送至冷低压分离器D105。D105分离出的冷低分油经换热器E106、加热器E108加热后进入T102，T102的作用是除去来自D103和D105低分油中的酸性气体和其他轻质气体。塔顶物流经空冷器A103冷却后，进入塔顶回流罐D106进行气、油、水三相分离，油相经回流泵P102升压后分两部分，一部分作为回流返回T102，一部分采出。塔底精制柴油经换热器E101A/B和空冷器A104冷却后采出。

打开本书配套文件Diesel Hydrotreating Unit.hsc，柴油加氢精制装置Aspen HYSYS模拟流程如图4-176所示。

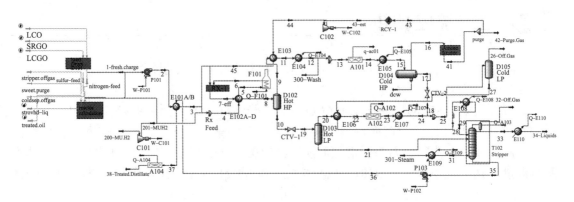

图4-176　柴油加氢精制装置Aspen HYSYS模拟流程

4.8.3　现有系统用能状况分析

4.8.3.1　数据提取

在 Aspen HYSYS 中，单击 **Energy** 控制面板，进入 Aspen HYSYS 激活的能量分析（Energy Analysis）环境，单击 Home 功能区选项卡中 **Details** 按钮，将数据导入 Aspen Energy Analyzer，并将 Aspen Energy Analyzer 文件另存为 Example 4.8-Diesel Hydrotreating Unit.hch。进入软件操作模式页面，查看导入后的换热网络栅格图，如图 4-177 所示。

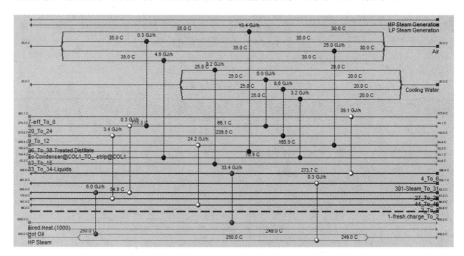

图4-177　导入后的换热网络栅格图

进行换热网络分析和优化前，应确保软件提取的换热网络结构与现有装置的换热结构一致，并删除无需进行节能分析的物流。装置中原油进料经过进料泵升压后温度上升，在能量分析过程中，忽略流程中由于泵带来的物流焓值变化，删除原料泵所涉及的物流 1-fresh.charge_To_2。柴油加氢装置用于汽提的蒸汽由低温位蒸汽经过换热器加热所得，然而这部分用于蒸汽过热的能耗较低，在此不进行考虑，故删除汽提塔汽提蒸汽相关的物流 301-Steam_To_31。工艺物流与公用工程的各分支进行换热，而实际过程中物流与单独的公用工程进行换热，需逐一进行修改。除此之外，还需删除与换热无关的物流，修改公用工程的进出口温度等。修改后的换热网络栅格图如图 4-178 所示。

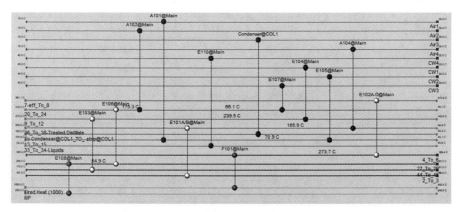

图4-178　修改后的换热网络栅格图

进入**Data | Process Streams**页面，查看工艺物流数据，如图4-179所示。具体的工艺物流数据见表4-24。

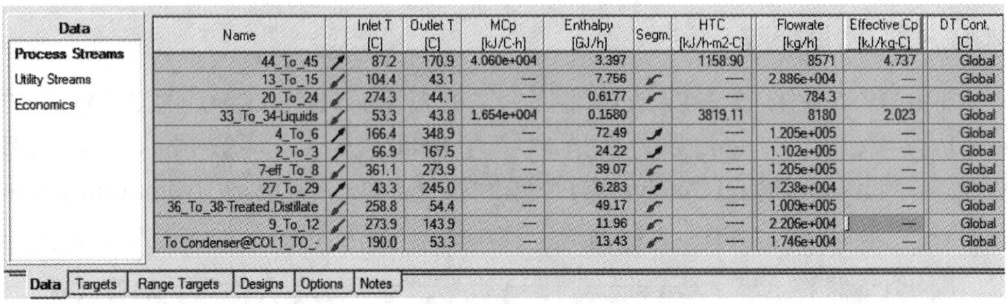

Name	Inlet T [C]	Outlet T [C]	MCp [kJ/C-h]	Enthalpy [GJ/h]	Segm.	HTC [kJ/h-m2-C]	Flowrate [kg/h]	Effective Cp [kJ/kg-C]	DT Cont. [C]
44_To_45	87.2	170.9	4.060e+004	3.397		1158.90	8571	4.737	Global
13_To_15	104.4	43.1	—	7.756		—	2.886e+004	—	Global
20_To_24	274.3	44.1	—	0.6177		—	784.3	—	Global
33_To_34-Liquids	53.3	43.8	1.654e+004	0.1580		3819.11	8180	2.023	Global
4_To_6	166.4	348.9	—	72.49		—	1.205e+005	—	Global
2_To_3	66.9	167.5	—	24.22		—	1.102e+005	—	Global
7-eff_To_8	361.1	273.9	—	39.07		—	1.205e+005	—	Global
27_To_29	43.3	245.0	—	6.283		—	1.238e+004	—	Global
36_To_38-Treated.Distillate	258.8	54.4	—	49.17		—	1.009e+005	—	Global
9_To_12	273.9	143.9	—	11.96		—	2.206e+004	—	Global
To Condenser@COL1_TO_-	190.0	53.3	—	13.43		—	1.746e+004	—	Global

图4-179　工艺物流数据

表4-24　工艺物流数据汇总

物流名称	类型	进口温度/℃	出口温度/℃	热容流率/[kJ/(℃·h)]	热负荷/(GJ/h)
7-eff_To_8（反应产物）	热	361.1	331.6	4.82×10^5	14.21
		331.6	299.6	4.44×10^5	14.21
		299.6	273.9	4.14×10^5	10.65
9_To_12（热高分气）	热	273.9	223.7	9.88×10^4	4.95
		223.7	181.1	9.14×10^4	3.89
		181.1	143.9	8.37×10^4	3.11
13_To_15（热高分气）	热	104.4	87.4	1.47×10^5	2.50
		87.4	68.7	1.27×10^5	2.37
		68.7	43.1	1.13×10^5	2.89
20_To_24（热低分气）	热	274.3	203.5	3.23×10^3	0.23
		203.5	131.0	2.71×10^3	0.20
		131.0	44.1	2.22×10^3	0.19
To Condenser@ COL1_TO_strip@COL1（汽提塔顶气）	热	190.0	165.1	1.04×10^5	2.59
		165.1	127.9	7.83×10^4	2.92
		127.9	115.4	1.26×10^5	1.56
		115.4	103.0	2.17×10^5	2.69
		103.0	78.2	9.20×10^4	2.29
		78.2	53.3	5.56×10^4	1.38
36_To_38-Treated.Distillate（精制柴油）	热	258.8	193.2	2.68×10^5	17.61
		193.2	128.4	2.42×10^5	15.68
		128.4	54.4	2.15×10^5	15.88
33_To_34-Liquids（石脑油）	热	53.3	43.8	1.65×10^4	0.16
2_To_3（原料油）	冷	66.9	96.3	2.25×10^5	6.61
		96.3	133.0	2.40×10^5	8.81
		133.0	167.5	2.56×10^5	8.81

续表

物流名称	类型	进口温度/℃	出口温度/℃	热容流率/[kJ/(℃·h)]	热负荷/(GJ/h)
4_To_6（混氢油）	冷	166.4	238.1	3.47×10^5	24.86
		238.1	296.5	3.99×10^5	23.32
		296.5	348.9	4.64×10^5	24.30
44_To_45（循环氢）	冷	87.2	170.9	4.06×10^4	3.40
27_To_29（冷低分油）	冷	43.3	107.3	2.62×10^4	1.68
		107.3	176.2	3.07×10^4	2.12
		176.2	245.0	3.62×10^4	2.49

公用工程空气、冷却水、加热炉燃料、中压蒸汽的费用数据见表4-25。燃料气相关参数为：价格3000元/t，热值41868 kJ/kg，加热炉热效率90%。燃料气费用指数计算见式（4-7）。中压蒸汽相关参数为：汽化潜热1713.4 kJ/kg，价格170元/t。中压蒸汽费用指数计算见式（4-8）。冷却水相关参数为：比热容4.183 kJ/（kg·℃），价格0.2元/t，平均温升取10℃。循环水费用指数计算见式（4-9）。

$$燃料气费用指数 = \frac{燃料气价格}{燃料气热值 \times 加热炉效率} = \frac{3800 \div 1000}{41868 \times 0.9} 元/kJ = 7.962 \times 10^{-5} 元/kJ \quad (4\text{-}7)$$

$$中压蒸汽费用指数 = \frac{中压蒸汽价格}{中压蒸汽热值} = \frac{170 \div 1000}{1713.4} 元/kJ = 9.922 \times 10^{-5} 元/kJ \quad (4\text{-}8)$$

$$循环水费用指数 = \frac{循环水价格}{循环水热值} = \frac{0.2 \div 1000}{4.183 \times 10} 元/kJ = 4.781 \times 10^{-6} 元/kJ \quad (4\text{-}9)$$

表4-25　公用工程费用数据

项目	公用工程	进口温度/℃	出口温度/℃	费用指数/（元/kJ）
冷公用工程	空气	35	70	—
	冷却水	30	40	4.781×10^{-6}
热公用工程	加热炉燃料	1000	400	7.962×10^{-5}
	中压蒸汽	250	249	9.922×10^{-5}

进入 **Data | Utility Streams** 页面，查看公用工程进出口温度和费用数据，如图4-180所示。

Data	Name	Inlet T [C]	Outlet T [C]	Cost Index [Cost/kJ]	Segm.	HTC [kJ/h-m2-C]	Target Load [GJ/h]	Effective Cp [kJ/kg-C]	Target FlowRate [kg/h]	DT Cont. [C]
Process Streams	CW1	30.00	40.00	4.781e-006		13500.00	0.0000	4.183	0.00	5.00
Utility Streams	Air1	35.00	70.00	1.000e-009		399.60	0.0000	1.000	0.00	10.00
Economics	Fired Heat (1000)	1000	400.0	7.962e-005		399.60	3.170	1.000	5283.58	25.00
	MP	250.0	249.0	9.922e-005		21600.00	1.205	1703	707.49	10.00
	CW2	30.00	40.00	4.781e-006		13500.00	0.0000	4.183	0.00	5.00
	CW3	30.00	40.00	4.781e-006		13500.00	0.0000	4.183	0.00	5.00
	CW4	30.00	40.00	4.781e-006		13500.00	0.3128	4.183	7478.76	5.00
	Air2	35.00	70.00	1.000e-009		399.60	0.0000	1.000	0.00	10.00
	Air3	35.00	70.00	1.000e-009		399.60	0.0000	1.000	0.00	10.00
	Air4	35.00	70.00	1.000e-009		399.60	19.85	1.000	587069.47	10.00
	<empty>									

Data | Targets | Range Targets | Designs | Options | Notes

图4-180　公用工程进出口温度和费用数据

进入 **Data | Economics** 页面，输入表4-26中相关换热单元费用参数，如图4-181所示，投资回报率为10%，设备寿命为5年，年运行时间8400小时。

表4-26 换热单元费用参数

换热单元类型	a/元	b	c
管壳式	93400	4525	0.88
加热炉	13300000	360000	1.00

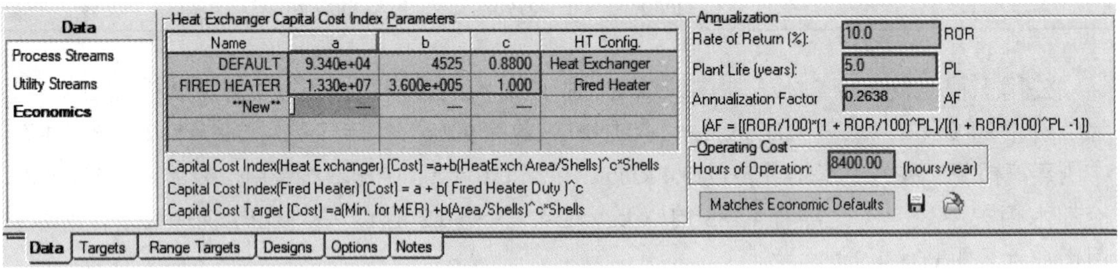

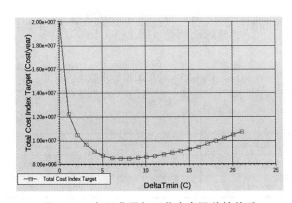

图4-181 输入经济参数

4.8.3.2 能量目标

进入 **Range Target | Plots** 页面，生成年总费用与工艺夹点温差关系曲线，如图4-182所示。在当前经济参数下，具有最低年总费用的工艺夹点温差为7℃。

图4-182 年总费用与工艺夹点温差的关系

虽然夹点温差可通过权衡年操作费用和年投资费用确定，但实际中往往选择经验值。文献里推荐的加氢装置最优夹点温差经验值见表4-27。综合各种因素，最优夹点温差选择10℃。冷热物流组合曲线如图4-183所示，总组合曲线如图4-184所示。

表4-27 加氢装置的最优夹点温差经验值

来源	年份	工艺类型	经验值/℃
Linnhoff March[13]	1998	加氢精制	30 ~ 40
黄天旭[20]	2013	蜡油加氢	12 ~ 16

续表

来源	年份	工艺类型	经验值/℃
刘铁成等[21]	2016	柴油加氢	10
陈敏[22]	2016	裂解汽油加氢	10
高雪玲等[23]	2016	加氢裂化	18
金学成等[24]	2017	柴油加氢	20

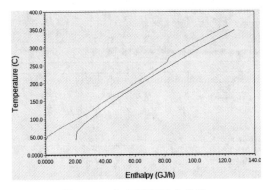

图4-183 加氢装置组合曲线　　图4-184 加氢装置总组合曲线

进入 **Targets | Summary** 页面，查看能量目标和夹点温度，如图4-185所示。热公用工程目标为4.375GJ/h，冷公用工程目标为20.16GJ/h；热工艺物流的夹点温度为190.0℃，冷工艺物流的夹点温度为180.0℃。

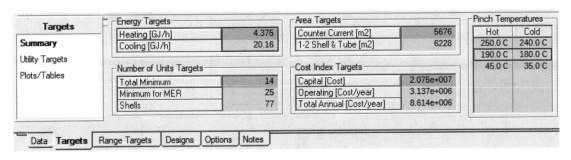

图4-185 能量目标和夹点温度

4.8.3.3 用能诊断

单击栅格图上方 **Open Network Performance View** 按钮 ，查看冷热公用工程当前用量，如图4-186所示。目前换热网络热公用工程实际用量为39.40GJ/h，冷公用工程实际用量为55.18GJ/h。对比最大热回收时所需的公用工程用量，该换热网络冷热公用工程各存在35.02GJ/h的节能潜力，约占热公用工程的88.88%，冷公用工程的63.46%，表明现有换热网络存在较大的节能潜力。

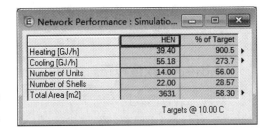

图4-186 冷热公用工程当前用量

单击 按钮显示所有夹点线；单击 按钮，弹出 **HEN Design Cross Pinch** 窗口，单击窗口左上角 按钮，筛选出过程夹点并查看跨越过程夹点传热的换热单元，如图4-187所示。根据夹点设计方法的三条基本原则，分析现有换热网络中存在的不合理换热单元匹配，见表4-28。

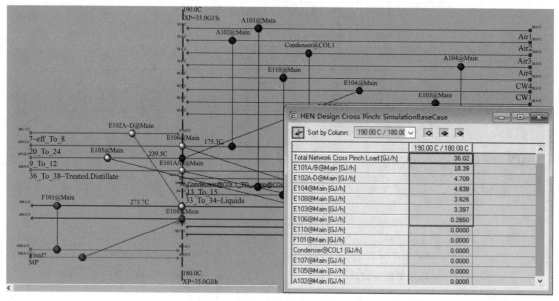

图4-187　跨越过程夹点传热的换热单元

表4-28　跨越过程夹点的热负荷

换热单元	热物流	冷物流	原因	跨越夹点热负荷/（GJ/h）	能量节省/%
E101A/B	精制柴油	原料油	跨越夹点	18.39	52.51
E102A-D	反应产物	混氢油	跨越夹点	4.709	13.45
E104	热高分气	冷却水	夹点之上冷却	4.639	13.25
E108	蒸汽	冷低分油	夹点之下加热	3.626	10.35
E103	热高分气	循环氢	跨越夹点	3.397	9.70
E106	热低分气	冷低分油	跨越夹点	0.2650	0.76
合计	—	—	—	35.02	100

4.8.4　换热网络节能改造

4.8.4.1　改造思路

对现行装置的改造不同于新设计，应在尽可能多地回收热量的前提下充分考虑已有装置的结构，尽量利用现有装置，少变动，以达到节能增效同时降低改造费用的目的。同时，改造过程中需要考虑压力因素，该装置中主要的高压物流是反应进料泵后的原料油和反应产物。因此在反应进料泵低压侧，应尽量让低压物流与原料油换热，提高泵的进料温度，而且应让高压侧原料油尽量与高压反应产物换热。但考虑现有网络结构的限制，如需提高反应进料泵的进料温度，必须重新更换一台新泵，才能获得更好的低压换热条件[25]。因此本例对柴油加氢装置的换热网络改造方案将部分考虑压力因素，不更换反应进料泵，其进料温度不变，只是在匹配冷热物流时考虑压力因素。

从节能角度考虑，换热网络的改造应从跨越夹点传热负荷最多的换热单元进行，同时，改造过程中要注意中高温位热源的多次合理利用及压力因素。根据表4-28，改造顺序依次为换热器E101A/B、E102A-D、E104、E108和E103，换热器E106跨越夹点传热量较小，改动会增加网络复杂性及设备投资，故可忽略其跨越夹点传热量。

节能改造思路如下：

① 夹点之上改变换热器E101A/B热物流出口温度，由此消除精制柴油/原料油换热器E101A/B跨越夹点传热现象。

② 夹点之上新增换热器EN1，使精制柴油与混氢油换热，同时消除混氢油/反应产物换热器E102A-D跨越夹点传热现象。

③ 夹点之下减少冷却器E104热负荷，夹点之上新增换热器EN2，使热高分气与混氢油换热，由此消除冷却器E104跨越夹点传热现象，同时消除换热器E103跨越夹点传热现象。

④ 夹点之上减少冷低分油加热器E108换热量，夹点之下新增换热器EN3，使冷低分油与汽提塔顶气换热，由此消除E108跨越夹点传热量。

⑤ 最后进一步对换热网络进行优化，移除较小换热单元，简化换热网络结构。

4.8.4.2　改造步骤

（1）消除换热器E101A/B跨越夹点传热现象

维持换热器E101A/B热负荷不变，且冷物流原料油仍通过E101A/B与精制柴油换热，只是需要改变换热器热端进口温度。夹点之下，精制柴油与原料油换热，由热夹点温度190.0℃冷却到85.03℃。

夹点之上精制柴油热量不平衡，需新增换热器使精制柴油与冷物流换热。新增换热单元为夹点匹配，考虑热容流率准则，可以与精制柴油匹配的只有冷物流混氢油。但考虑到压力因素，热物流为低压物流，冷物流为高压物流，理论上应避免两物流换热，但受换热网络结构限制，此处仍新增换热器EN1，使精制柴油与混氢油换热。精制柴油从初始温度冷却到热夹点温度190.0℃，混氢油从166.4℃加热到219.4℃，如图4-188

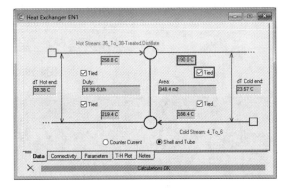

图4-188　设置EN1

所示。通过该步优化，不仅消除了换热器E101A/B跨越夹点传热现象，也消除了换热器E102A/D跨越夹点传热现象。优化后的换热网络如图4-189所示。

（2）消除冷却器E104跨越夹点传热现象

为了消除冷却器E104跨越夹点传热现象，需减少E104热负荷。在夹点之上新增换热器使热高分气与冷物流换热，同时考虑热容流率准则和压力因素，可以与热高分气匹配的只有冷物流混氢油。在热高分气（E103上游）和混氢油（EN1上游）之间添加换热器EN2，热高分气从273.9℃冷却至热夹点温度190.0℃，混氢油从初始温度加热至189.6℃，如图4-190

所示。通过该步优化,不仅消除了冷却器E104跨越夹点传热现象,也消除了换热器E103跨越夹点传热现象,且冷却器E104热负荷由8.56GJ/h减少至0.53GJ/h。优化后的换热网络如图4-191所示。

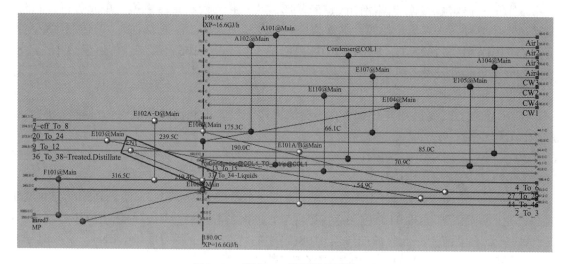

图4-189   添加EN1后的换热网络

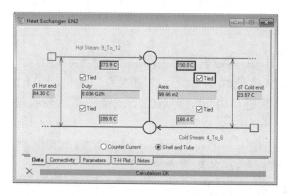

图4-190   设置EN2

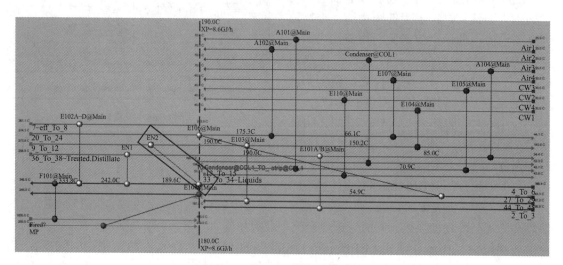

图4-191   添加EN2后的换热网络

（3）消除加热器E108跨越夹点传热现象

为了消除加热器E108跨越夹点传热现象，需减少E108热负荷。夹点之上使用蒸汽将其冷物流从冷夹点温度180.0℃加热到目标温度245.0℃，如图4-192所示，热负荷由原来的5.979GJ/h减少到2.352GJ/h。

夹点之下需新增换热器使冷低分油与热物流进行换热。新增换热单元为夹点匹配，考虑热容流率准则和压力因素，选择汽提塔顶气与冷低分油匹配。新增换热器EN3，使汽提塔顶气与冷低分油换热，冷低分油从54.91℃加热到180.0℃，塔顶气从初始温度冷却到151.9℃，如图4-193所示。通过该步优化，消除了加热器E108跨越夹点传热现象，减少热公用工程3.63 GJ/h，同时减少了空冷器A103热负荷3.63GJ/h。优化后的换热网络如图4-194所示。

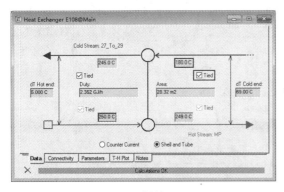

图4-192 调整E108　　　　　　　　　图4-193 设置EN3

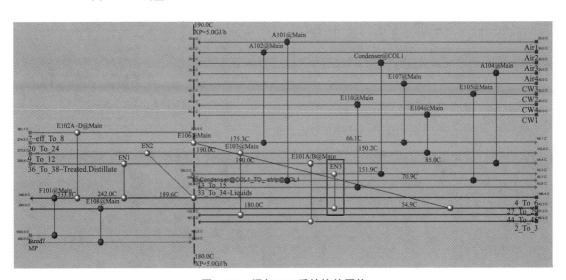

图4-194 添加EN3后的换热网络

（4）调优

热低分气经换热器E106、空冷器A102和冷却器E107冷却到目标温度44.1℃。其中，A102和E107热负荷都很小，分别为0.26GJ/h和0.05GJ/h。考虑物流目标温度，将空冷器A102删除，最后热低分气经E107从175.3℃冷却到44.1℃。优化后的换热网络如图4-195所示。

冷却器E104热负荷也较小，为0.53GJ/h，可将其热负荷沿路径F101—EN2—E104转移。删除冷却器E104，调整换热器EN2，如图4-196所示。调整后换热器EN1出现温度交叉，将EN1热端出口温度调整为201.1℃，如图4-197所示。

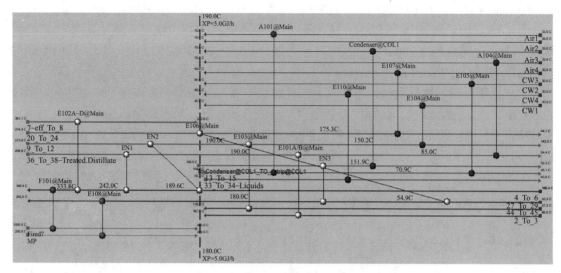

图4-195　删除A102后的换热网络

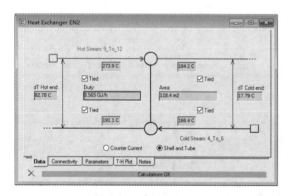

图4-196　调整EN2　　　　　　　　　　　　　图4-197　调整EN1

最终优化后的换热网络如图4-198所示。

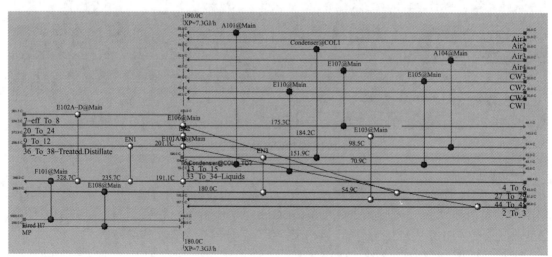

图4-198　优化后的换热网络

4.8.4.3 改造结果

换热网络节能改造步骤如图4-199所示，通过新增三台换热器、移除一台空冷器和一台冷却器，大大减少了跨越夹点传热现象，获得了较好的热集成效果。改造后跨越夹点传热的换热器以及传热量如图4-200所示，虽然新增换热器EN2存在部分跨越夹点传热现象，但换热器E102A/D、E103、E104、E108不再有跨越夹点传热现象，且E101A/B跨越夹点传热量大幅度减少。改造后，加热炉进口温度由273.7℃提高到328.7℃，提高了55℃，节省加热炉热负荷24.05GJ/h，节省燃料0.57t/h。冷热公用工程用量分别为27.50GJ/h和11.72GJ/h，冷公用工程能耗降低了50.16%，热公用工程能耗降低了70.25%，基本达到改造预期。

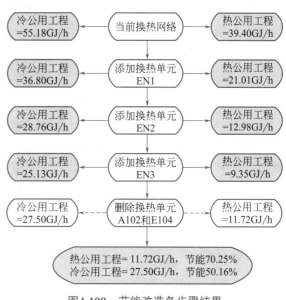

图4-199 节能改造各步骤结果

改造需调整的换热器如表4-29所示，其中E101A/B、E102A-D和E103传热温差减小而引起换热面积增加。

图4-200 改造后跨越夹点热负荷

表4-29 节能改造中需调整的换热器

序号	换热器编号	设备名称	备注
1	EN1	精制柴油/混氢油换热器	新增
2	EN2	热高分气/混氢油换热器	新增
3	EN3	塔顶气/冷低分油换热器	新增
4	A102	热低分气空冷器	移除
5	E104	热高分气冷却器	移除
6	E101A/B	精制柴油/原料油换热器	增加壳体
7	E102A-D	混氢油/反应产物换热器	增加壳体
8	E103	热高分气/循环氢换热器	增加壳体
9	E107	热低分气冷却器	增加壳体

4.8.5 经济效益分析

进入**Performance | Summary**页面，查看改造后的换热网络性能，如图4-201所示，新增面积费用为443.7万元，每年节省操作费用1944万元，投资回收期为0.2284年。

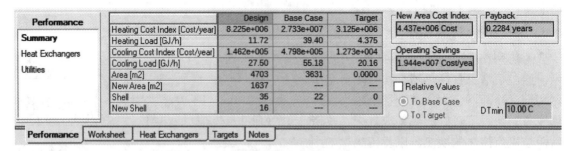

图4-201　节能改造后的换热网络性能

在实际工程项目中，需要综合考虑改造工程量、投资费用和施工难度等因素，并针对装置特点给出合适的优化建议。限于我们的经验，目前的换热网络改造方案可能存在一定的不足，有待进一步完善。此外，本例中的费用数据可能与工程实际情况存在偏差，因此改造结果中的经济效益仅供参考。

参考文献

［1］Zhang Y S, Cruz J, Zhang S J, et al. Process Simulation and Optimization of Methanol Production Coupled to Tri-Reforming Process［J］. International Journal of Hydrogen Energy, 2013, 38（31）: 13617-13630.

［2］Xia H, Ye Q, Feng S Y, et al. A Novel Energy-saving Pressure Swing Distillation Process Based on Self-Heat Recuperation Technology［J］. Energy, 2017, 141 : 770-781.

［3］Li J, Zhang F J, Pan Q, et al. Performance Enhancement of Reactive Dividing Wall Column Based on Self-Heat Recuperation Technology［J］. Industrial & Engineering Chemistry Research, 2019, 58（27）: 12179-12191.

［4］Poddar T, Jagannath A, Almansoori A. Use of Reactive Distillation in Biodiesel Production : A Simulation-Based Comparison of Energy Requirements and Profitability Indicators［J］. Applied Energy, 2017, 185 : 985-997.

［5］孙兰义. 化工过程模拟实训——Aspen Plus教程［M］. 2版. 北京：化学工业出版社，2017.

［6］Dimian A C, Bildea C S. Chemical Process Design : Computer-Aided Case Studies［M］. Weinheim : Wiley-VCH, 2008.

［7］汪旭，冯霄. 基于模拟分析技术和启发式方法的精馏塔系热集成［J］. 华北电力大学学报（自然科学版），2010, 37（1）: 87-91.

［8］湛世辉，王彧斐，冯霄. 苯乙烯装置塔系热集成［J］. 化工进展，2015, 34（6）: 1564-1568.

［9］Babaqi B S, Takriff M S, Kamarudin S K, et al. Energy Optimization for Maximum Energy Saving with Optimal Modification in Continuous Catalytic Regeneration Reformer Process［J］. Energy, 2017, 120 : 774-784.

［10］郭坤宇. 大型催化重整装置工艺优化设计探讨［J］. 石化技术，2019, 26（6）: 1-4.

［11］叶剑云，韦桃平，王北星. 连续重整装置用能优化研究［J］. 石油石化绿色低碳，2017, 2（3）: 9-17.

［12］付佃亮. 炼厂常减压装置换热网络优化研究［D］. 青岛：中国石油大学（华东），2019.

［13］Linnhoff March. Introduction to Pinch Technology［R］. Cheshire, UK : Linnhoff March, 1998 : 21.

［14］Rossiter A P. Improve Energy Efficiency via Heat Integration［J］. Chemical Engineering Progress, 2010, 106（12）: 33-42.

［15］Aspen HYSYS V9. 0 Help. MA：Aspen Technology，2016.

［16］张继东，孟硕，张海滨，等. 基于夹点分析技术的常减压装置换热网络优化［J］. 中外能源，2017，22（1）：90-96.

［17］王东生. 常压蒸馏装置原油换热网络优化与板式换热器的应用［J］. 炼油技术与工程，2017，47（1）：21-25.

［18］曹华民，江红伟，白芳芳. 流程模拟技术在常减压装置换热网络优化中的应用［J］. 炼油技术与工程，2013，43（5）：39-44.

［19］张凤娇. 柴油加氢精制装置换热网络优化研究［D］. 青岛：中国石油大学（华东），2020.

［20］黄天旭. 蜡油加氢装置换热网络分析与优化［J］. 中外能源，2013，18（2）：87-92.

［21］刘铁成，刘欢，冯霄. 柴油加氢装置换热网络优化［J］. 计算机与应用化学，2016，33（11）：1187-1191.

［22］陈敏. 裂解汽油加氢装置工艺流程优化［J］. 石油化工设计，2016，33（2）：18-22.

［23］高雪玲，叶剑云，韦桃平，等. 加氢裂化装置换热网络优化［J］. 石油石化绿色低碳，2016,1(5)：21-30.

［24］金学成，项曙光. 柴油加氢装置过程模拟与节能研究［J］. 当代化工，2017，46（12）：2538-2542.

［25］王伟，冯霄. 考虑压力因素的柴油加氢改质装置换热网络改造［J］. 化工进展，2013，32（1）：227-232.

第5章

蒸汽动力系统模拟与优化

蒸汽是过程工业中重要的公用工程物料，具有易于传输、热容大、无毒、无污染、安全及价廉等优点，除用作工艺用汽（稀释蒸汽、汽提蒸汽等）外，还可用于动力（蒸汽轮机）、加热（再沸器）、伴热（蒸汽分配站）、消防（蒸汽灭火）和吹扫（公用工程站）等。

蒸汽动力系统是过程工业的重要组成部分，其任务是将煤、天然气等一次能源转化成电力、热能等二次能源，为生产过程提供所需的电力、热能和蒸汽等公用工程。蒸汽动力系统在生产和输送过程中消耗大量的能源，在全厂能耗中占有相当大的比例。因此，为了提高蒸汽动力系统的能量利用水平，蒸汽动力系统的优化运行势在必行。

通常，企业可从外部购买公用工程能源，但一些企业可能会考虑成本而选择自产公用工程，因此，需要在购买和自产公用工程之间做出权衡以最小化成本。Aspen Utilities Planner 是用于解决此权衡问题的优化工具，它基于混合整数线性规划和过程模拟，借助工厂运行用能数据，建立以客户模型为基础的公用工程系统严格模拟模型，对公用工程的供能生产系统进行离线优化，同时与计划和调度工具联合使用，形成一个对应于生产过程的包括公用工程采购、生产和分配的最佳计划，帮助企业按生产要求来管理并优化公用工程系统。

本章将基于参考文献［1-3］，介绍 Aspen Utilities Planner 软件的基本功能及操作，并结合案例介绍该软件在蒸汽动力系统模拟与优化中的应用。

5.1 Aspen Utilities Planner用户界面 ‹

5.1.1 主窗口

Aspen Utilities Planner 主窗口如图 5-1 所示，主要包括以下五部分：

① 流程显示窗口（Process Flowsheet Window） 用户在该窗口建立流程。

② 资源管理器窗口（Explorer Window） 包含导航窗格（All Items）和内容窗格（Contents）。

③ 信息窗口（Simulation Messages） 显示从模拟到优化的所有信息。

④ 优化菜单（Optimization Menu） 允许用户通过启动配置文件编辑器（Profiles Editor）和费用编辑器（Tariff Editor）来更改优化设置并进行优化。

⑤ 模型选项板（Model Palette） 提供建立流程所需的模块。

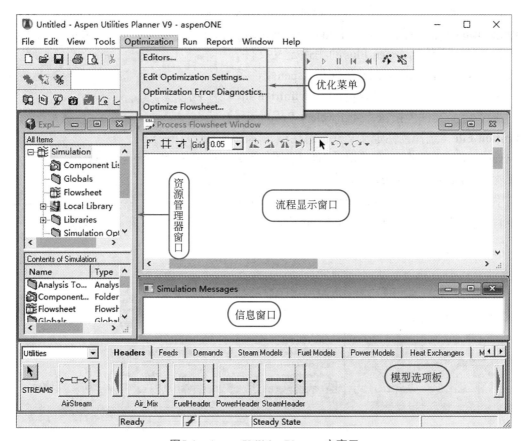

图5-1　Aspen Utilities Planner主窗口

5.1.2　初始化物性

新建Aspen Utilities Planner文件后，必须初始化物性。

在资源管理器窗口选择Component Lists（组分列表），在内容窗格双击Default图标，弹出 **Please Confirm This Operation**（请确认此操作）对话框，如图5-2所示。

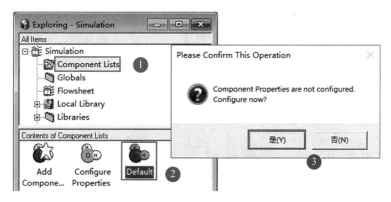

图5-2　选择并确认组分列表

单击"**是**"按钮，弹出 **Physical Properties Configuration**（物性配置）对话框，如图5-3所示。用户可在此使用Aspen Plus的物性定义文件，选择Use Aspen property system（使用Aspen物性系统）单选按钮，单击 **Use Properties definition file**（使用物性定义文件）按钮，弹出 **Select Properties Definition File**（选择物性定义文件）对话框，单击 **Browse**…（浏览）按钮，在弹出的对话框中选择安装目录下的aspenutilities.appdf文件，如图5-4所示。该文件默认位置为C：\Program Files\AspenTech（x86）\Aspen Utilities Planner V9.0\Examples。

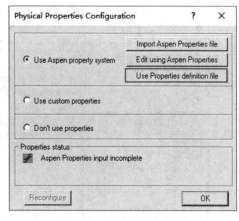

图5-3　物性配置对话框

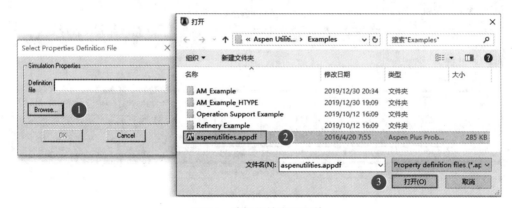

图5-4　选择物性定义文件

单击"**打开**"按钮，弹出 **Build Component List**（生成组分列表）对话框。以添加水为例，在Available Components列表选择组分H_2O，单击窗口中间的选择按钮，即可将水添加到组分列表，如图5-5所示。

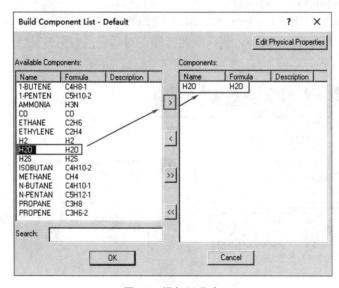

图5-5　添加组分水

5.1.3 模型库

Aspen Utilities Planner流程图中包含很多模块，模块之间通过物流连接，物流又通过接口连接到模块。

5.1.3.1 模块结构

所有模块都有一个或多个入口接口和一个或多个出口接口。对于大多数模块，一个入口接口或出口接口可以连接多股物流，而对于少部分模块，一个入口接口或出口接口只能连接一股物流。模块的通用结构如图5-6所示。如果接口仅连接一股物流，则无需分流器或混合器。

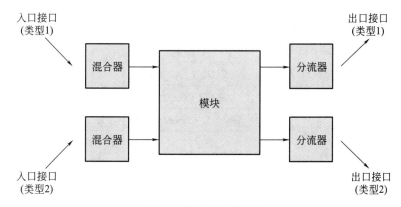

图5-6 模块的通用结构

下面将介绍建立蒸汽动力系统流程时使用的一些简单模块（供给、需求和母管）和设备模块（蒸汽透平、锅炉和余热锅炉等）。

（1）简单模块

① 供给（Feeds） 供给模块用于表示公用工程的供应，可以是购买的公用工程（如天然气），或者自产的公用工程（如过程产生的蒸汽或燃料气）。

供给模块包括空气供给、燃料供给、动力供给和蒸汽供给四种模块，如图5-7所示。由于每个供给模块只有一个接口，所以只能连接一股物流。若要分配供给流量，则可以在供给模块后放置一个母管模块。

不同供给模块需要设置的典型参数见表5-1。

② 需求（Demands） 需求模块用于表示或定义来自公用工程系统模块之外的公用工程需求，包括四种公用工程需求模块：空气需求、燃料需求、动力需求和蒸汽需求，如图5-8所示，分别对应于空气、燃料、动力和蒸汽四种物流类型，每个需求模块只能连接一股

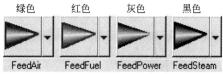

图5-7 供给模块

表5-1 不同供给模块的典型参数规定

供给模块	典型参数
空气供给（FeedAir）	出口温度（Tout）
	质量流量（必要时）
燃料供给（FeedFuel）	分子量（MWout）
	低位热值（CVout）
	需氧量（OD）
	碳指数（CI）和硫指数（SI）（如果需要计算排放量）
动力供给（FeedPower）	动力供应（必要时）
蒸汽供给（FeedSteam）	出口温度（Tout）
	出口压力（Pout）
	质量流量（必要时）

物流。不同需求模块需要设置的典型参数见表5-2。

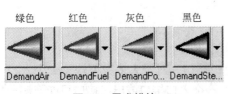

图5-8　需求模块

表5-2　不同需求模块的典型参数规定

需求模块	典型参数
空气需求（DemandAir）	空气流量［AirIn（"AirIn1"）.F］
燃料需求（DemandFuel）	燃料热流量［FuelIn（"FuelIn1"）.Flow］
动力需求（DemandPower）	功率［PowerIn（"PowerIn1"）.Power］
蒸汽需求（DemandSteam）	蒸汽流量［SteamIn（"SteamIn1"）.F］

③ 母管（Headers） 母管模块本质上是混合器和分流器的组合。模型库中提供四种类型的母管模块：空气母管、燃料母管、动力母管和蒸汽母管。所有母管都遵循热量平衡和物料平衡。不同母管模块需设置的典型参数见表5-3。

表5-3　不同母管模块的典型参数规定

母管模块	典型参数
空气母管（Air_Mix）	无
燃料母管（FuelHeader）	无
动力母管（PowerHeader）	无
蒸汽母管（SteamHeader）	母管或混合器运行时的额定温度（Tout） 母管或混合器运行时的额定压力（Pout） 其他变量可以保持默认值

（2）设备模块

① 锅炉（Boiler） 锅炉模块如图5-9所示，用于模拟特定压力下生产蒸汽的过程，遵循严格的热量平衡和物料平衡。锅炉模块需要三股进料：燃料、空气和水。锅炉模块有三股出口物流：蒸汽、烟道气和排污。锅炉模块需要输入的变量及其含义见表5-4。

图5-9　锅炉模块

② 蒸汽透平（Steam Turbine）蒸汽透平模块如图5-10所示，用于模拟单级透平，其相对内效率可以用Constant或LookUpTable表示。蒸汽透平模块需要输入的变量及其含义见表5-5。

表5-4　锅炉模块所需输入变量及含义

变量	含义
SteamOut（"VHPSteam"）.F	蒸汽流量
EffMethod	效率计算方法，包括Constant[1]（常数）和LookUpTable[2]（查表），默认是Constant
bd_Rate	排污率
O2out	烟道气含氧量
Pdrop_Gen	蒸汽发生器压降
Pdrop_SH	过热器压降
Tboiler	出口蒸汽温度

① 模块中锅炉热效率为锅炉有效热量占燃料送入热量的百分比，可以直接定义热效率百分比（Constant），也可以根据热负荷大小定义热效率（LookUpTable）。

② 如果热效率计算方法选择LookUpTable，则必须在EffTable（右击锅炉模块，选择Forms | EffTable）中输入热效率曲线，且至少指定两个点（NeffPoints）。

图5-10　蒸汽透平模块

③ 余热锅炉（Heat Recovery Steam Generator，HRSG）Aspen Utilities Planner中提供的余热锅炉简化模块如图5-11所示。余热锅炉遵循严格的热量平衡和物料平衡，需要三股进料：燃料、空气和水。余热锅炉有三股出口物流：蒸汽、烟道气和排污。余热锅炉模块需要输入的变量及其含义见表5-6。

图5-11 余热锅炉模块

表5-5 蒸汽透平模块所需输入变量及含义

变量	含义
Pout	出口压力
SteamIn（"SteamIn1"）.F	蒸汽流量
EffMethod	效率计算方法（默认是Constant）
ConstEff	指定效率（效率计算方法为Constant时使用）
NEffPoints	效率曲线上的点数（效率方法为LookUpTable时使用）

表5-6 余热锅炉模块所需输入变量及含义

变量	含义
SteamOut（"VHPSteam"）.F	蒸汽流量
Ffuel	燃料总热含量
bd_Rate	排污率
O2out	烟道气含氧量
Pdrop_Gen	蒸汽发生器压降
Pdrop_SH	过热器压降
Tboiler	出口蒸汽温度
Tref	定义效率的参考温度，即效率为100%时的烟道温度
MaxEff	最大效率

④ 减温减压阀（Desuperheater）减温减压阀模块如图5-12所示，用于计算蒸汽减温所需的水量。在使用该模块时，要确保水和蒸汽进料连接到正确的接口。减温减压阀模块需要输入的变量及其含义见表5-7。

图5-12 减温减压阀模块

表5-7 减温减压阀模块所需输入变量及含义

变量	含义
Psout	出口压力
Tsout	出口温度

以上介绍了一些常用的设备模块，除此之外，用户可参考附录D（扫描封底二维码获取）学习其他设备模块。

5.1.3.2 标准变量名

定义各模块所需输入变量的标准名称及其含义见表5-8。

表5-8 标准变量名称及含义

变量	含义	变量	含义
F	流量（燃料是热流量，其他物流是质量流量）	vf	蒸汽气相分率
h	焓	StartUpCost	设备启动成本
P	压力	ShutDownCost	设备关闭成本
T	温度	StartUpTime	设备启动时间

续表

变量	含义	变量	含义
ShutDownTime	设备关闭时间	SI	硫指数
DoOnOff	允许优化器打开/关闭设备单元	CO2	二氧化碳浓度
DoStartStop	启动/停止约束	SOX	含硫氧化物浓度
DoSteamReserve	优化时包括蒸汽备用量	O2	氧气浓度
CI	碳指数	Pout	出口压力
F_mass	燃料质量流量	Tout	出口温度
F_mol	燃料摩尔流量	DelP	压降
MW	分子量	Duty	热负荷
OD	燃料需氧量	Power	功率

5.2 蒸汽动力系统模拟

5.2.1 模拟步骤

初始化物性后，即可开始建立模拟流程，建立模拟流程的一般步骤为：①添加模块；②输入模块数据；③连接模块与物流；④调节变量；⑤运行模拟。

5.2.1.1 添加模块

在模拟流程中添加模块的步骤如下。

（1）选择模块

用户可通过以下两种方式选择单元操作模块：

① 在资源管理器窗口中，选择**Simulation | Libraries | Utilities**，展开Utilities列表选择所需模块，如图5-13所示。

② 从界面主窗口下端的模型选项板中选择所需模块。若模型选项板未显示在界面主窗口上，可单击菜单栏**View**选项卡，执行Model Libraries命令，显示模型选项板，如图5-14所示。

图5-13 选择所需模块

（2）将选中的模块拖动至流程图中

若对模块或物流进行重命名、调整大小、旋转等操作，可以右击模块或物流，在弹出的模块快捷菜单中选择相应的项目。模块快捷菜单如图5-15所示。

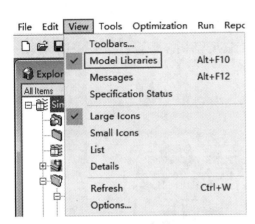

图5-14 显示模型选项板

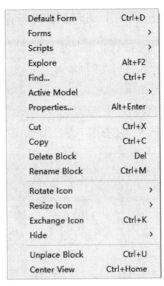

图5-15 模块快捷菜单

5.2.1.2 输入模块数据

用户可以双击模块或物流打开Summary Table窗口输入数据；也可以右击模块，在弹出的菜单中选择 **Forms | Summary**，打开Summary Table窗口输入模块数据，如图5-16所示。

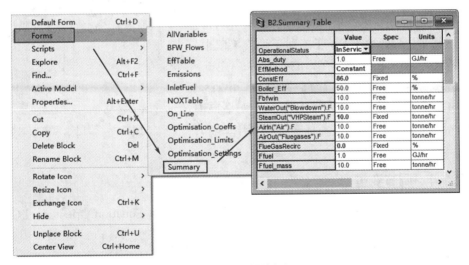

图5-16 输入模块数据

从图5-16可以看出，一个模块在Forms（表单）命令下有以下几种选项：

① AllVariables（所有变量） 包含模块中定义的所有变量。

② Summary（概览） 包含一组常被指定或查看的变量。

③ Optimisation_Limits（优化约束） 允许用户为模块设置强制约束。

有些模块可能还有其他选项，例如可以使用性能曲线来描述模块性能。有关性能曲线和优化约束的详细介绍见5.4.2.2小节。

5.2.1.3 连接模块与物流

Aspen Utilities Planner中有四种接口类型：蒸汽接口（也用于水）、燃料接口、动力接口和空气接口。四种物流类型为：蒸汽（包括水）、燃料、动力和空气（包括烟道气）。物流选项位于模型选项板的左侧，如图5-17所示。物流只能连接到具有相同类型接口的模块上，例如蒸汽物流只能连接到具有蒸汽接口的模块上，当在流程中拖动蒸汽物流时，锅炉模块上只有相同类型的接口亮显出来，如图5-18所示。

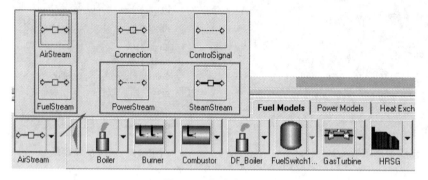

图5-17 物流选项

图5-18 亮显同类型接口

有些模块具有多种接口类型，有些模块只有一种接口类型。单接口只能连接一股物流，而多接口可以连接多股物流。

某些模块可能具有多个相同类型的接口，但各接口功能不同，因此必须将物流连接到正确的接口上。当选择连接具有多个相同类型接口的模块时，例如一股蒸汽连接到蒸汽母管的出口时，将弹出 **Universal Port**（通用接口）对话框，如图5-19所示，对话框中含有三种蒸汽接口，用户需根据具体情况选择正确的接口连接物流。

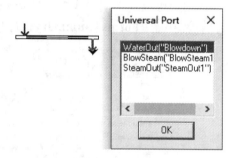

图5-19 弹出通用接口对话框

5.2.1.4 调节变量

Aspen Utilities Planner中的模块计算方法为联立方程法（Equation Oriented，EO），采用该方法，模块里的环境变量类型为固定变量（Fixed）或自由变量（Free），其中自由变量数必须等于模块指定的方程式数。

双击模块打开Summary Table窗口，如图5-20所示，在Summary Table中可修改模拟变量的类型。单击**Spec**列的相应文本框，出现下三角按钮，单击按钮选择Fixed、Free或Initial，如图5-21所示，其中Initial选项仅用于动态模拟，因此本书不再提及。选择Fixed时，变量是输入值，并且在模拟过程中保持不变；选择Free时，变量是输出值，由公式计算确定，模拟或优化完成后，该值将自动更新。

尽管Aspen Utilities Planner允许用户修改物流Summary Table窗口中的变量，但建议仅对模块Summary Table窗口中的变量进行调整。

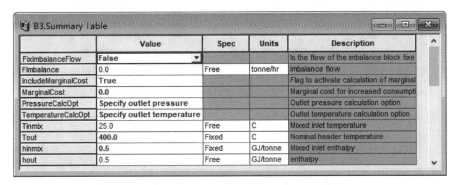

图5-20　Summary Table窗口

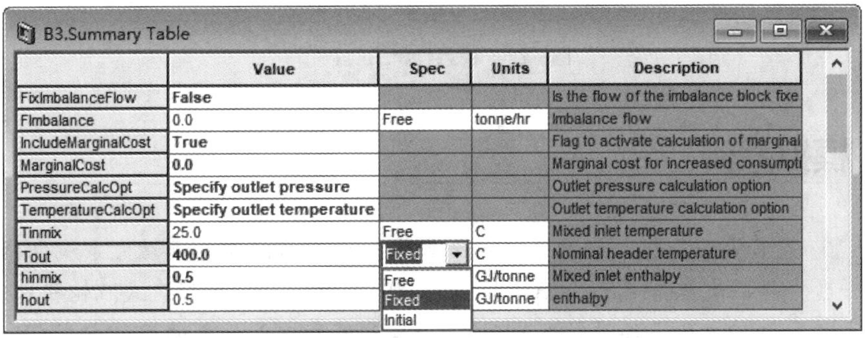

图5-21　指定环境变量类型

为方便用户了解设置多少固定变量可运行模拟，软件底部的状态栏会显示一个指示器。绿色正方形■表示设置的固定变量数正确，红色正三角▲表示设置的固定变量数太多，红色倒三角▼表示设置的固定变量数太少。

规定Fixed和Free必须遵守自由度规则和其他关键要求。更改Fixed和Free，即自由度，可以采取以下准则：

① 当两个模块被一股物流连接时，需将其中一个模块的流量指定为Free以满足自由度。

② 仅将接口流量设置为Fixed。

③ 除非用户清楚了解更改内容的含义，否则只能在相同的变量之间更改Fixed和Free。例如将锅炉蒸汽流量改为Free，为满足自由度，则可以修改其他模块的蒸汽流量为Fixed。

④ 在建立流程图时，保持状态栏的图标为绿色正方形■，并且在满足自由度之前不要连接所有模块。

⑤ 如果以上尝试均失败，则可通过双击状态栏的红色正三角▲图标或红色倒三角▼图标来使用状态分析工具。双击红色正三角▲图标，状态分析工具窗口如图5-22所示。

5.2.1.5　运行模拟

调节变量后，单击工具栏的**Run**（运行）▶按钮，Aspen Utilities Planner将基于模块方程式和输入的固定变量来计算自由变量。用户可以双击模块或物流，在弹出的Summary Table窗口中查看运行结果。

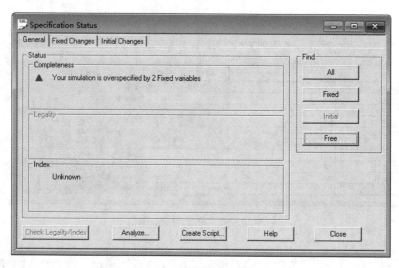

图5-22　状态分析工具窗口

5.2.2　模拟案例

例题讲解

程序源文件

例5.1[4]　某石化企业蒸汽动力系统流程如图5-23所示，该蒸汽动力系统包括一台高压锅炉B1、一台中压锅炉B2、两台背压式汽轮机BT1和BT2、一台凝汽式汽轮机CT、两个减温减压阀Des1和Des2，各设备参数见表5-9。为满足不同工艺设备的运行需求，该系统有不同压力等级的蒸汽母管：高压、中压和低压。各等级蒸汽参数见表5-10。燃料供给Fuel1和Fuel2的燃料低位热值为24000kJ/kg，摩尔质量为16kg/kmol，需氧量为2.5kg/kg。

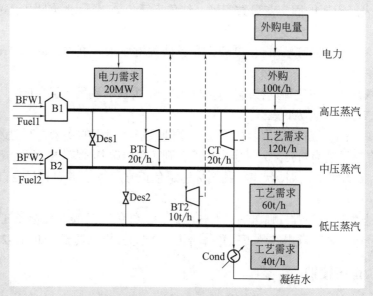

图5-23　蒸汽动力系统流程图

锅炉给水BFW1进入450℃的锅炉B1产生高压蒸汽，产汽量为100t/h。一部分高压蒸汽用于工艺加热；一部分高压蒸汽通过减温减压阀和背压式汽轮机膨胀，送入中压蒸汽母管，背压式汽轮机还可利用蒸汽产生电力；剩余高压蒸汽通过凝汽式汽轮机产电。锅炉给水

BFW2进入350℃的锅炉B2产生中压蒸汽，产汽量为50 t/h。一部分中压蒸汽用于工艺加热；另一部分中压蒸汽通过减温减压阀和背压式汽轮机膨胀，送入低压蒸汽母管。

根据以上信息，利用Aspen Utilities Planner完成该蒸汽动力系统的模拟，确定减温减压阀所需锅炉给水量和系统外购电量。

<table>
<tr><td colspan="3" align="center">表5-9　设备参数</td></tr>
<tr><td>设备</td><td>变量</td><td>数值</td></tr>
<tr><td rowspan="3">B1和B2</td><td>热效率</td><td>90%</td></tr>
<tr><td>烟道气含氧量</td><td>0.05</td></tr>
<tr><td>排污率</td><td>0.03</td></tr>
<tr><td>BT1和BT2</td><td>相对内效率</td><td>80%</td></tr>
<tr><td rowspan="2">CT</td><td>出口压力</td><td>50kPa</td></tr>
<tr><td>相对内效率</td><td>80%</td></tr>
<tr><td>Cond</td><td>压降</td><td>0</td></tr>
</table>

表5-10　各等级蒸汽参数

类型	压力/MPa	温度/℃
高压蒸汽	3.5	420
中压蒸汽	1.0	292
低压蒸汽	0.35	220

本例模拟步骤如下：

启动Aspen Utilities Planner，将文件保存为Example5.1-Simulation of Steam Power System.auf。

（1）添加锅炉

单击 **Fuel Models** 按钮，添加锅炉B1。添加空气Air1、燃料Fuel1、锅炉给水BFW1三个供给模块，如图5-24所示。

单击 **AirStream** 按钮，连接Air1和B1。单击 **AirStream** 右侧下三角按钮，如图5-25所示，选择FuelStream，连接Fuel1和B1。单击 **AirStream** 右侧下三角按钮，选择SteamStream，连接BFW1和B1。各进料物流添加完成后，如图5-26所示。

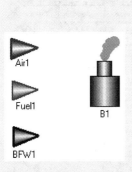

图5-24　添加锅炉B1和供给模块

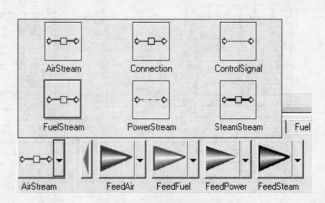

图5-25　选择FuelStream

单击 **SteamStream**，选择B1模块的出口接口，弹出 **Universal Port** 对话框，如图5-27所示，选择SteamOut（"VHPSteam"），单击 **OK** 按钮，在流程显示窗口空白处单击鼠标左键。连接排污和烟道气出口，完成后如图5-28所示。

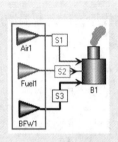

图5-26 添加进料物流

图5-27 Universal Port对话框

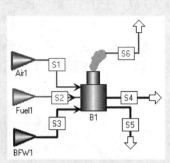

图5-28 连接B1出口物流

分别双击BFW1、Air1、Fuel1和B1模块，打开Summary Table窗口，输入表5-9中的数据，如图5-29所示。

B1.Summary Table

	Value	Spec	Units
OperationalStatus	InServic		
Abs_duty	1.0	Free	GJ/hr
EffMethod	Constant		
ConstEff	90.0	Fixed	%
Boiler_Eff	50.0	Free	%
Fbfwin	10.0	Free	tonne/hr
WaterOut("Blowdown").F	10.0	Free	tonne/hr
SteamOut("VHPSteam").F	100.0	Fixed	tonne/hr
AirIn("Air").F	10.0	Free	tonne/hr
AirOut("Fluegases").F	10.0	Free	tonne/hr
FlueGasRecirc	0.0	Fixed	%
Ffuel	1.0	Free	GJ/hr
Ffuel_mass	10.0	Free	tonne/hr
Ffuel_mol	10.0	Free	kmol/hr
bd_rate	3.0	Fixed	%
Hbfwin	0.5	Free	GJ/tonne
Hblowdown	0.5	Free	GJ/tonne
Hstmout	0.5	Free	GJ/tonne
hair	0.5	Free	GJ/tonne
Hfluegas	0.5	Free	GJ/tonne
O2in	0.5	Free	kg/kg
O2out	0.05	Fixed	kg/kg
Pbfwin	1.0	Free	bar
Pdrop_Gen	0.0	Fixed	bar
Pdrop_SH	0.0	Fixed	bar
Pboiler	1.0	Free	bar
Pstmout	1.0	Free	bar
Tbfwin	100.0	Free	C
Tblowdown	25.0	Free	C
Tboiler	450.0	Fixed	C
Tfluegas	25.0	Free	C
Qloss	0.0	Fixed	GJ/hr
Tref	25.0	Fixed	C
PerFact	1.0	Fixed	
FanPower	10.0	Free	MW
FanCoeffB	0.0031	Fixed	
FanCoeffC	0.17	Fixed	

Air1.Summary Table

	Value	Spec	Units
SpecifyAirFlow	False		
AirOut("AirOut1").F	10.0	Free	tonne/hr
AirOut("AirOut1").F_vol	1.0	Free	m3/hr
AirDensity	1.225	Fixed	kg/m3
SpecifyTemperature	True		
Tout	25.0	Fixed	C
Hout	0.5	Free	GJ/tonne
CO2	0.0	Fixed	kg/kg
NOX	0.0	Fixed	kg/kg
SOX	0.0	Fixed	kg/kg
O2	0.23	Fixed	kg/kg

BFW1.Summary Table

	Value	Spec	Units
IsWaterMakeup	False		
SpecifySteamFlow	False		
FlashSpec	TP		
SteamOut(*).F			
SteamOut("SteamOut1").F	10.0	Free	tonne/hr
Pout	3500.0	Fixed	kPa
Tout	100.0	Fixed	C
hout	0.5	Free	GJ/tonne
VFout	0.5	Free	kmol/kmol

Fuel1.Summary Table

	Value	Spec	Units
SpecifyFuelFlow	False		
CalculatePropsFromComp	No		
FuelOut(*).F			
FuelOut("FuelOut1").F	1.0	Free	GJ/hr
Fmass_out	10.0	Free	tonne/hr
Fmol_out	10.0	Free	kmol/hr
MWout	16.0	Fixed	kg/kmol
CVout	24.0	Fixed	GJ/tonne
CI	0.0	Fixed	
NI	0.0	Fixed	
SI	0.0	Fixed	
OD	2.5	Fixed	

图5-29 输入参数

运行模拟，查看模拟结果可知，锅炉B1排污量为3.09278t/h，所需燃料为13.5884t/h，所需空气为192.503t/h，如图5-30所示。

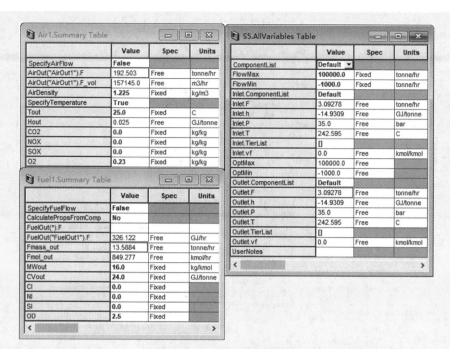

图5-30 查看B1相关模拟结果

（2）添加高压蒸汽母管

单击**Headers**按钮，选择SteamHeader，添加高压蒸汽母管HPheader，如图5-31所示。单击**Feeds**按钮，选择FeedSteam，添加蒸汽供给HPgen；单击**Demands**按钮，选择DemandSteam，添加蒸汽需求HPuse，完成后如图5-32所示。为方便接下来连接模块与物流，右击HPgen，选择Rotate Icon | Flip Left/Right，将HPgen模块水平翻转180°，如图5-33所示。

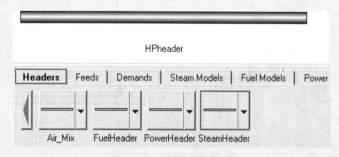

图5-31 添加HPheader

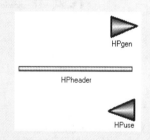

图5-32 添加HPgen和HPuse

在流程中依次连接HPgen与HPheader，HPheader的SteamOut（"SteamOut1"）与HPuse，以及物流S4与HPheader。物流S4与HPheader的连接如图5-34所示，右击S4，执行Reconnect Destination命令，单击HPheader亮显箭头。接下来为HPheader添加出口物流S9，如图5-35所示，S9表示来自HPheader且未使用的高压蒸汽，接口类型选择SteamOut（"SteamOut1"）。

输入HPgen和HPuse参数，如图5-36所示。输入HPheader参数，如图5-37所示，为确保母管中质量守恒，必须打开FiximbalanceFlow，即选择True，并将Fimbalance设置为0。

运行模拟以获得HPheader的初始值。

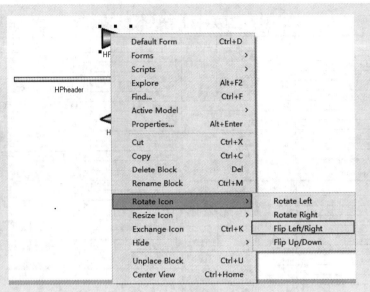

图5-33　水平翻转HPgen

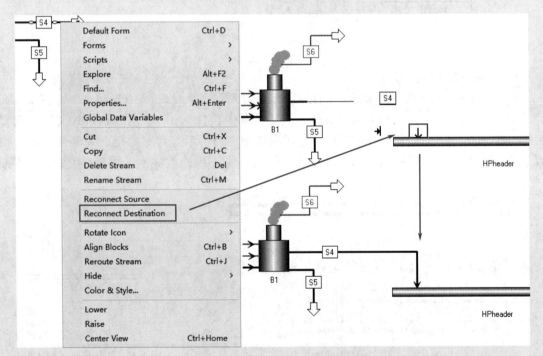

图5-34　连接物流S4与HPheader

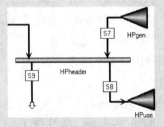

图5-35　添加出口物流S9

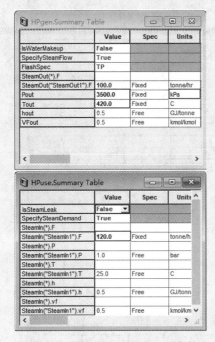

图5-36　输入HPgen和HPuse参数

图5-37　输入HPheader参数

（3）添加凝汽式汽轮机和冷凝器

单击**Steam Models**按钮，选择Stm_Turb，添加凝汽式汽轮机CT。单击Heat Exchangers按钮，选择Condenser，添加冷凝器Cond。

为HPheader添加出口物流S10，接口类型选择SteamOut（"SteamOut1"），连接S10至CT入口。将CT出口蒸汽流连接到Cond的入口连接接口，为Cond添加出口蒸汽流。物流连接完成后如图5-38所示。

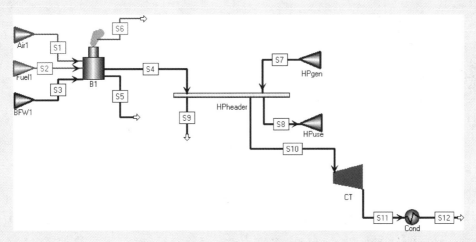

图5-38　添加CT和Cond

输入CT和Cond参数，如图5-39所示。

运行模拟，查看模拟结果可知，HPheader中的热损失为6.88086GJ/h，未使用的高压蒸汽为60.0t/h，如图5-40所示。

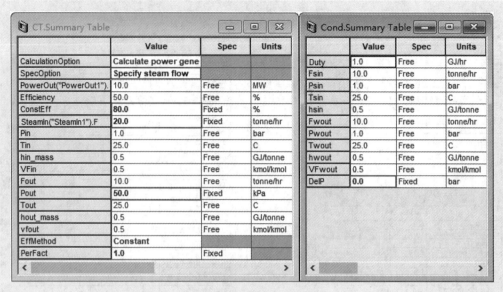

图5-39   输入CT和Cond参数

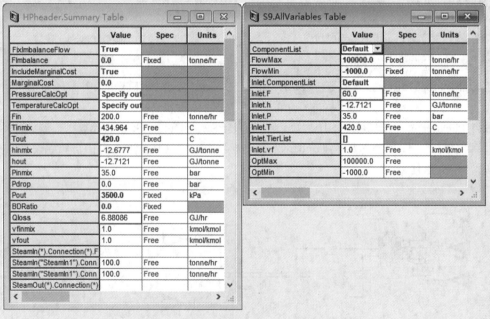

图5-40   查看热损失和未使用的高压蒸汽量

（4）添加中压蒸汽母管、减温减压阀和背压式汽轮机

单击**Steam Models**按钮，选择Desuperheater，添加减温减压阀Des1；选择Stm_Turb，添加背压式汽轮机BT1。将HPheader出口蒸汽S9与BT1入口连接。从HPheader创建出口蒸汽，将其连接至Des1的入口SteamIn（"SteamIn1"）。

由于高压蒸汽温度远高于中压蒸汽温度，因此高压蒸汽不能从减温减压阀直接进入中压蒸汽母管，需要注入锅炉给水BFW1至Des1，用于降低流经减温减压阀的高压蒸汽的温度。添加锅炉给水母管BFW1header，其作用相当于分流器。将锅炉给水母管出口物流WaterOut（"Blowdown"）与Des1入口连接，如图5-41所示。

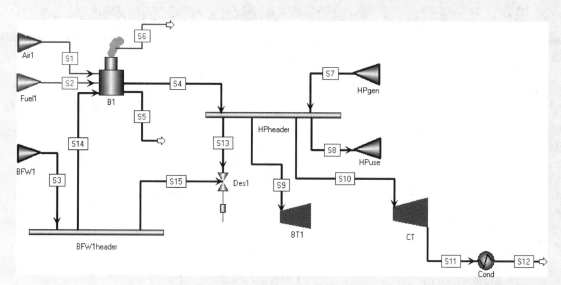

图5-41 为Des1注入锅炉给水

　　添加中压蒸汽母管MPheader，其添加方式与高压蒸汽母管相同，并添加蒸汽需求MPuse，连接MPheader与MPuse，如图5-42所示。将Des1出口连接至MPheader入口。为MPheader添加出口物流SteamOut（"SteamOut1"），出口物流代表来自MPheader未使用的中压蒸汽。

图5-42 连接MPheader和MPuse

　　输入Des1、MPuse和BT1参数，如图5-43所示。输入MPheader和BFW1header参数，如图5-44所示。

Des1.Summary Table

	Value	Spec	Units
SteamIn("SteamIn1").F	10.0	Free	tonne/hr
Psin	1.0	Free	bar
Tsin	25.0	Free	C
hsin	0.5	Free	GJ/tonne
Fwin	10.0	Free	tonne/hr
Pwin	1.0	Free	bar
Twin	25.0	Free	C
hwin	0.5	Free	GJ/tonne
SteamOut("SteamOut1").F	10.0	Free	tonne/hr
Psout	1000.0	Fixed	kPa
Tsout	292.0	Fixed	C
hsout	0.5	Free	GJ/tonne
VFsout	0.5	Free	kmol/kmol

BT1.Summary Table

	Value	Spec	Units
CalculationOption	Calculat ▼		
SpecOption	Specify ste		
PowerOut("PowerOut1").Po	10.0	Free	MW
Efficiency	50.0	Free	%
ConstEff	80.0	Fixed	%
SteamIn("SteamIn1").F	20.0	Fixed	tonne/hr
Pin	1.0	Free	bar
Tin	25.0	Free	C
hin_mass	0.5	Free	GJ/tonne
VFin	0.5	Free	kmol/kmol
Fout	10.0	Free	tonne/hr
Pout	1000.0	Fixed	kPa
Tout	25.0	Free	C
hout_mass	0.5	Free	GJ/tonne
vfout	0.5	Free	kmol/kmol
EffMethod	Constant		
PerFact	1.0	Fixed	

MPuse.Summary Table

	Value	Spec	Units
IsSteamLeak	False		
SpecifySteamDemand	True		
SteamIn(*).F			
SteamIn("SteamIn1").F	60.0	Fixed	tonne/hr
SteamIn(*).P			
SteamIn("SteamIn1").P	1.0	Free	bar
SteamIn(*).T			
SteamIn("SteamIn1").T	25.0	Free	C
SteamIn(*).h			
SteamIn("SteamIn1").h	0.5	Free	GJ/tonne
SteamIn(*).vf			

图5-43 输入Des1、MPuse和BT1参数

	Value	Spec	Units
FixImbalanceFlow	True		
FImbalance	0.0	Fixed	tonne/hr
IncludeMarginalCost	True		
MarginalCost	0.0		
PressureCalcOpt	Specify out		
TemperatureCalcOpt	Specify out		
Fin	10.0	Free	tonne/hr
Tinmix	25.0	Free	C
Tout	292.0	Fixed	C
hinmix	0.5	Free	GJ/tonne
hout	0.5	Free	GJ/tonne
Pinmix	1.0	Free	bar
Pdrop	0.01	Free	bar
Pout	1000.0	Fixed	kPa
BDRatio	0.0	Fixed	
Qloss	1.0	Free	GJ/hr
vfinmix	0.5	Free	kmol/kmol
vfout	0.5	Free	kmol/kmol
SteamIn(*).Connection(*).F			
SteamIn("SteamIn1").Connec	10.0	Free	tonne/hr
SteamIn("SteamIn1").Connec	10.0	Free	tonne/hr
SteamOut(*).Connection(*).F			
SteamOut("SteamOut1").Con	10.0	Free	tonne/hr
SteamOut("SteamOut1").Con	10.0	Free	tonne/hr
BlowSteam(*).			
BlowSteam("BlowSteam1").	0.0	Fixed	tonne/hr

	Value	Spec	Units
FixImbalanceFlow	True		
FImbalance	0.0	Fixed	tonne/hr
IncludeMarginalCost	True		
MarginalCost	0.0		
PressureCalcOpt	Specify out		
TemperatureCalcOpt	Specify out		
Fin	10.0	Free	tonne/hr
Tinmix	25.0	Free	C
Tout	100.0	Fixed	C
hinmix	0.5	Free	GJ/tonne
hout	0.5	Free	GJ/tonne
Pinmix	1.0	Free	bar
Pdrop	0.01	Free	bar
Pout	3500.0	Fixed	kPa
BDRatio	0.0	Fixed	
Qloss	1.0	Free	GJ/hr
vfinmix	0.5	Free	kmol/kmol
vfout	0.5	Free	kmol/kmol
SteamIn(*).Connection(*).F			
SteamIn("SteamIn1").Connec	10.0	Free	tonne/hr
SteamOut(*).Connection(*).F			
SteamOut("SteamOut1").Con	10.0	Free	tonne/hr
SteamOut("SteamOut1").Con	10.0	Free	tonne/hr
BlowSteam(*).F			
BlowSteam("BlowSteam1").	0.0	Fixed	tonne/hr
WaterOut(*).F			

图5-44　输入MPheader和BFW1header参数

（5）添加剩余模块和物流
添加流程中所需的其他模块和物流，完成后如图5-45所示。

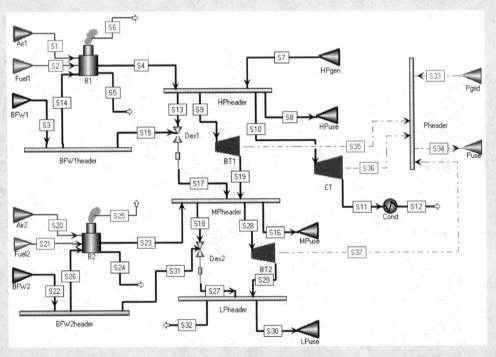

图5-45　添加剩余模块和物流

输入模块和物流参数，Air2、Fuel2和BFW2参数如图5-46所示；B2和LPheader参数如图5-47所示；BT2、Des2和LPuse参数如图5-48所示；Pgrid和Puse参数如图5-49所示。

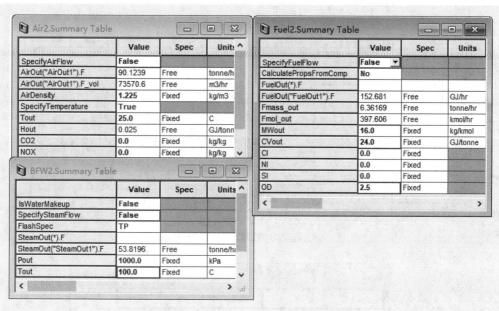

Air2.Summary Table

	Value	Spec	Units
SpecifyAirFlow	False		
AirOut("AirOut1").F	90.1239	Free	tonne/h
AirOut(*).F_vol	73570.6	Free	m3/hr
AirDensity	1.225	Fixed	kg/m3
SpecifyTemperature	True		
Tout	25.0	Fixed	C
Hout	0.025	Free	GJ/tonn
CO2	0.0	Fixed	kg/kg
NOX	0.0	Fixed	kg/kg

Fuel2.Summary Table

	Value	Spec	Units
SpecifyFuelFlow	False ▾		
CalculatePropsFromComp	No		
FuelOut(*).F			
FuelOut("FuelOut1").F	152.681	Free	GJ/hr
Fmass_out	6.36169	Free	tonne/hr
Fmol_out	397.606	Free	kmol/hr
MWout	16.0	Fixed	kg/kmol
CVout	24.0	Fixed	GJ/tonne
CI	0.0	Fixed	
NI	0.0	Fixed	
SI	0.0	Fixed	
OD	2.5	Fixed	

BFW2.Summary Table

	Value	Spec	Units
IsWaterMakeup	False		
SpecifySteamFlow	False		
FlashSpec	TP		
SteamOut(*).F			
SteamOut("SteamOut1").F	53.8196	Free	tonne/h
Pout	1000.0	Fixed	kPa
Tout	100.0	Fixed	C

图5-46　输入Air2、Fuel2和BFW2参数

B2.Summary Table

	Value	Spec	Units
OperationalStatus	In Servic ▾		
Abs_duty	137.412	Free	GJ/hr
EffMethod	Constant		
ConstEff	90.0	Fixed	%
Boiler_Eff	90.0	Free	%
Fbfwin	51.5464	Free	tonne/hr
WaterOut("Blowdown").F	1.54639	Free	tonne/hr
SteamOut("VHPSteam").F	50.0	Fixed	tonne/hr
AirIn("Air").F	90.1239	Free	tonne/hr
AirOut("Fluegases").F	96.4856	Free	tonne/hr
FlueGasRecirc	0.0	Fixed	%
Ffuel	152.681	Free	GJ/hr
Ffuel_mass	6.36169	Free	tonne/hr
Ffuel_mol	397.606	Free	kmol/hr
bd_rate	3.0	Fixed	%
Hbfwin	-15.5608	Free	GJ/tonne
Hblowdown	-15.2177	Free	GJ/tonne
Hstmout	-12.8232	Free	GJ/tonne
hair	0.025	Free	GJ/tonne
Hfluegas	0.181593	Free	GJ/tonne
O2in	0.23	Free	kg/kg
O2out	0.05	Fixed	kg/kg
Pbfwin	10.0	Free	bar
Pdrop_Gen	0.0	Fixed	bar
Pdrop_SH	0.0	Fixed	bar
Pboiler	10.0	Free	bar
Pstmout	10.0	Free	bar
Tbfwin	100.0	Free	C
Tblowdown	179.916	Free	C
Tboiler	350.0	Fixed	C
Tfluegas	181.593	Free	C
Qloss	0.0	Fixed	GJ/hr
Tref	25.0	Fixed	C
PerFact	1.0	Fixed	
FanPower	0.449384	Free	MW

LPheader.Summary Table

	Value	Spec	Units
FixImbalanceFlow	True		
FImbalance	0.0	Fixed	tonne/hr
IncludeMarginalCost	True		
MarginalCost	0.0		
PressureCalcOpt	Specify out		
TemperatureCalcOpt	Specify out		
Fin	55.8733	Free	tonne/hr
Tinmix	214.804	Free	C
Tout	220.0	Fixed	C
hinmix	-13.0873	Free	GJ/tonne
hout	-13.0766	Free	GJ/tonne
Pinmix	3.5	Free	bar
Pdrop	0.0	Free	bar
Pout	350.0	Fixed	kPa
BDRatio	0.0	Fixed	
Qloss	-0.597424	Free	GJ/hr
vfinmix	1.0	Free	kmol/kmol
vfout	1.0	Free	kmol/kmol
SteamIn(*).Connection(*).F			
SteamIn("SteamIn1").Connec	45.8733	Free	tonne/hr
SteamIn("SteamIn1").Connec	10.0	Free	tonne/hr
SteamOut(*).Connection(*).F			
SteamOut("SteamOut1").Con	40.0	Free	tonne/hr
SteamOut("SteamOut1").Con	15.8733	Free	tonne/hr
BlowSteam(*).F			
BlowSteam("BlowSteam1").	0.0	Fixed	tonne/hr
WaterOut(*).F			
WaterOut("Blowdown").F	0.0	Free	tonne/hr
SteamIn(*).Connection(*).T			
SteamIn("SteamIn1").Connec	220.0	Free	C
SteamIn("SteamIn1").Connec	191.109	Free	C
SteamOut(*).Connection(*).T			
SteamOut("SteamOut1").Con	220.0	Free	C
SteamOut("SteamOut1").Con	220.0	Free	C
SteamIn(*).Connection(*).P			

图5-47　输入B2和LPheader参数

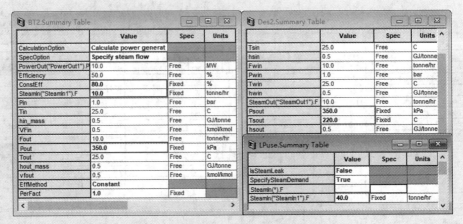

图5-48　输入BT2、Des2和LPuse参数

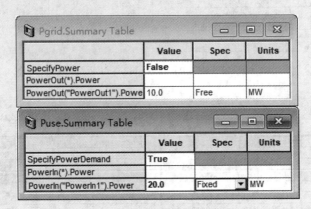

图5-49　输入Pgrid和Puse参数

运行模拟，查看模拟结果可知：

① 锅炉向高压蒸汽母管提供100.0t/h的过热蒸汽，高压蒸汽经减温减压后，输送43.6001t/h的蒸汽至中压蒸汽母管，高压蒸汽降温所需锅炉给水量为3.60009t/h，如图5-50所示。

② 锅炉向中压蒸汽母管提供50.0t/h的过热蒸汽，中压蒸汽经减温减压后，输送45.8733t/h的蒸汽至低压蒸汽母管，中压蒸汽降温所需锅炉给水量为2.27324t/h，如图5-51所示。

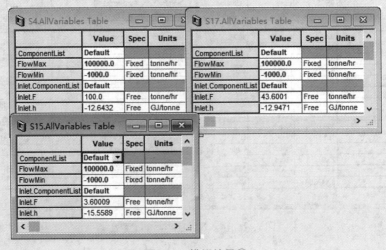

图5-50　模拟结果①

③ 低压蒸汽母管排出 15.8733t/h 蒸汽，如图 5-52 所示。

④ BT1 发电量为 1.48712MW，BT2 发电量为 0.525729MW，CT 发电量为 3.84846MW，从外界购入电量 14.1387MW，满足 20MW 的电力需求，如图 5-53 所示。

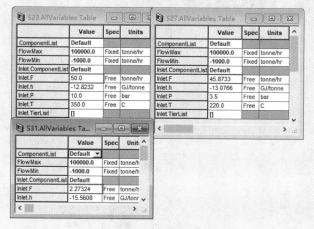

图5-51　模拟结果②

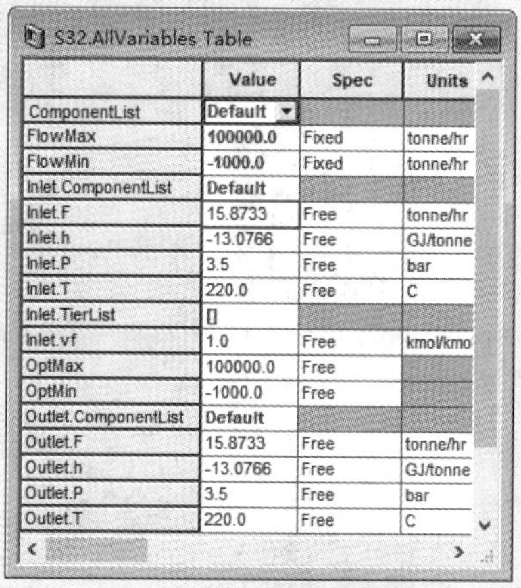

图5-52　模拟结果③

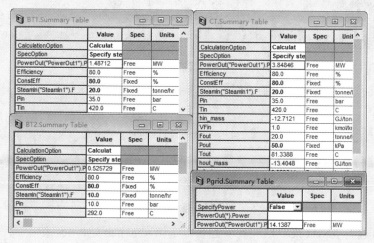

图5-53　模拟结果④

5.3　Microsoft Excel 界面

用户可以在 Microsoft Excel 中查看 Aspen Utilities Planner 运行结果，本节将介绍 Aspen Utilities Planner-Microsoft Excel 界面的使用。

5.3.1　安装加载项

首先在 Excel 中安装 Aspen Utilities Planner 加载项。

启动 Excel，进入**文件|选项|加载项|转到**，如图 5-54 所示，单击"**浏览**"按钮查找文件"Utilities350.xla"，该文件位于 Aspen Utilities Planner 安装目录下的 bin 文件夹 [默认位置 C：\

Program Files\AspenTech（x86）\Aspen Utilities Planner V9.0\bin］，单击"**确定**"按钮。

图5-54 选择加载项文件

如果之前安装了该加载项，则会弹出对话框，如图5-55所示，询问是否替换该文件，单击"**是**"。

图5-55 询问对话框

安装加载项后，Excel菜单栏加载项选项卡中出现Aspen Utilities菜单项，如图5-56所示，此菜单所含命令及其含义说明见表5-11。

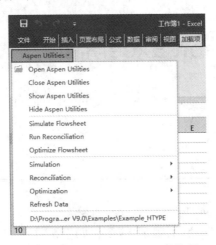

图5-56 显示Aspen Utilities菜单项

表 5-11 Aspen Utilities 菜单命令及含义说明

命令	含义	说明
Open Aspen Utilities	打开 Aspen Utilities 文件	用于浏览并选择 Aspen Utilities Planner 文件（扩展名为 .auf 的文件）
Close Aspen Utilities	关闭 Aspen Utilities 文件	用于关闭 Aspen Utilities Planner 软件
Show Aspen Utilities	显示 Aspen Utilities 界面	使 Aspen Utilities Planner 软件界面可见。默认情况下，在 Excel 中打开 Aspen Utilities 文件时，Aspen Utilities Planner 软件在后台运行
Hide Aspen Utilities	隐藏 Aspen Utilities 界面	允许用户隐藏 Aspen Utilities Planner 软件界面
Simulate Flowsheet	模拟流程	此选项功能与 Aspen Utilities Planner 的运行模拟相同，但有两个重要的附加功能：模拟运行前，变量值将从 Excel 发送到 Aspen Utilities Planner；运行完成后，Excel 从 Aspen Utilities Planner 获取最新值
Run Reconciliation	校正数据	在 Excel 中运行校正数据
Optimize Flowsheet	优化流程	与模拟相同，在优化之前，变量值从 Excel 发送到 Aspen Utilities Planner；优化完成后，Excel 从 Aspen Utilities Planner 获取最新值
Simulation	模拟	a. Load Simulation Links（加载模拟链接） 加载 Simulation Links（模拟链接）命令栏并生成 Simulation Links 工作表 b. Send Values（发送值） 此选项检索 Simulation Links 工作表中的变量值，并将其发送到 Aspen Utilities Planner c. Get Latest Values（获取最新值） 用户在 Simulation Links 工作表中选择变量，此选项从 Aspen Utilities Planner 获取该变量的最新值
Reconciliation	校正	a. Load Reconciliation（加载校正） 加载校正栏并生成校正工作表 b. Get Latest Values（获取最新值） 用户在 Simulation Links 工作表中选择变量，此选项从 Aspen Utilities Planner 中检索该变量的最新值
Optimization	优化	a. Get Optimization Results（获取优化结果） 优化完成后，Simulation Links 工作表中显示的结果仅适用于第一周期。要查看其他周期的结果，需选择此菜单项并输入所需的周期，流程将重新模拟，并显示该周期的结果 b. Editors…（编辑） 显示配置文件编辑器和费用编辑器
Refresh Data	更新数据	更新电子表格中显示的数据

除以上命令外，在 Aspen Utilities 菜单项底部含有最近打开的 Aspen Utilities 文件列表，如图 5-56 所示，最近打开的文件为 Example_HTYPE.auf。

5.3.2 在 Excel 中运行模拟

5.3.2.1 创建模拟链接工作表

模拟链接（Simulation Links）用于在 Excel 和 Aspen Utilities Planner（.auf 文件）之间创建链接，用户可通过选择菜单项 **Aspen Utilities | Simulation | Load Simulation Links** 加载模拟链接工作表，如图 5-57 所示。选择后弹出如图 5-58 所示的对话框，单击"**是**"，创建工作表后如图 5-59 所示。图 5-59 中显示的模拟链接工作表由两部分组成：左侧 Send Values to Aspen Utilities 用于向 Aspen Utilities Planner 发送数据；右侧 Retrieve latest values from Aspen Utilities 用于从 Aspen Utilities Planner 获取数据。

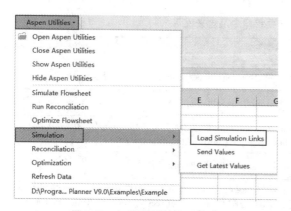

图5-57　加载模拟链接工作表

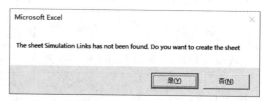

图5-58　询问是否创建工作表

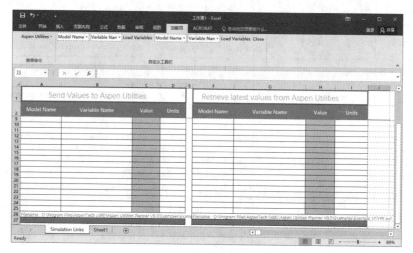

图5-59　模拟链接工作表

　　所有信息都保存在Excel表格中，如果用户以某些方式（如重命名模块、删除模块、删除变量以更改模块等）更改Aspen Utilities Planner文件，则某些链接可能会失效，并且在下次打开Excel表格时这些单元格会以灰色突出显示。如图5-60所示，灰色突出显示表示当前打开的Aspen Utilities Planner模拟链接中的模块或变量不存在。

Model Name	Variable Name	Value	Units
B1	SteamOut("VHPSteam").F		t/h
B1	Ffuel_mass		t/h
B1	AirIn("Air").F		t/h
B1	WaterIn("BFW").Connection("S14").F		t/h
Cond	WaterOut("WaterOut1").F		t/h
Pgrid	PowerOut("PowerOut1").Power	14.13869197	MW
LPheader	SteamOut("SteamOut1").Connection("S32").F		t/h
Des1	WaterIn("WaterIn1").F		t/h
Des1	SteamOut("SteamOut1").F		t/h
CT	PowerOut("PowerOut1").Power	3.848457603	MW
BT1	PowerOut("PowerOut1").Power	1.48712139	MW
BT2	PowerOut("PowerOut1").Power	0.525729037	MW
B2	AirIn("Air").F		t/h
B2	Ffuel_mass		t/h
B2	WaterIn("BFW").Connection("S26").F		t/h
B2	SteamOut("VHPSteam").F		t/h
Des2	WaterIn("WaterIn1").F		t/h
Des2	SteamOut("SteamOut1").F		t/h
B1	WaterOut("Blowdown").F		t/h
B2	WaterOut("Blowdown").F		t/h

图5-60　亮显无效链接

5.3.2.2 配置模块与变量

配置模块与变量用于发送数据至Aspen Utilities Planner，以及从Aspen Utilities Planner获取数据。

（1）发送数据至Aspen Utilities Planner

单击左侧**Model Names**（模型名称）列表框的下三角按钮，显示流程图中的所有Block Names（模块名称）；选择所需模块，将该模块的名称添加至Send Values to Aspen Utilities侧的第一列；单击**Load Variables**（加载变量），如图5-61所示。

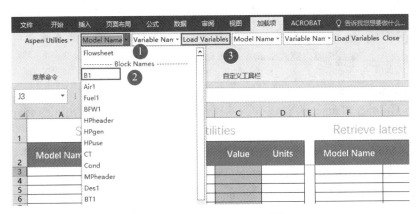

图5-61 在左侧选择所需模块

Variable Name（变量名称）下拉列表框显示与所选模块相关联的所有变量，如图5-62所示，选择所需变量，将变量名称插入到模块名称的右侧单元格内。

图5-62 在左侧选择所需变量

在Value（值）列的单元格中输入数值。默认情况下，用户输入的值必须使用Aspen Utilities Planner当前定义的计量单位。

重复以上步骤，直到所有输入变量选择完毕。

以例5.1的模拟文件为基础，在Excel工作表Send Values to Aspen Utilities侧输入数据，如图5-63所示。

Send Values to Aspen Utilities			
Model Name	Variable Name	Value	Units
B1	SteamOut("VHPSteam").F	100	t/h
Puse	PowerIn("PowerIn1").Power	20	MW
HPgen	SteamOut("SteamOut1").F	100	t/h
HPuse	SteamIn("SteamIn1").F	120	t/h
B2	SteamOut("VHPSteam").F	50	t/h
MPuse	SteamIn("SteamIn1").F	60	t/h
LPuse	SteamIn("SteamIn1").F	40	t/h
BT1	SteamIn("SteamIn1").F	20	t/h
BT2	SteamIn("SteamIn1").F	10	t/h
CT	SteamIn("SteamIn1").F	20	t/h
Cond	DelP	0	kPa

图5-63　完成Send Values to Aspen Utilities侧数据输入

（2）从Aspen Utilities Planner获取数据

从Aspen Utilities Planner获取数据的步骤与发送数据至Aspen Utilities Planner的步骤相似，具体如下：

单击右侧**Model Names**列表框的下三角按钮，显示流程图中的所有模块名称；选择所需模块，该模块名称将被添加到Retrieve latest values from Aspen Utilities侧的第一列；单击**Load Variables**（加载变量），Variable Name（变量名称）下拉列表框显示与所选模块相关联的所有变量，选择所需变量，将变量名称插入到工作表中模块名称的右侧，如图5-64所示。

以例5.1的模拟文件为基础，在Excel工作表Retrieve latest values from Aspen Utilities侧获取数据，如图5-65所示。

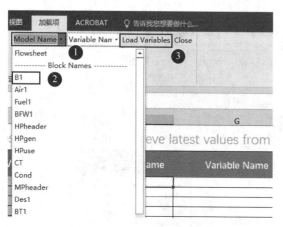

图5-64　在右侧选择所需模块

Retrieve latest values from Aspen Utilities			
Model Name	Variable Name	Value	Units
B1	SteamOut("VHPSteam").F	100	t/h
B1	Ffuel_mass	13.58842652	t/h
B1	AirIn("Air").F	192.5027091	t/h
B1	WaterIn("BFW").Connection("S14").F	103.0927835	t/h
Cond	WaterOut("WaterOut").F	20	t/h
Pgrid	PowerOut("PowerOut1").Power	14.13869197	MW
LPheader	SteamOut("SteamOut1").Connection("	15.87332408	t/h
Des1	WaterIn("WaterIn1").F	3.600087921	t/h
Des1	SteamOut("SteamOut1").F	43.60008792	t/h
CT	PowerOut("PowerOut1").Power	3.848457603	MW
BT1	PowerOut("PowerOut1").Power	1.48712139	MW
BT2	PowerOut("PowerOut1").Power	0.525729037	MW
B2	AirIn("Air").F	90.12392513	t/h
B2	Ffuel_mass	6.361688832	t/h
B2	WaterIn("BFW").Connection("S26").F	51.54639175	t/h
B2	SteamOut("VHPSteam").F	50	t/h
Des2	WaterIn("WaterIn1").F	2.273236157	t/h
Des2	SteamOut("SteamOut1").F	45.87332408	t/h
B1	WaterOut("Blowdown").F	3.092783505	t/h
B2	WaterOut("Blowdown").F	1.546391753	t/h

图5-65　完成Retrieve latest values from Aspen Utilities侧数据获取

5.3.2.3　映射变量值

添加一个空白工作表，重命名为**Flowsheet**，使用Excel的插入工具绘制例5.1中的流程图，如图5-66所示。

将鼠标光标放在需要映射到模拟链接的单元格上，在该单元格中输入"="，如图5-67所示，选择Air1流量单元格E9。切换到Simulation Links工作表，选择右侧Value列中对应的 Air1流量值，单元格为H2，按**Enter**键，Excel将链接两个工作表中的单元格。

重复以上步骤，直到所有Simulation Links的变量值都已映射到Excel流程图中。当更改 Simulation Links工作表中的变量值时，选择Get Latest Values或执行流程的模拟与优化，流 程图中的单元格值会随之更改。

映射变量值后的流程如图5-68所示，Excel文件保存为Example5.1- Simulation of Steam Power System.xlsx。

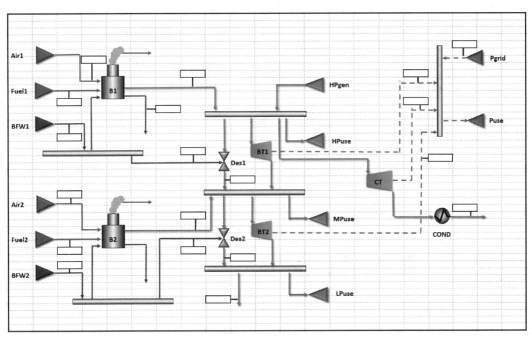

图5-66　绘制流程图

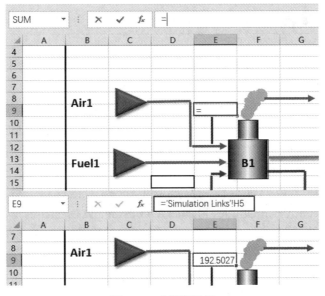

图5-67　映射变量值

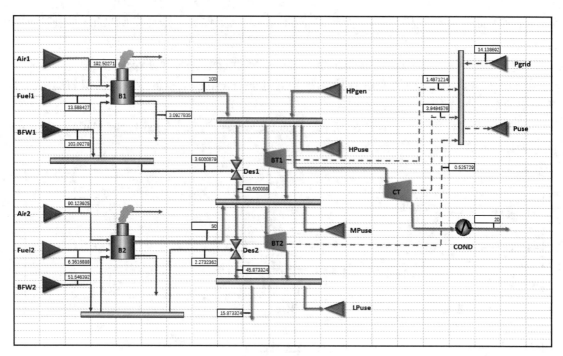

图5-68　映射变量值后的流程图

5.4　蒸汽动力系统优化

在Aspen Utilities Planner中，使用数据编辑器（Data Editors）可对蒸汽动力系统进行优化。蒸汽动力系统优化以模拟结果为基础，优化时需要设置优化约束和公用工程价格，优化的目的是最小化运行成本。

5.4.1　数据编辑器

Aspen Utilities Planner有三种基本类型的数据输入：公用工程需求、设备可用性和公用工程价格。公用工程需求是公用工程系统必须提供的各公用工程（如高压蒸汽、低压蒸汽等）用量，设备可用性定义了公用工程系统设备的可用性。在配置文件编辑器（Profiles Editor）中输入公用工程需求和设备可用性，在费用编辑器（Tariff Editor）中输入公用工程价格。Aspen Utilities Planner中除了以上两个编辑器，还有一个需求预测编辑器（Demand Forecasting Editor, DFE），可以根据工厂的处理量和运行条件计算公用工程需求。

默认情况下，所有数据都存储在Microsoft Access数据库中，数据库文件位于C：\ProgramData\AspenTech\Aspen Utilities Planner V9.0\Example Databases，各数据编辑器与其相应的数据库之间的关系如图5-69所示。配置文件数据存储在ProfileData.mdb，费用数据存储在TariffData.mdb，需求预测数据存储在DemandData.mdb。除了这三个数据库之外，Aspen Utilities Planner还使用第四个数据库Interface.mdb，它是内部数据库，用于收集和保存来自其他数据库的数据，并存储优化结果。

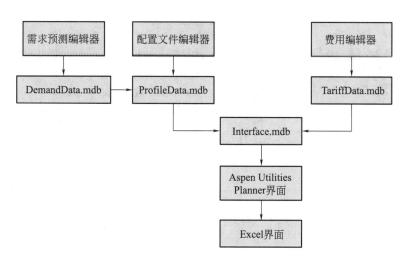

图5-69 数据编辑器与数据库的关系

5.4.1.1 配置文件编辑器

配置文件编辑器用于输入数据，以满足公用工程需求和设备可用性。配置文件数据按工况分组，每个工况都包含设备可用性配置文件、公用工程需求配置文件和周期集合。周期集合包含任意多个时间段，每个时间段都有各自的开始时间和结束时间。名为case1工况的配置文件编辑器界面如图5-70所示。

（1）需求配置文件（Demand Profile）

用户可通过单击菜单栏**Optimization**选项卡，执行Editors命令，如图5-71所示。启动编辑器，如图5-72所示，显示需求配置文件，用户可通过单选按钮在View demand profile（查看需求配置文件）和View availability profile（查看可用性配置文件）之间切换。

用户可以输入需求配置文件内相关项目的最小值和最大值以及单位，需求配置文件包括的内容及其含义说明见表5-12。

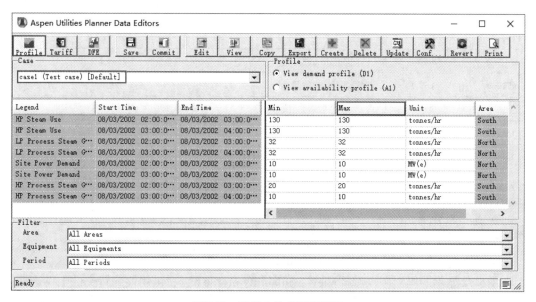

图5-70 配置文件编辑器界面

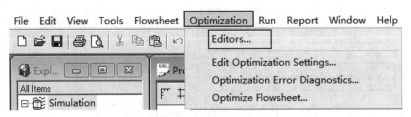

图5-71　执行Editors命令

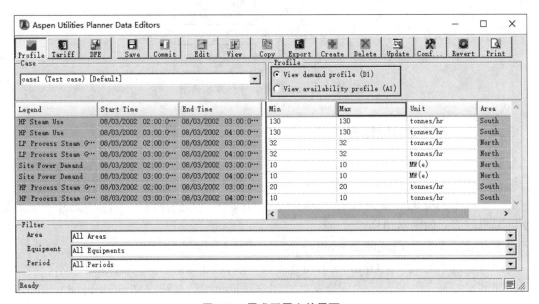

图5-72　需求配置文件界面

表5-12　需求配置文件的内容及含义说明

内容	含义	说明
Legend	说明	数据说明
Start Time	开始时间	时间段的开始时间
End Time	结束时间	时间段的结束时间
Min	最小	范围区间内的最小值
Max	最大	范围区间内的最大值
Unit	单位	用户可以通过双击Unit字段对其进行更改
Area	区域	用于将工艺过程分组。对于多过程案例，区域尤其有用，因为各过程单元通常位于不同的地理位置（南、北等）

注：用户无法使用编辑器更改说明、开始时间和结束时间，但可以在需求数据库（demand database）和配置文件数据库（profile database）中设置时间。

（2）可用性配置文件（Availability Profiles）

在图5-72显示的界面中，选择View availability profile（查看可用性配置文件）单选按钮，进入可用性配置文件界面，如图5-73所示。

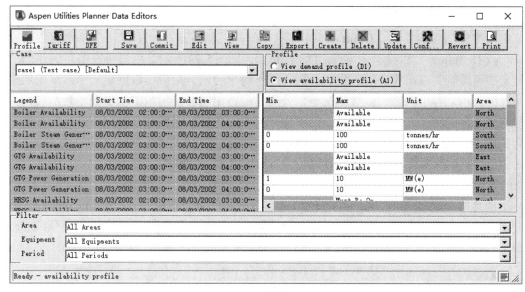

图5-73　可用性配置文件界面

可用性配置文件允许用户定义设备可用性（打开或关闭设备），并设置设备约束。设备约束在Aspen Utilities Planner模块中定义，在可用性配置文件中进一步完善。例如，锅炉的最大产汽量为200t/h，调节比为25%。在Aspen Utilities Planner模块定义中，按以下方式设置优化范围：MinStmFlow（最小蒸汽流量）=50t/h，MaxStmFlow（最大蒸汽流量）=200t/h。若由于某种原因，锅炉的最大产汽量限制在150t/h，则可以在可用性配置文件中设置最大值为150t/h，调用优化时，将对可用性配置文件中设置的限制或优化范围施加更大的约束。

可用性配置文件包括的内容及其含义说明见表5-13。

表5-13　可用性配置文件内容及含义说明

内容	含义	说明
Legend	说明	数据说明
Start Time	开始时间	时间段的开始时间
End Time	结束时间	时间段的结束时间
Min Value	最小值	范围区间内的最小值。如果数据项与设备可用性相关，则禁用此框
Max Value	最大值	范围区间内的最大值。如果数据项与设备可用性相关，则此框具有一个下拉菜单，允许用户选择以下选项： a. Not Available（无法使用）　设备不可用，例如设备处于维修期。在这种情况下，即使使用该设备节约成本，优化器也无法打开设备。 b. Available[①]（可用）　设备可用。优化器可根据经济情况将该设备打开或关闭。 c. Must be on（必须使用）　必须使用设备。如果必须打开设备，且这种做法不经济，则通常以设置的最小参数运行设备
Unit	单位	用户可以通过双击Unit字段对其进行更改
Area	区域	用于将工艺过程分组。对于多过程案例，区域尤其有用，因为各过程单元通常位于不同的地理位置（南、北等）

　　① 如果将设备可用性设置为Available，则该设备所有可设置的参数的最小值为0，这可使优化过程中设备使用率降至0，即不使用。

5.4.1.2 费用编辑器

费用编辑器包含合同（Contract）和层（Tier）两个部分，分别对应软件中的合同定义（Contract Definition）和层定义（Tier Definition），如图5-74所示。用户可在费用编辑器的合同定义中设置购买或出售公用工程的合同。对于每个合同，用户可以创建一个或多个层来定义实际的公用工程价格。大多数情况下，公用工程费用随着使用量的增加而不断增加，为了处理这种类型的合同，层用于定义公用工程合同中的各种价格构成，如图5-75所示。图5-75中购买天然气合同含有两个层：第一层规定天然气使用量不超过100t/h，价格为5个费用单位；第二层规定天然气使用量超过100t/h，价格为10个费用单位。

（1）合同（Contract）

添加合同可通过右击Contract Definition选项区域任意空白处，执行Add Contract（添加合同）命令，如图5-76所示；或者单击Add图标下三角按钮，在下拉菜单中选择Contract，如图5-77所示。

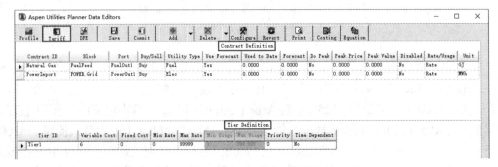

图5-74 费用编辑器界面

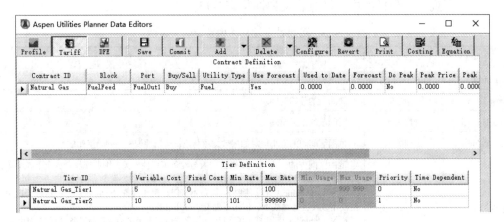

图5-75 多层价格合同

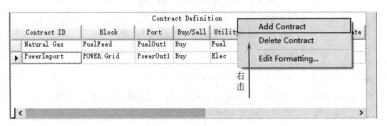

图5-76 添加合同

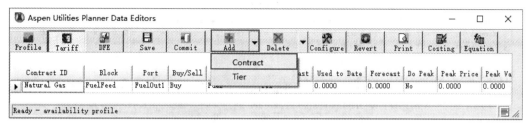

图5-77 通过Add工具添加合同

若编辑现有合同，则双击所选字段进入编辑模式。

删除现有合同与添加合同的方式相同，右击Contract Definition选项区域任意空白处，执行Delete Contract（删除合同）命令；或单击Delete图标下三角按钮，在下拉菜单中选择Contract。

定义合同所需输入的内容及其含义说明见表5-14。

表5-14 定义合同的内容及含义说明

内容	含义	说明
Contract ID	合同名称	合同名称必须唯一
Block	模块	合同中公用工程模块的名称来自Aspen Utilities Planner流程图
Port	接口	用户可以从下拉菜单中选择合同提供或使用的公用工程模块接口
Buy/Sell	买入/卖出	指定公用工程是购买还是出售
Utility Type	公用工程类型	用户可以从下拉菜单选择燃料、动力或蒸汽
Use Forecast	使用预测	用户可指定是否使用预测功能。当存在与合同相关的年度限制时，选择使用预测还需要其他数据
Used to Date	到当前日期	仅当使用预测功能时，此功能才启用。启用时用户必须输入从合同期开始到当前日期使用的公用工程量
Forecast	预测	仅当使用预测功能时，此功能才启用。启用时用户必须输入运行期结束和合同结束之间使用的公用工程的预测用量
Do Peak	到达峰值	峰值合同定义为成本与峰值使用量相关联的合同。选择Yes为定义峰值合同，选择No则反之
Peak Price	最高价	输入合同的最高费用，以Rate/Usage（单位使用量或使用量）为单位。此选项仅当Do Peak为Yes时有效
Peak Value	峰值	指定峰值使用量。对于Usage（使用量）类型的合同，指到目前为止使用的最大公用工程量
Disabled	禁用	可以暂时禁用合同
Rate/Usage	单位使用量/使用量	用户可以选择按时间或按总使用量管理合同。若按总使用量管理合同，则建议使用预测

（2）层（Tier）

用户可按照与合同相同的方式添加、编辑或删除与特定合同相关联的层。单击**Contract ID**，可查看与特定合同相关联的层，如图5-78所示，单击**PowerImport**，在Tier Definition表中，可查看与电力相关的内容。

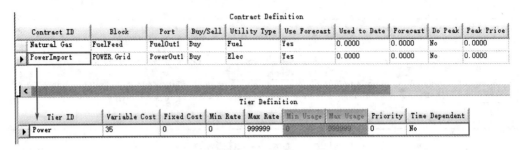

图5-78　查看层

定义层所需输入的内容及其含义说明见表5-15。

表5-15　定义层所需的内容及含义说明

内容	含义	说明
Tier ID	层名称	层名称必须唯一
Variable Cost	变动成本	单位公用工程的成本
Fixed Cost	固定成本	合同的固定成本部分。如果没有固定成本，则输入0（此字段不能为空）
Min Rate	最小单位使用量	单位时间内可以使用的最小公用工程量。仅当合同设置为单位使用量（Rate）时才使用此字段。如果合同设置为使用量(Usage)，则输入0（此字段不能为空）
Max Rate	最大单位使用量	单位时间内可以使用的最大公用工程量。其余同Min Rate
Min Usage	最小使用量	此层级可以使用的最小公用工程量。如果合同由使用量控制，则此字段处于激活状态；如果合同受单位使用量控制，则输入0（此字段不能为空）
Max Usage	最大使用量	此层级可以使用的最大公用工程量。其余同Min Usage
Priority	优先级	优化中考虑层的先后顺序。建议用户使用从1开始的整数设置优先级，数字越小，优先级越高。当两个层具有相同优先级时，优化器将使用二者之一或同时使用二者
Time Dependent	时间依赖性	如果层的变动成本随时间变化，则选择Yes，反之选择No。选择Yes时，如图5-79所示，Variable Cost By Period（周期变动成本）表显示在Tier Definition（层定义）表的下方，用户可在周期变动成本表中输入每个时间段的变动成本

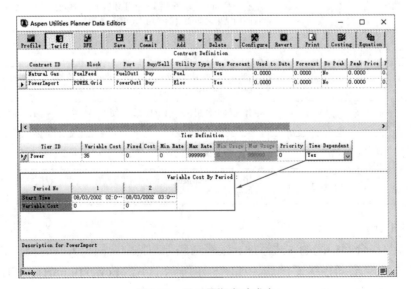

图5-79　显示周期变动成本

5.4.1.3 需求预测编辑器

根据工厂生产率，使用需求预测编辑器以计算公用工程需求，如图5-80所示。计算公用工程需求所需输入的内容及含义说明见表5-16。

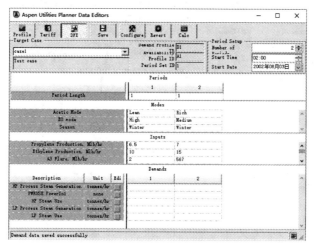

图5-80 需求预测编辑器界面

表5-16 计算公用工程需求所需输入的内容及含义说明

内容	含义	说明
Number of Periods	周期数	需要计算的周期数
Start Time	开始时间	第一周期的开始时间
Start Date	开始日期	第一周期的开始日期
Period Length	周期长度	以h为单位
Modes	模式	用下拉菜单为每个具有多种操作模式的过程单元选择该时间区间内的操作模式
Inputs	输入	每个时间区间内各生产参数的值（例如处理量）

5.4.2 优化约束

5.4.2.1 规定约束

在Aspen Utilities Planner中，可以指定两种类型的设备约束：设计约束和临时约束。在优化中，如果为特定设备指定了两个约束，则下限为最小值中的较大者，上限为最大值中的较小者。

① 设计约束 右击模块，进入**Forms | Optimisation_Limits**页面，如图5-81所示，使用与模块相关联的Optimisation_Limits Table（优化约束表）指定模块的设计约束。注意不要过度约束，否则会导致解决方案不可行。

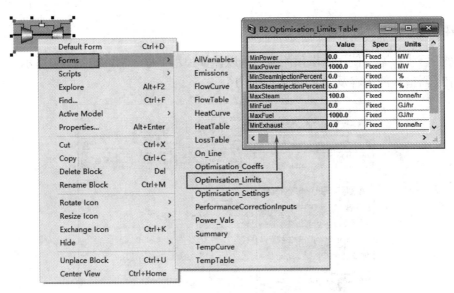

图5-81　查看优化约束表

② 临时约束　临时约束在设备的可用性配置文件中设置。

5.4.2.2　设置性能曲线和优化约束

（1）性能曲线

性能曲线可以表示设备性能随热负荷的变化关系，右击模块，执行Forms命令，从展开菜单中可以选择各性能曲线，如图5-82所示。某些模块必须使用性能曲线，例如燃气轮机模块需要流量曲线（Flow Curve）、热曲线（Heat Curve）和温度曲线（Temp Curve），三种曲线分别如图5-83 ～图5-85所示。流量曲线表示排气量（质量流量）与发电量的关系，热曲线表示热量需求与发电量的关系，温度曲线表示排气温度与发电量的关系。

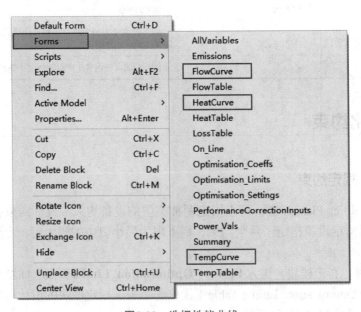

图5-82　选择性能曲线

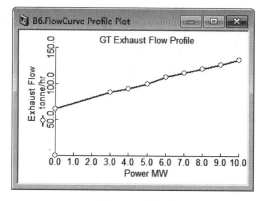

图5-83　流量曲线

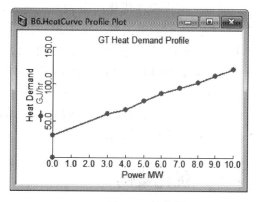

图5-84　热曲线

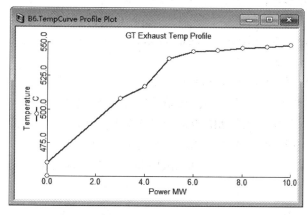

图5-85　温度曲线

如果用户将性能曲线添加到模块中，则需将Summary Table窗口中的Effmethod更改为LookUpTable，并将性能数据输入到指定的表格中。锅炉的热效率表（EffTable）如图5-86所示，需要输入热效率与蒸汽质量流量之间的关系数据；汽轮机的功率表（PowerTable）如图5-87所示，需要输入发电量与蒸汽质量流量之间的关系数据。

B7.EffTable Table	Value	Spec	Units	Description
EffMethod	LookUpTable ▼			Method for calculating efficiency
NEffPoints	5			Number of points in efficiency table
Extrapolate	Yes			Extrapolate outside bounds of table
FlowTab(*)				
FlowTab(1)	10.0	Fixed	tonne/hr	Flow in efficiency table
FlowTab(2)	10.0	Fixed	tonne/hr	Flow in efficiency table
FlowTab(3)	10.0	Fixed	tonne/hr	Flow in efficiency table
FlowTab(4)	10.0	Fixed	tonne/hr	Flow in efficiency table
FlowTab(5)	10.0	Fixed	tonne/hr	Flow in efficiency table
EffTab(*)				
EffTab(1)	50.0	Fixed	%	Efficiency in table
EffTab(2)	50.0	Fixed	%	Efficiency in table
EffTab(3)	50.0	Fixed	%	Efficiency in table
EffTab(4)	50.0	Fixed	%	Efficiency in table
EffTab(5)	50.0	Fixed	%	Efficiency in table

图5-86　锅炉热效率表

B9.PowerTable Table	Value	Spec	Units	Description
EffMethod	LookUpTable ▼			Method for calculating efficiency
NEffPoints	5			Number of points in efficiency table
Extrapolate	Yes			Extrapolate outside bounds of table
FlowTab(*)				
FlowTab(1)	10.0	Fixed	tonne/hr	Flow in efficiency table
FlowTab(2)	10.0	Fixed	tonne/hr	Flow in efficiency table
FlowTab(3)	10.0	Fixed	tonne/hr	Flow in efficiency table
FlowTab(4)	10.0	Fixed	tonne/hr	Flow in efficiency table
FlowTab(5)	10.0	Fixed	tonne/hr	Flow in efficiency table
PowerTab(*)				
PowerTab(1)	10.0	Fixed	MW	Power in table
PowerTab(2)	10.0	Fixed	MW	Power in table
PowerTab(3)	10.0	Fixed	MW	Power in table
PowerTab(4)	10.0	Fixed	MW	Power in table
PowerTab(5)	10.0	Fixed	MW	Power in table

图5-87　汽轮机功率表

（2）优化约束

优化会受到可用性配置文件中设置的最小/最大值的约束，除此之外，用户还可以为流程中的模块和物流设置优化约束，优化约束表的打开方式如图5-81所示。

　　通常，用户应在优化约束表中设置硬性约束，在可用性配置文件中设置临时约束。例如，锅炉运行时蒸汽流量一般在20~200t/h之间，但目前存在调速问题，锅炉运行的最低蒸汽流量为50t/h。面对这一问题，可通过以下方式解决：在优化约束表中，将MinStmFlow设置为20，MaxStmFlow设置为200；在可用性配置文件编辑器中，将Min设置为50，Max设置为200。

　　如果关闭设备，则约束下限被忽略。如果某一性能曲线被添加到模块中，则该性能曲线的极限值将成为优化约束的边界值。

5.4.3 优化案例

程序源文件

　　例5.2 *以例5.1为基础，对蒸汽动力系统进行优化，以提高能量利用效率。*
本例优化步骤如下：

（1）打开Example5.1- Simulation of Steam Power System.auf，另存为Example5.2- Optimization of Steam Power System.auf。

（2）由于锅炉给水处理部分从处理单元和母管收集所有凝结水，因此为了防止锅炉腐蚀，需将凝结水输入到除氧器，以除去溶解的氧气和其他气体。

　　添加除氧器Dea、补给水来源MKW以及两个输送泵P1和P2，删除BFW1。建立的优化流程如图5-88所示。输入P1、P2和MKW参数，如图5-89所示。

　　运行模拟，查看模拟结果可知，需要MKW补给水76.4816 t/h，如图5-90所示。

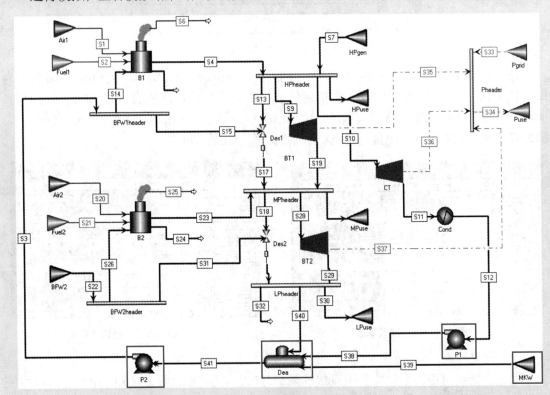

图5-88　建立优化流程

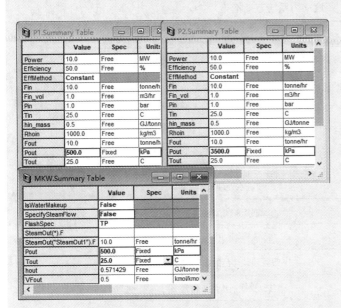

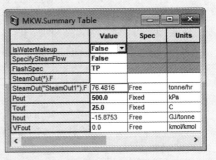

图5-89 输入P1、P2和MKW参数

图5-90 查看补给水用量

（3）为了使蒸汽动力系统的能源利用效率最大化，需要使流经减温减压阀的高压蒸汽和从低压蒸汽母管排放的低压蒸汽流量最小化。

将进入CT的蒸汽从20t/h增加到25t/h。运行模拟，查看模拟结果可知，LPheader排出的低压蒸汽由5.55995t/h下降至0.301873t/h，通过Des1的高压蒸汽量由43.6001t/h下降至38.1501t/h，CT产生的电力由3.84846MW增加至4.81057MW，如图5-91所示。

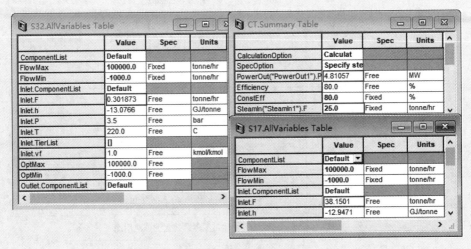

图5-91 查看优化结果

蒸汽动力系统具有很大的增效潜力，文献［5，6］里总结了相关节能措施（见表5-17），可以帮助企业识别蒸汽动力系统存在的问题，找到节能改造的机会，从而实现节能减排、降本增效的目的。

表 5-17　蒸汽动力系统节能措施[5, 6]

类别	序号	节能措施
蒸汽产生	1	优化过剩空气量，减少锅炉燃烧损失
	2	改进锅炉操作
	3	维修或更换锅炉燃烧器部件
	4	安装锅炉省煤器
	5	安装空气预热器
	6	改进水处理系统
	7	清理锅炉炉管表面污垢
	8	改善锅炉排污
	9	设置连续排污的热回收
	10	增加/更换锅炉耐火材料
	11	控制除氧器排汽损失
	12	根据工艺需要，确定合适的蒸汽压力
蒸汽分配	13	提高输出蒸汽的质量
	14	实施疏水器维护计划
	15	确保蒸汽系统管线、阀门、管件和容器的良好保温性能
	16	减少蒸汽的放空量
	17	修理系统泄漏点
	18	关闭多余的蒸汽管线
	19	改进系统的平衡
	20	提高全厂设备维护水平
蒸汽使用	21	优化纸浆和纸张干燥中的蒸汽用途
	22	优化纸浆和造纸空气加热中的蒸汽用途
	23	优化纸浆和造纸水加热中的蒸汽用途
	24	优化产品加热中的蒸汽用途
	25	优化真空生产中的蒸汽用途
	26	优化常压蒸馏装置的蒸汽用途
	27	优化减压蒸馏装置的蒸汽用途
蒸汽回收	28	改进冷凝水回收
	29	利用高压冷凝水闪蒸产生低压蒸汽
热电联产	30	实施热电联产项目

缩略语

BFW	Boiler Feed Water	锅炉给水
BT	Back Pressure Turbine	背压式汽轮机
CT	Condensing Turbine	冷凝式汽轮机
DFE	Demand Forecasting Editor	需求预测编辑器
EO	Equation Oriented	联立方程法
HP	High Pressure Steam	高压蒸汽
HRSG	Heat Recovery Steam Generator	余热锅炉
LP	Low Pressure Steam	低压蒸汽
MP	Medium Pressure Steam	中压蒸汽

参考文献

［1］Aspen Utilities Planner V9. 0 Help. MA：Aspen Technology，2016.

［2］Aspen Utilities V8. 8 User Guide. MA：Aspen Technology，2015.

［3］Aspen Utilities V8. 8 Getting Started Guide. MA：Aspen Technology，2015.

［4］罗向龙. 蒸汽动力系统优化设计与运行集成建模及求解策略的研究［D］大连：大连理工大学，2004.

［5］卢鹏飞，黄小平. 国外炼油厂蒸汽系统节能分析［J］石油石化节能与减排，2011，1（7）：20-24.

［6］US Department of Energy（DOE）. Steam System Opportunity Assessment for the Pulp and Paper, Chemical Manufacturing，and Petroleum Refining Industries：Main Report and Appendices［R］. U. S. Dept of Energy：Energy Efficiency and Renewable Energy，2002.

名词索引

例题与案例索引

续表